박 환 교수의

만주지역 한인유적답사기

박 환 교수의

만주지역 한인유적답사기

초판 1쇄 인쇄일	2009년 1월 23일
초판 1쇄 발행일	2009년 1월 31일
개정 1쇄 인쇄일	2012년 3월 3일
개정 1쇄 발행일	2012년 3월 5일

지은이	박환
펴낸이	정구형
출판이사	김성달
편집이사	박지연
책임편집	조수연
본문편집	이하나 정유진
디자인	정문희 장정옥
마케팅	정찬용
영업관리	한미애 김정훈
인쇄처	현문
펴낸곳	국학자료원 등록일 2006 11 02 제2007-12호 서울시 강동구 성내동 447-11 현영빌딩 2층 Tel 442-4623 Fax 442-4625 www.kookhak.co.kr kookhak2001@hanmail.net

ISBN	978-89-279-0030-6 *93980
가격	18,000원

박 환 교수의

만주지역 한인유적답사기

박 환 지음

국학자료원

■ 개정판을 내며

만주지역 답사기를 간행한지 벌써 3년이란 세월이 흘렀다. 그동안 많은 분들의 격려와 협조가 있어서 필자로서는 매우 흐뭇하고 기쁘고 고마웠다. 그러나 책을 갖고 현장을 답사하는 가운데 몇가지 일들이 발생하여 송구스러웠다. 먼저 현지 사정으로 독립운동가의 흉상의 위치가 변경된 경우가 발생하였다. 신빈현 왕청문에 있는 조선혁명군 총사령으로 활동한 양세봉 장군의 것이 그 대표적이다. 또한 독립운동 사적지를 새로이 조성한 경우도 있었다. 흑룡강성 산시에 위치하고 있는 감좌진 장군의 유적지가 그 대표적인 경우이다. 흉상 및 주변이 새로이 단장된 것이다. 아울러 독립운동 사적지에 대한 새로운 견해가 등장한 경우도 있었다. 압록강 건너 단동에 위치한 대한민국 임시정부 교통국의 위치가 그러한 사례이다. 한편 책자에 나오는 내용 중 필자의 우둔함으로 설명이 잘못된 경우도 간혹 있었으며, 인쇄상 글자가 명확이 보이지 않은 경우도 있었다. 또한 책이 무거운 것도 답사기로서 그 기능을 다 하는데 일정한 한계를 보였다. 개정판을 이번에 간행하게 된 이유가 바로 여기에 있다.

필자도 지난 3년여 동안 매년 만주지역을 답사하였다. 그러면서 사진 및 설명 가운데 부족한 점들이 있는 것을 발견하면 여간 얼굴이 뜨거운 것이 아니었다. 모두가 필자 자신의 성급함과 조급함 때문이었다. 앞으로도 부족한 점을 지속적으로 수정해 나갈 것임을 고개 숙여 약속드린다.

끝으로 모든 분들께 답사를 갈 경우 꼭 지도와 답사기 등을 갖고 갈 것을 권하고 싶다. 만주지역을 답사하는 여러분의 열정에 감사드리며, 잊혀져 가는 이름 없는 혁명가들의 숨소리와 그들이 걸어오는 말소리, 그들이 거닐었던 대륙의 소리를 들어보자.

2012.1. 와우리에서 필자 박 환

■ 책을 내면서

중국 동북지역인 만주는 19세기부터 20세기에 걸쳐 우리 동포들의 삶의 현장이자 항일 독립운동의 요람이었다. 일제의 국권 침탈 시 이곳에서 독립전쟁을 위한 독립운동기지 건설을 시작하였으며, 결정적인 시기가 도래하면 국내로 진공한다는 계획은 1910년대 항일운동의 주요한 방략이었다. 대표적인 독립운동단체로는 길림성의 경학사, 부민단, 신흥무관학교, 중광단, 명동학교, 나자구사관학교, 흑룡강성의 한민학교 등을 들 수 있다.

국내와 마찬가지로 3·1운동은 만주지역에서도 활발히 전개되었다. 길림성 통화현의 금두 부락에서 처음으로 전개된 3·1운동은 연변의 3·13만세운동을 계기로 만주·러시아 전역으로 확산되었다. 이에 놀란 일제는 독립운동을 탄압하기 위하여 한인 동포들을 대대적으로 학살하는 경신참변이라고 불리우는 만행을 저질렀다.

만주지역에서는 1920년에 70여 개 독립운동단체를 중심으로 무장 독립투쟁이 활발히 전개되었다. 대표적인 단체로는 길림성의 대한독립단·서로군정서·연변의 북로군정서 및 대한국민회 등을 들 수 있으며, 김좌진·홍범도 장군 등이 그 중심적인 역할을 하였다.

청산리전투와 봉오동전투에서의 승리는 재만동포들의 민족 의식을 크게 고양시켰다. 그러나 일제의 계속된 탄압과 추격으로 독립군은 일시 러시아지역으로 이동하였으며, 그 뒤 1920년대 중반 만주지역의 독립운동단체는 정의부 · 참의부 · 신민부 등으로 재정립되었다. 정의부는 길림과 남만주지역에서 고려혁명당 등과 연계 활동하였고, 참의부는 압록강 대안을 중심으로 국내 진공작전을 활발히 전개하였으며, 그 와중에 다수의 독립군이 희생되는 고마령참변을 겪기도 하였다. 신민부는 북만주지역에서 김좌진 장군을 중심으로 활동하였다.

1931년 일제의 대륙 침략 과정에서 만보산사건이 발생하였고, 동년 9월 18일에는 만주사변이 발발하게 되자 한국인들은 중국인들과 공동 투쟁을 전개하였다. 특히 조선 혁명군은 요녕성 신빈지역에서 양세봉 장군을 중심으로 영릉가전투 · 신빈현전투 등을, 한국독립군은 북만주지역에서 이청천 장군을 중심으로 쌍성보전투, 대전자령전투 등을 활발히 전개하였으며, 또한 동북항일연군도 투쟁을 활발히 전개하였다. 이러한 만주에서의 항일투쟁은 우리나라가 광복을 이루는 데 견인차 역할을 하였다.

어려서부터 만주지역을 공부하는 부친의 영향 때문인지 필자에게 만주는 가깝고도 그리운 마음의 고향 같은 곳이었다. 항상 한번 가 보고 싶은 곳이었기에 만주 벌판을 그려 보는 것은 마음 설레임 그 자체였다.

1990년 만주지역의 한인민족운동사연구로 박사학위를 받은 직후인 1991년, 만주지역의 항일 유적을 답사할 수 있는 행운이 찾아왔다. 멀리 홍콩을 거쳐 북경, 심양, 두만강, 백두산, 청산리, 봉오동 등 이름만 들어보던 한인 관련 지역을 답사한 것은 감동 그 자체였다. 유유히 흐르는 두만강을 바라보며, 민족의 영산 백두산 천지를 보며 느꼈던 희열은 지금도 잊을 수 없다.

그 뒤 1992년에 중경, 북경, 상해 등지와 만주를 답사하였다. 이때 본 중경과 상해의 대한민국임시정부의 유적지 또한 만주지역과는 색다른 느낌을 주었다. 1996년에는 연변조선족자치주와 압록강 일대인 집안, 통화 등지를 답사하였다. 특히 훈춘지역을 처음 답사한 것과 압록강을 처음 본 것, 집안과 통화현의 산천을 바라 볼 수 있었던 것은 큰 행운이었다.

1997년에는 처음으로 중국 관내의 항주와 가흥 일대를 답사할 수 있었다. 그곳에서 대한민국임시정부의 피난 시절을 짐작할 수 있는 항일 유적들을 다수 접할 수 있었다. 1999년 여름에는 또한 북만주지역을 처음으로 답사할 수 있었다. 특히 발해의 유적지가 많은 돈화와 발해진 일대, 산시와 해림 등지의 김좌진 장군 관련 유적, 하얼빈 방문 등은 큰 수확이었다. 또한 그해 겨울에는 이회영의 항일 유적을 접할 수 있었고,

이때 통화, 유하, 관전, 단동 일대와 천진지역을 접할 수 있었다. 겨울에 바라보는 만주 일대의 자연은 색다른 감동을 주었다. 2000년 6월과 7월에는 만주 전역의 항일 유적지를 조사할 수 있는 기회가 있었다. 이번 답사는 문헌상으로 알려진 거의 모든 항일유적지를 체계적으로 정리하고 답사하였다는 점에서 매우 큰 의미가 있는 것이었다.

2001년 《만주지역 항일독립운동 답사기》를 간행한 이후 벌써 7년이란 세월이 흘렀다. 그동안 중국의 동북공정 등으로 인하여 만주지역에 대한 관심이 더욱 크게 증폭되었다. 이에 학생, 교사뿐만 아니라 일반인들도 예전에 비하여 많이 이 지역을 다수 방문하고 있다.

필자 역시 여러 단체의 지도교수로서 답사에 참여해 오고 있다. 그중 필자가 가장 안타깝게 생각하는 것은 답사 전문 책자의 구입이나 보급이 이루어지지 않고 있고, 전문가의 설명 또한 부족하다는 현실이다. 비싼 예산을 들여 역사 탐방을 실시하고 있으나 이에 걸 맞는 교육 효과를 거두고 있는 것일까 하고 회의가 드는 때가 한두 번이 아니다. 답사를 추진하는 주최측의 보다 장기적인 생각이 어느 때보다도 필요한 시점이 아닌가 한다.

필자가 《만주지역 항일독립운동 답사기》를 간행한 이후 적지 않은 세월이 지났지만 만주지역 한인 유적 답사에 대한 전문 학자의 저작은 그 후에 간행된 것이 거의 없는 것 같다. 필자의 저서 역시 품절이 되어 이 지역의 한인 유적을 답사하는 분들의 요구에 부응하지 못하고 있어 안타까운 마음 그지없다. 이에 지난 기간에 새로 입수한 자료들과 사진들을 보완하여 새로이 답사기를 만들고자 결심하였다.

필자의 결심은 광복회, 김좌진장군 기념사업회(회장 김을동) 그리고 2008년 여름 만주 러시아지역을 함께 답사한 조은미, 홍순옥, 김신영, 장효숙 등 선생님들의 열정과 보훈교육연구원의 격려에 힘입은 것임을 밝혀 둔다. 선생님들의 열정과 관심을 외면할 수 없었다. 그분들께 이 자리를 빌어 감사드리고 싶다. 아울러 사진과 관련하여 도움을 주신 국가보훈처 보훈신문사의 노경래 차장, 독립기념관의 임공재 선생님, 독립운동가 김약연의 후손인 김재홍 선생님께 고마움 마음을 전한다.

본서를 간행하면서 필자는 다음과 같은 점에 유의하였다.

우선 사진과 자료 등을 통하여 만주지역 항일 독립운동의 전체상을 보여 주고자 하였다.

둘째, 〈사진으로 보는 만주지역 한인 사회와 민족운동〉을 통하여 보다 생동감 있는 책자가 되고자 노력하였다. 아울러 내용 가운데에도 다수의 사진을 추가하여 보는 이의 이해를 돕도록 하였다.

셋째, 한인 독립운동 외에 고구려, 발해, 백두산 등지의 사진도 추가하여 만주지역 한인 관련 사적을 전체적으로 이해하도록 하였다.

끝으로 본서가 만주지역을 답사하는 분들께 조그마한 도움이 될 수 있기를 기대한다. 아울러 어려운 가운데서도 출판을 허락해 주신 국학자료원 정구형 이사와 편집에 애써주신 오세기 선생님, 그리고 함께 답사하며 동고동락한 숭실대학교 황민호 교수와 한성대학교 조규태 교수께 감사를 드립니다.

2008. 12. 청도 귀일골을 그리며

■ 목차

■ 개정판을 내며 • 4
■ 책을 내면서 • 6

1장. 사진으로 보는 만주지역 한인 사회와 민족운동

만주벌의 항일독립운동가들(한국인) • 24
만주벌의 항일 혁명가들(중국인) • 34
독립운동의 현장 • 36
한인들의 옛 모습 • 46
한인 학교와 학생들 • 60
독립운동 기념물 • 68

겨울철 간도 풍경

양세봉장군 흉상

2장. 남만주지역

인천에서 중국 단동으로 가는 길 • 82
이륭양행 등 독립운동의 본거지 단동시에서 • 84
- 단동 도착 • 84
- 상해 임시정부 교통국 이륭양행 • 92
- 안동 일본영사관과 최초의 서양화가 나혜석 • 94
- 항미원조기념관과 대한독립청년단 본부 • 96
- 원보산 · 구련성 · 통군정 • 98
광복군총영 등의 기지 산악지대 관전현 • 100
- 광복군총영의 오동진 • 100
- 보달원 조선족의 애환 • 102

국내 진공작전의 근거지 하로하 • 107
- 조선혁명군 박대호 · 최윤구 · 양기하 • 107
- 대한통의부 본부 하로하 • 109
유인석의 근거지 방취동 • 112
- 유인석 • 112
- 백삼규가 처형당한 사첨자 • 113
- 유인석 자정처 기념비 • 115
환인현의 민족학교인 동창학교 • 118
- 윤세복 • 118
- 동창학교 • 123
관전현 청산구의 이진룡 의열비 • 127
조선혁명군 근거지 신빈현 • 130
- 신빈현 영릉가 • 131
- 신빈진-만인갱 · 조선혁명군 전투 · 서세명가 • 133
- 동창대 · 이도구 • 136
- 왕청문 · 양세봉 • 138
독립운동 기지 유하현 • 142
- 서로군정서 본부 고산자 • 142
- 대두자 신흥무관학교 • 145
- 경학사 · 신흥강습소의 추가가 • 147
- 대한독립단 · 신흥학우단의 대화사 • 151
- 동명학교 · 한족회-삼원포 • 154

유인석 영정

추가가 마을 전경

통화현 합니하 신흥무관학교 · 부민단 • *156*

집안의 독립운동 사적 • *160*

- 참의부 근거지 화전자와 대한독립단 본부 패왕조 • *160*

화보로 떠나는 고구려 유적 답사 • *164*

- 재등실총독을 저격한 마시탄 • *174*
- 고마령 참변지 • *176*

집안에서 장춘으로 가는 길 • *184*

- 만주 3 · 1운동의 첫 봉화지 금두 마을 • *184*

항일독립운동의 중심지, 길림 • *187*

- 육문중학교와 대한독립선언서 • *187*
- 고려혁명당과 정이형 • *189*
- 손정도목사 • *192*
- 대동공장 · 농민호조사 • *194*
- 만보산사건을 오보한 김이삼 기자 피살지 • *196*
- 만보산사건 토구회 • *197*
- 의열단 창건지 • *199*

심양 • *202*

- 심양의 고적 • *202*
- 서탑교회 · 장작림 폭사처 • *205*
- 봉천경찰서 · 장작림 폭사처 · 봉천 일본영사관 • *207*

여순 · 대련에서 • *212*

- 여순과 대련에서 • *212*
- 여순감옥과 관동주 법원 탐방 • *215*

안중근의사 관련 학술회의 • *226*

광개토대왕비

안중근 의사의 마지막 유언 광경

하얼빈 역의 옛 모습

3장. 북만주지역

만보산 · 채가구 · 쌍성보 • *234*

- 장춘과 만보산 • *234*
- 우덕순 등의 이등박문 저격 예정지 채가구 • *236*
- 한국독립군 쌍성보 전투지 • *239*

하얼빈과 취원창에서 • *241*

- 안중근의사 이등박문 저격지 하얼빈 역 • *241*
- 이조린공원과 안중근의사 전시관 • *243*
- 북만주 독립운동기지 취원창 • *252*
- 하얼빈 일본총영사관 • *255*

흑하와 블라고베시첸스크 • *257*

북만주 독립운동기지 - 오길밀 · 하동 · 위하 • *261*

- 한족자치연합회 본부 오길밀향 • *261*
- 하동농장 • *263*
- 한국독립당 결성지 위하현 • *265*

해림 산시일대 김좌진 장군 관련 항일 유적 • *267*

- 김좌진과 석두하자 • *267*
- 해림시 · 한중우의공원 • *269*

화보로 떠나는 한중우의공원 답사 • *275*

- 해림에서 산시로 • *285*
- 산시 • *286*
- 고령자 · 밀강촌 · 신안진 • *297*

영안 대종교총본사 · 김소래 유적지 • *300*

- 영안 • *300*

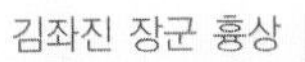

김좌진 장군 흉상

- 영산촌 • *302*
- 김소래의 홍기림장 • *304*

발해진을 찾아서 • *306*
- 대종교 유적과 한국독립군의 동경성전투 • *306*
- 발해진과 목단강 • *312*

화보로 떠나는 발해 유적 답사 • *318*

발해 석등

목릉으로 가는 길 • *324*
- 액하감옥 • *324*
- 마도석 · 마교하 • *325*

목릉 팔면통 · 밀산 • *328*
- 독립운동가들의 집결지 팔면통 • *328*
- 독립운동의 근거지 밀산으로 • *331*

수분하 · 동녕현 삼차구 • *335*
- 중국과 러시아의 국경 무역 도시 수분하 • *335*
- 북만주 최초의 한인 마을 고안촌 • *336*
- 훈산 일본군 요새와 동녕현성 전투 지점을 찾아서 • *338*
- 노흑산을 지나 연길로 • *343*

동녕현성 동문

치치하얼에서의 학술회의 • *345*

북측 학자들과의 북만주지역 학술회의와 공동답사 • *365*

4장. 동만주지역

연길, 왕청지역 항일 유적지 • *376*
- 의란구와 백초구 • *376*
- 북로군정서 사령부 십리평 • *379*

- 대감자 · 삼도구 · 석현 · 합수평 • 382

봉오동 · 삼둔자 · 정동학교 • 385

- 봉오동전투 • 385

화보로 떠나는 두만강 답사 • 394

- 삼둔자전투 • 402
- 정동중학 • 405

항일운동의 요람 용정 • 407

- 용정시 • 407
- 동흥중학과 일송정 • 409
- 용정 우물 · 간도 파출소 · 일본총영사관 • 412
- 제창병원 · 동산교회 · 은진학교 • 418
- 서전서숙 · 서전대야 • 422
- 윤동주기념관 • 426
- 3 · 13 반일의사릉과 소설가 강경애 집터 • 430
- 간도 15만 원 의거지 • 434

김약연 · 윤동주 등의 얼이 서린 명동촌 • 438

화룡시-대종교 유적 및 청산리전투 현장 • 452

- 두도구 · 대종교 3종사 묘역 • 452
- 청산리전투 현장 • 456

연길시 항일 유적 • 464

- 와룡동 • 464
- 적안평, 간민회 • 468
- 대한국민회 · 광성학교 • 471

왕청 · 나자구지역 • 475

봉오동 전적지

윤동주 시비

청산리 항일대첩 기념비

내두산 항일 근거지 기념비

- 대한국민회 본부와 구춘선 • 475
- 한국독립군의 대전자령전투 • 481
- 삼도하자 · 나자구 • 483
- 나자구에서의 이민생활 • 486

훈춘 밀강 · 대황구 • 488
- 북일학교가 있던 대황구 • 488
- 훈춘 시내 항일 유적 • 491

이도백하 가는길-동불사 · 천보산 · 명월구 • 496
- 야단 근거지 동불사 • 496
- 1930년대 천보산전투 • 497
- 명월구의 일본군 간도 특설대 • 499
- 대한독립군 · 대한국민회군 근거지 명월구 • 501

송강과 내두산으로 • 504
- 송강 가는 길 • 504
- 대한정의군정사 근거지 내두산 • 505

백두산 • 509

화보로 떠나는 백두산 답사 • 512

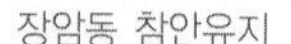

장암동 참안유지

갑산 · 서성 · 장암동 • 514
- 갑산 · 서성 • 514
- 장암동 참변지 • 516

5장. 한인 독립운동의 발자취

중국 동북지역(만주)의 한인 독립운동(박영석) • 520

만주지역의 주요 독립운동가 • 542

러시아
RUSSIA
黑龙江 메이룽장
漠河 모어
塔河 타허
呼玛 후마
新立屯
黑河 헤이허
블라고베시첸스크 Blagobeschtschensk
스보보드니 Swobodny
벨로고르스크 Belogorsk
시마노브스크 Schimanowsk
무히노 Muchino
세자강 Selja R.
노르스크 Norsk
페브랄스코에 Febralskoje
우스티우말타 Ust-Umalta
체그도민 Tschegdomyn
모그니 Mogdy
체쿤다 Tschekunda
티르마 Tyrma
사비틴스크 Sawitinsk
부레야 Bureja
아르하라 Archara
탈라칸 Talakan
오블루치에 Obljutschie
비로비잔 Birobidschan
비잔 Bidschan
伊勒呼里山 이러후리산
加格达奇
鄂伦春自治旗
嫩江 넌장
孙吴 쑨우
小兴安岭 샤오싱안링
大兴安岭 다싱안링
莫力达瓦达斡尔族自治旗
讷河
北安
黑龙江 헤이룽장
伊春 이춘
嘉荫 자인
鹤岗 허강
佳木斯 자무스
松花江 쑹화장
同江 퉁장
抚远 푸위안
绥滨
富锦 푸진
饶河 라오허
双鸭山
宝清
齐齐哈尔
大庆
哈尔滨
绥化
七台河
鸡西
密山
虎林
兴凯湖
牡丹江
海林
宁安
绥芬河
东宁
乌兰浩特
白城
松原
长春
吉林 지린
延吉
延边朝鲜族自治州
图们
珲春
龙井
和龙
安图
敦化
四平
辽源
通化
集安
白山
临江
백두산 2744
두만강
우수리스크 Ussurijsk
아르티옴 Artiom
블라디보스토크 Wladiwostok
나홋카 Nachodka
포그라니츠니 Pogranitshny
스파스크달니 Spassk-Dalni
노보카찰린스크 Nowoktschalinsk
通辽
辽宁
沈阳 선양
抚顺
本溪
辽阳
鞍山
营口
盘锦
锦州
葫芦岛
丹东
瓦房店
普兰店
辽东湾
阜新
铁岭
蓋州
庄河
나선 (羅先)
청진 (淸津)
김책 (성진)
혜산 (惠山)
강계 (江界)
신의주 (新義州)
함흥 (咸興)
흥남 (興南)
원산 (元山)
평양 (平壤)
대한민국
大韓民國
동해
东海

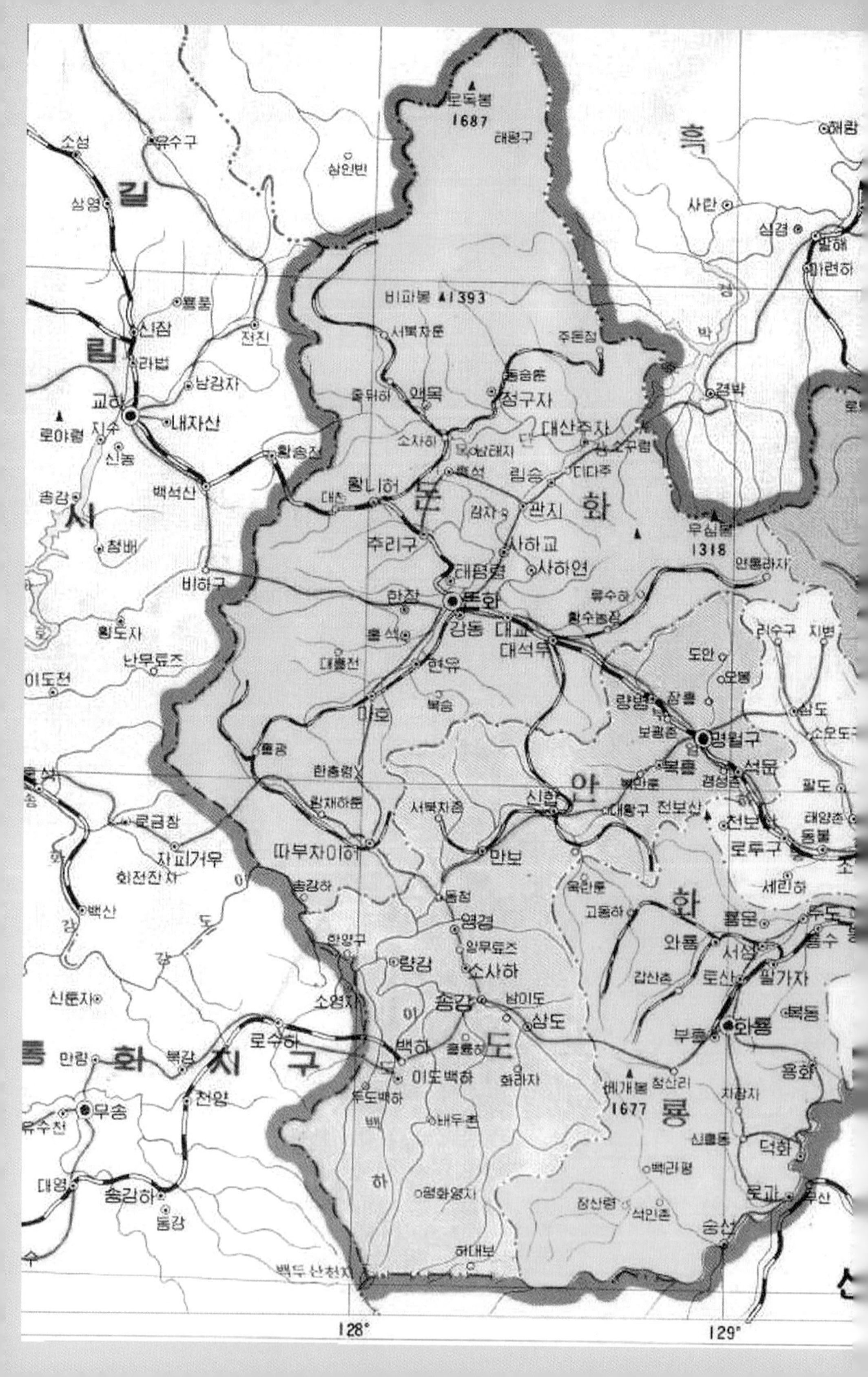

로독봉
1687
대평구
흑
사란
소성
유수구
길
상영
비파봉 1393
서북차툰
주툰점
통풍
신참
전진
림
라법
남강자
교하
내자산
로야령
지수
신농
황송전
소사하
대산주자
백석산
황니허
돈
화
림승
송강
시
판지
우심봉
1318
참배
주리구
사하교
대평령
사하연
비하구
한장
돈화
류수하
황도자
홍석
강동
대교
황수농장
대석두
리수구
지변
도안
난무료즈
대쿨전
현유
이도전
오봉
양병
장흥
삼도
마호
북승
보광촌
명월구
소오도구
통광
북흥
안
석문
경성촌
팔도
한총령
백안툰
원채하툰
서북차즈
신합
대황구
전보산
대양촌
로금창
천보산
동불
따부자이허
만보
로투구
자피거우
회전잔자
송강하
육란툰
세린허
백산
고동하
화
룡문
두도구
도
동청
영경
와룡
서성
동수
강
한양구
임무료즈
랑강
소사하
갑산촌
로산
팔가자
신툰자
소영자
송강
남이도
복동
로수하
삼도
부흥
화룡
통
만량
화
북강
치
구
백하
흥륭하
도
용화
이도백하
화라자
무송
천양
두도백하
베개봉
청산리
차랑자
유수천
1677
룡
백
내두촌
신흥동
덕화
하
백리평
대영
송강하
평화영자
장산령
석인촌
로과
두산
동강
송선
수
허대보
백두 산천지
128°
129°

연변조선족자치주
1 : 1700 000
0 17 34 51 68 km
러시아
강
성
청
훈
춘
조
동
해
도하
대두천
로흑산
로야령
라자구
장가점
소동구
태평구
천교령
왕청
석현
도문
월청
덕신
개산둔
삼합
훈춘
밀강
양수
영안
하다문
마천자
삼가자
경신
방천
마적달
하동
오도구
소륙도구
춘화
동흥진
태평구
조평촌
마면태
두황자
대황구
로야령 1477
경원
온성
은덕
라진
서수라리
웅기
크라스끼노
뽀시예트
레야자노브
비라바슈
130°
131°

윤휘탁, 〈일제하 만주국연구〉, 일조각, 199

1장

사진으로 보는 만주지역 한인 사회와 민족운동

만주벌의 항일 독립운동가들(한국인)
만주벌의 항일 혁명가들(중국인)
독립운동의 현장
한인들의 옛 모습
한인 학교와 학생들
독립운동 기념물

만주벌의 항일독립운동가들(한국인)

사진은 가나다 順

강건

강제하

구춘선

김경천

김교헌

김규면

김동삼

김승학

김약연

김원식

김종진

김좌진

김중건

김창환

김책 김학규 김혁

김홍일 나철 남자현

민 무 박금철

박달

박세웅

박영희

박장호

백정기

서일

손정도

신숙

신팔균

안무

안중근

양기탁

양기하

양림

양세봉

오광선

오동진

유동열

유림

유정근

윤기섭

윤세복

윤준희

이강훈

이동광

이동녕

이동휘

이범석

이상룡

이상설

이승희 이시영 이을규
이정규 이청천 이홍광
이회영 전덕원 전홍섭

정이형

정제면

정현섭

조경한

최동오

최봉설, 임국정

최용건

최진동

최현

한상호

허형식

현익철

현정경

홍범도

홍진

황학수

만주벌의 항일 혁명가들(중국인)

동장영

이충항

오의성

왕덕림

왕덕태

위증민

이연록

이조린

이학복

조상지

주보중

진한장

채세영

독립운동의 현장

〈청산리전투〉

북로군정서 졸업식

청산리전투 승전 기념

독립군 총기류

기관총

김좌진 장군 장례식

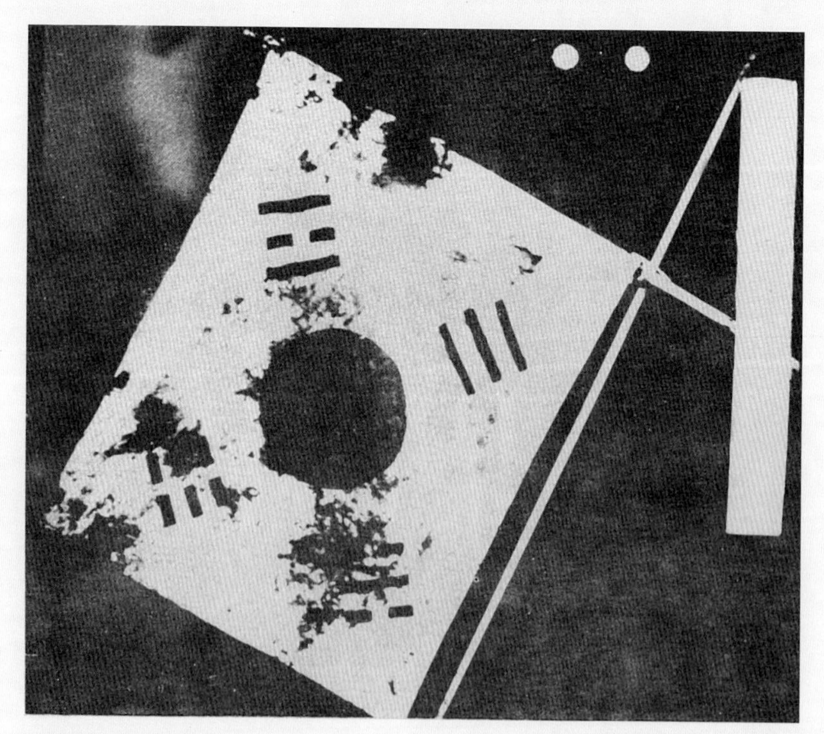

태극기

〈봉오동전투〉

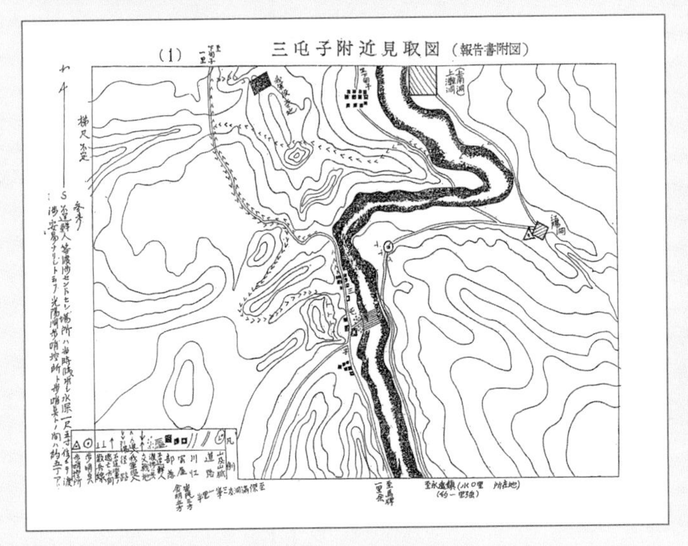

삼둔자 부근 약도

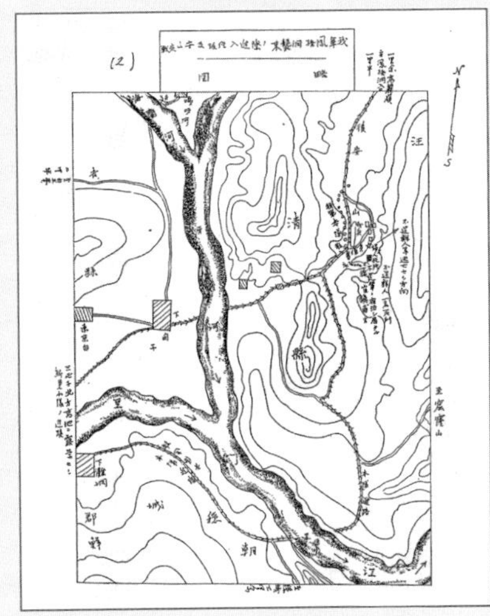

봉오동전투 인근도

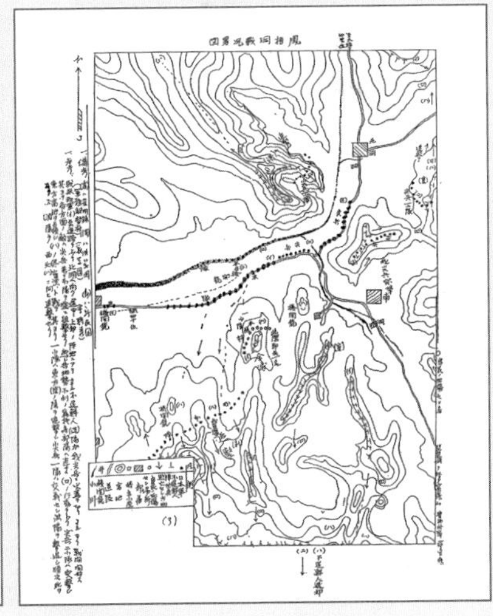

봉오동전투 전황도

〈독립군〉

신흥무관학교 학생들

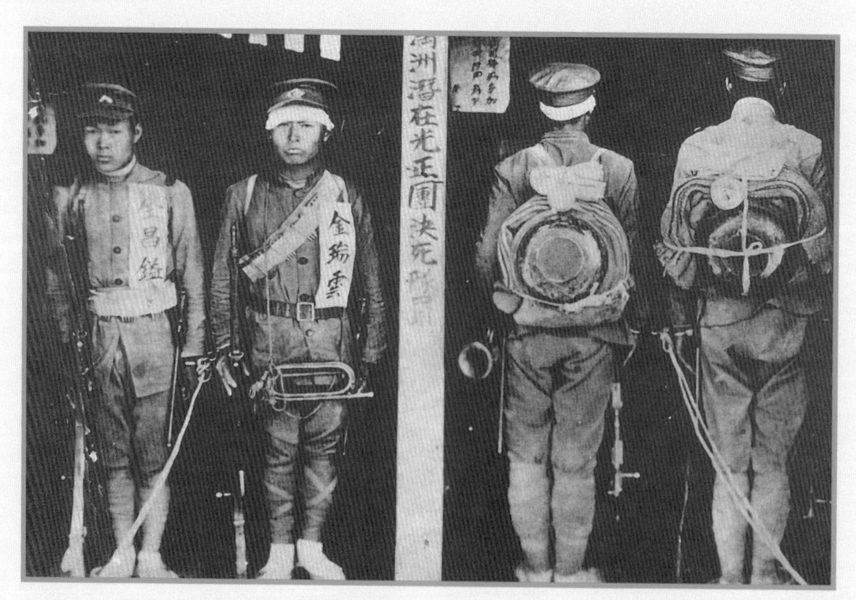

광정단 결사대원

대한통의부 독립군

참의부대원들

조선혁명군기

동북항일연군 1로군경위려 대원들의 모습

미혼진 밀영에 있는 동북항일연군

동북항일연군 제1로군 여전사들

화전 밀영에서의 제1로군 병사들

국제88여단

연길 감옥

한인들의 옛 모습

〈한인 이주와 한인들〉

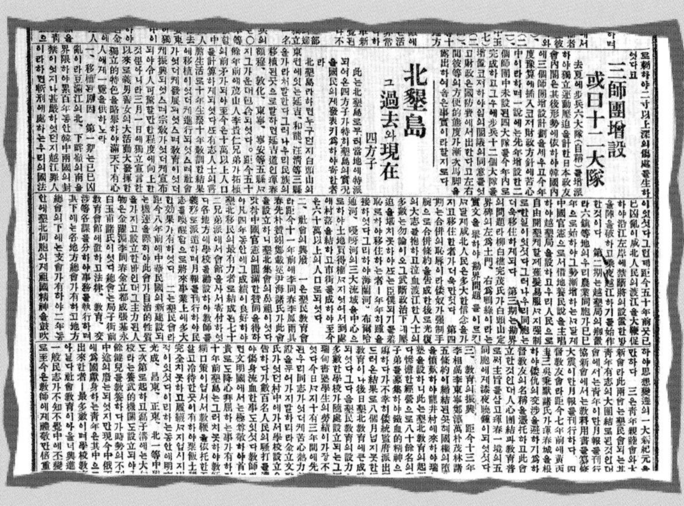

三師團增設
或曰十二大隊

北墾島
그 過去와 現在
四方子

북간도, 그 과거와 현재
(독립신문, 계봉우)

이주 행렬

이주 도강

남편 잃은 부녀자들(장고봉사건)

이주 한인

겨울철의 간도 풍경

한인들의 명절 풍경

간도 벌판 우시장

가을 타작

벌목 작업

만보산 수로 작업

수전을 경작하는 한인들

이주 한인들

왕청현 백초구 교회 직원 야유회 기념(김재홍 소장)

대종교 제14회 중광절 기념(1922)

1910년대 용정 제창병원(김재홍 소장)

제창병원 환자 진료 모습(김재홍 소장)

제창병원 간호사들(김재홍 소장)

〈한인 마을들〉

용정 시내 5층 건물(김재홍 소장)

용정 시가

두도구 거리

국자가 거리

간도의 한인 마을

길림 시가

장백현 전경

길림 복흥태 정미소

한인 학교와 학생들

서전서숙

화성의숙 터전

1910년대 명동학교 전경(김재홍 소장)

1910년대 명동중학교 전경(김재홍 소장)

1918년 4월 9일 명동학교 신축 건물 낙성식 광경(김재홍 소장)

1918년 4월 9일 명동학교 동창회(김재홍 소장)

길림 육문중학교의 옛 모습

반석현 공립호란학교 조회(독립기념관 소장)

반석현 공립호란학교 졸업생들(독립기념관 소장)

반석현 공립호란학교 수업 광경(독립기념관 소장)

반석현 공립호란학교 실업 수업(독립기념관 소장)

반석현 공립호란학교 학생들의 일하는 모습(독립기념관 소장)

반석현 공립호란학교 학생들의 군사훈련(독립기념관 소장)

반석현 공립호란학교 학생들의 체육시간(독립기념관 소장)

윤희순 노학당 기념비(환인현 보락보진)

청산리전투 기념비(화룡현 청산리)

서전서숙 기념비(용정실험소학교)

간도 15만원의거 기념비(용정 동량어구)

대종교 3종사 묘비(화룡현 청파호)

서전대야 표지석(용정시 제1유치원)

용정 3·13 반일의사릉(용정 합성리)

윤동주 시비(용정중학교)

장암동 참변 유적비(용정 장암동)

북일학교 김남극 묘비(훈춘 대황구)

연길감옥 항일투쟁 기념비(연길시 연변예술극장)

천보산전투 기념비(용정 천보산)

옹성라자 회의비(안도현 명월구)

홍기하전투 기념비(화룡현 홍기하)

김좌진 장군 흉상(산시)

팔녀투강비(목단강)

양세봉장군 흉상

2장

남만주지역

인천에서 중국 단동으로 가는 길
이룡양행 등 독립운동의 본거지 단동시에서
광복군총영 등의 기지 · 산악지대 관전현
국내 진공작전의 근거지 하로하
유인석의 근거지 방취동
환인현의 민족학교인 동창학교
관전현 청산구의 이진룡 의열비
조선혁명군 근거지 신빈현
독립운동 기지 유하현
통화현 합니하 신흥무관학교 · 부민단
집안의 독립운동 사적
화보로 떠나는 고구려 유적 답사
집안에서 장춘으로 가는 길
항일독립운동의 중심지, 길림
심양
여순 · 대련에서
안중근의사 관련 학술회의

인천에서 중국 단동으로 가는 길

2000년 6월 27일, 오늘은 만주지역 항일 독립운동 사적지 답사 대장정에 오르는 날이다. 지금까지 만주지역 답사를 여러 번 다녀온 적은 있지만 이번처럼 만주지역 전역을 대상으로 하기는 처음이어서 마음 설레었다.

총 35일간 일정의 시작은 인천에서 배로 신의주(新義州)와 마주보는 단동(丹東 : 옛 이름 안동)에서 시작될 예정이었다. 배를 타기 위해 인천 국제여객터미널로 향했다. 1993년 인천(仁川)에서 중국의 위해(威海)까지 배를 타고 연태(烟台)를 거쳐 북경(北京), 중경(重慶), 상해(上海) 등지를 답사한 적이 있었다.

7~8년 만에 와 보는 여객터미널은 예전과 별 차이 없이 작고 지저분했으며, 사람들로 북적거렸다. 김포공항의 깨끗하고 단정한 모습에 비하면 역동적이고 서민적인 모습을 느낄 수 있었다. 여객터미널에는 보따리 장사들이 다수 있었다. 그들의 모습에는 건강미와 생기가 있어 보였다.

3시 20분경부터 수속이 시작되었다. 입국장 안에는 면세점이 있었는데 매우 작고 초라했다. 라면 등의 물품을 구입했다. 입국장에서 배까지는 다시 버스로 이동했는데 이 역시 낡은 일반 버스였다. 5분 가량 이동하니 우리가 타고 갈 페리가 있었다. 배의 이름은 동방명주 호(東方明珠號)였다.

배는 모두 3층으로 이루어져 있었으며, 배 안에는 객실과 레스토랑, 면세점, 라운지, 상점 등이 갖추어져 있었다. 필자는 연변대학교 민족연구소에 있는 유병호 교수(현재 대련대학 교수)와 한 방을 쓰게 되었다.

중국 정부의 재만 조선인 정책 등에 대하여 연구하고 있는 유교수는 이번 답사에 큰 도움을 줄 것으로 기대되었다. 저녁 6시경 식사를 한 후 답사 대책회의를 마치고 독립운동에 대한 환담을 나누었다.

항일유적지 조사단 일동

이륭양행 등 독립운동의 본거지 단동시에서

단동 도착

6월 28일 아침 일찍 바다를 바라보니 배는 압록강 어귀로 들어서고 있었다. 멀리 가도(假島)라는 섬이 보였다. 이 섬은 병자호란 전에 명나라 장수 모문룡(毛文龍)이 조선과 연합하여 후금을 공격하고자 했던 곳이다. 좀 더 압록강 쪽으로 가니 북한의 산야가 보이기 시작했다. 또한 북한 쪽의 긴 방파제 역시 보여 만감이 교차하는 순간이었다.

아침 7시에 식사를 하니 배는 어느 덧 도착지인 단동에 들어서고 있었다. 단동은 북한의 신의주와 압록강을 끼고 인접해 있는 국경 도시이다. 인구 70만으로 최근 현대식 건물이 도시 곳곳에 세워지는 등 급속한 발전을 보이고 있었다.

우리 일행은 오전 10시경 단동 항구인 대동항(大東港)에 도착했다. 이곳은 3·1운동 이후 대한민국 임시정부 교통국인 이륭양행(怡隆洋行)의 거점으로서 주목되는 곳이다. 지금은 인천-단동의 국제선과 대련-단동 등 국내 여객선 등의 항구로 이용되고 있었다. 이륭양행의 주인은 조지 L. 쇼오는 아일랜드 인으로 영국의 식민지 지배를 받고 있던 조국을 생각하며 한국의 독립운동을 지원했던 것이다. 이곳 항구를 통하여 만주, 국내의 독립운동가들이 상해로 이동하였고, 또한 이들 독립운동가들이

2008년(위)과 2000년(아래) 단동항의 전경

상해에서 무기를 구입하여 단동으로 들어왔던 것이다. 그리고 그들은 이륭양행의 도움을 받아 무기를 압록강을 따라 북으로 올라가 다시 혼강(渾江)을 통하여 환인현(桓仁縣), 통화현(通化縣), 유하현(柳河縣) 등에 있는 독립운동 기지로 운반하였던 것이다.

대동항에 도착한 후 배에서 내려 버스로 5분 정도 이동하니 해관(海關)이 나왔다. 간단한 입국 수속을 마치고 대동항을 나서니 단동시 민족사무위원회 주임이었던 박문호(朴文浩) 선생이 우리 일행을 반갑게 맞아 주었다.

그는 이 지역의 민족 사무를 담당했던 인물로 이 지역의 독립운동 관련 사적에 대하여 잘 알고 있었다. 그는 우리를 위해 일본 도요다 12인승 승합차를 마련해 주었다. 비용은 처음에는 중국돈 800위엔으로 책정되었으나 550위엔으로 배려해 주었다.

2007년(위)과 2000년(아래)의 단동시 전경

대동항에서 우리 일행은 먼저 단동 시내로 향했다. 단동 시내까지는 39㎞로 항구에서는 좀 멀리 떨어져 있었다. 시내로 들어가는 길가에 있는 중국 집들은 한국의 어느 시골 마을과 유사한 형태를 띠고 있었다(현재에는 모두 개발되어 있음). 다만 한글 대신 한자가 쓰여 있는 점들이 차이가 있을 뿐이다. 또한 한국과 차이가 있다면 중국의 급속한 개발의 모습을 자주 목격하게 된다는 점이다. 건축의 열기와 도로 포장 모습은 중국에 도착한 날부터 떠나는 날까지 계속 볼 수 있는 광경이었다.

어느덧 한 시간 가량 달려 우리 일행은 압록강 변 신의주 대안에 있는 북한 식당 청류관에 도착했다. 1998년 11월에 한 번 다녀갔던 이 식당은 한국 음식이 아주 맛이 있었다. 북한 여성 접대원의 융숭한 대접을 받으며, 2층 방으로 안내되었다. 이곳에서 북한 순대, 장어구이, 오징어파전, 냉면 등 다양한 음식을 맛보았다. 특히 친절히 대답해 주는 그리고 서비스를 잘해 주는 북한 접대원을 대하니 김대중 대통령의 북한 방문 이후 달라진 모습을 새로이 느낄 수 있었다. 한민족으로서 이렇게 동질성을 느낄 수 있다는 생각에 더욱 반가운 마음 그지없었다. 필자가 2006년 이곳을 다시 방문하니 모두 정비되어 옛 모습은 찾아볼 수 없었다.

우리 일행은 식사 후 걸어서 5분 거리에 있는 압록강 변에 도착했다. 압록강은 강폭이 워낙 넓어서 한강을 보는 듯한 느낌을 가질 수 있었다. 이 압록강을 넘어 많은 애국지사들이 만주로 망명했고, 수많은

안동의 임제사(위)와 안동 만주인 거리(아래)

동포들이 먹고 살기 위해 이 강을 건넜다고 생각하니 애처럽고 자랑스러운 마음 그지없었다.

압록강 위에는 철교의 동강난 모습과 현재의 철교가 마주하고 있었다. 여러 가지 생각들이 교차했다. 독립운동가들이 이 철교를 지나며 왜놈의 순사들 앞에서 얼마나 가슴 졸였겠는가. 6·25 한국전쟁 당시 미군이 폭파한 두 동강난 철교를 바라보며 민족의 비극을 다시 한 번 느낄 수 있었다. 앞으로 통일이 되면 이 철교를 지나 단동, 심양(沈陽)을 거쳐 북경(北京)으로, 다시 내몽고를 거쳐 러시아로, 유럽으로 또는 심양에서 장춘(長春), 하얼빈을 거쳐 러시아의 치타로 가서 러시아와 유럽으로 갈 수 있으련만.

압록강 철교

지금의 압록강 철교(맨 위)와 1900년대 초중반 때 엽서에 실린 압록강 사진

압록강변에서 물놀이하는 북한 아이들(위)과 위화도(아래)

압록강변에서 배를 타고 이성계가 회군했던 혁명의 위화도와 신의주 방면을 바라보았다. 신의주 쪽 압록강 변에는 더운 날씨 탓인지 많은 북한 주민들이 나와 수영을 즐기고 있었다.

더욱이 경이로웠던 것은 북한 어린이들이 먼저 우리를 향해 반갑게 손을 흔들어 주는 모습을 대했다는 점이다. 이것은 지난 번 방문 때 신경질적인 반응이나 냉담한 모습과는 아주 다른 형태였다.

압록강에서 바라본 신의주

상해 임시정부 교통국 이륭양행

압록강에서 배를 탄 후 우리일행은 이륭양행이 있었던 흥륭가(興隆街) 25번지를 방문하였다. 1919년 5월 상해 임시정부가 교통국을 설치하면서 교통의 요충지인 안동에 안동교통국을 설치했다. 상해 임시정부에서 독립운동가의 교통편의 및 독립신문 배부, 독립사상의 고취 및 임시정부의 사업 홍보를 위해 조직했던 것이다.

사무소는 영국 국적의 아일랜드 인 조지 쇼오가 경영하는 무역회사인 이륭양행의 2층 한편에 마련했다. 쇼오는 국내의 수많은 독립운동가들이 상해로 탈출할 수 있도록 도와주었으며, 독립운동 자금을 구하러 중국에서 국내로 잠입하는 독립운동가들도 무사히 그 임무를 수행할 수 있도록 해 주었다.

1919년 3 · 1운동 후 15명의 동지들과 함께 상해로 망명한 김구는 그의 상해 탈출을 《백범일지》에서 다음과 같이 묘사하고 있다.

이륭양행 전경(▶)과 최근 새롭게 주장되는 이륭양행 전경(▼)

나는 (중략) 이륭양행 배를 타고 상해로 출발하였다. 황해안을 경과할 시에 일본경비선이 나팔을 불고 따라오며 정선을 요구하나 영국인 함장은 들은 체도 아니하고 전속력으로 경비구역을 지나 4일 후에 무사히 상해 황포강 나루에 닻을 내렸다. 배에 함께 탄 동지는 도합 15명이었다.

여기서 등장하는 영국인 함장이 조지 쇼오였던 것이다. 그는 항일독립운동가들의 상해 망명을 도왔던 것이다. 또한 김구가 한국의 잔다르크라고 불렀던 여성독립운동가 정정화의 회고록 《장강일기》에서도 이륭양행의 활동을 다음과 같이 묘사하고 있다.

시아버님(김가진-필자주)일행은 무사히 압록강을 건너 안동현에 도착했다. 그곳에는 우리 독립운동가들을 돕는 에이레 출신의 쇼오라는 사업가가 있었다. 에이레도 영국의 식민통치에 대항하여 오래도록 싸워온 나라이므로 자연 우리 민족운동에 깊은 동정을 가졌고, 쇼오는 여러모로 우리 독립운동가들을 도왔다. 쇼오는 이륭양행이란 회사를 경영했는데, 영국계 태고선박공사의 안동현 대리점을 맡고 있었다. 시아버님 일행은 이륭양행이 대리하는 계림호편으로 10월말 상해에 도착했다.[1)]

쇼오가 중심적으로 활동한 이륭양행은 현재 단동시 건강교육소로 이용되고 있었다(흥륭가 25번지). 전면 기초 3단과 윗부분 상단 3부분은 화강암으로 이루어져 있었고, 가운데는 붉은 벽돌로 이루어져 있었다. 현

1) 김학민, 《조지 쇼오 찾기, 그리고 박정희 기념관》, 〈월간 순국〉 118, 2000년 11월, pp. 86~87.

재 과거 1층 건물을 나누어 2개 층으로 사용하고 있었으며, 옛날 건물에 한 층을 올려 현재 모두 3층으로 되어 있었다.

그런데 최근 유병호 교수는 이륭양행 구지를 흥륭가에서 이미 철거된 단동시 제1경공업국 건물이라고 주장하고 있어 검토가 요망된다.

안동 일본영사관과 최초의 서양화가 나혜석

다음에 우리일행은 안동 일본영사관 건물이 있었던 곳으로 향하였다. 이곳은 현재 단동시 경비사령부로 이용되고 있었으며, 그 옆에는 금강산(錦江山) 공원이 위치하고 있었다. 경비사령부 안에는 현재 옛날 영사관 건물과 군부대 주둔지, 그리고 총영사관저 및 영사관저 등이 남아 있었다.

과거 일본인들의 한인탄압의 거점인 이곳을 바라보면서 여러 생각들이 들었다. 특히 한국 최초의 서양화가로 알려진 나혜석(羅蕙錫)과 그녀의 남편으로 안동영사관 부영사였던 김우영(金雨英)이 생각났다.

나혜석은 안동에 있으면서 봉황성(鳳凰城) 등 많은 작품을 남겼고, 남편과 함께 의열단에서 활동했던 유석현(劉錫鉉)을 도와주기도 하였다고 한다. 이에 대하여 훗날 유석현은 이들 부부에 대하여 다음과 같이 회고하고 있다.

> 중국 대륙으로 넘어가는 기차를 탔을 때 김우영 씨는 자신의 명함에 내가 북경대학 학생임을 증명하는 글을 적어 주어 궐석재판에 유죄선고를 받아 수배 중이던 내가 일제 이동 경찰의 감시를 뚫고 국경을 넘을 수 있도록 배려를 아끼지 않았다.
>
> 그는 또 우리가 숨겨 온 폭탄 가방을 그의 집에 숨겨두도록 하는 등 어떤 위험

안동 일본영사관 건물

도 무릎쓰려 했다. 이처럼 그의 대외적인 지위가 오히려 독립운동에 기여를 한 것이다. 물론 민족의 한 사람으로 당연한 일이었는지도 모르지만, 개인적으로는 그러한 용기가 어디 흔한 것인가. 소위 "의열단 사건"으로 나를 비롯한 많은 동지들이 옥중생활을 했을 때, 그이 부인 나혜석 씨는 우리를 찾아와 건강을 걱정해 주고 민족을 회생시키기 위한 용기를 북돋워 주는 일을 잊지 않았다. 또 그러한 정신적 격려를 바탕으로 민족을 위한 동지들의 결의가 더욱 굳어졌음도 물론이다.

형을 살고 풀려났을 때 나혜석 씨가 찾아와 권총 두 자루를 전했다. 그 권총은 일경에 체포되기 전 내가 그의 집에 숨어 있으면서 갖고 있던 것이었다. 그 부부는 그 권총을 잊지 않고 잘 보관해 두었다가 내가 출소해서 전해줄 날을 기다렸던 것이다. 권총 두 자루가 뭐가 대단한 것이었겠는가 마는 나는 바로 그들의 우의와 '민족을 위한 정성'을 전해받은 것 같아 그 감회를 아직도 잊지 못하고 있다.

항미원조기념관과 대한독립청년단 본부

우리 일행은 항미원조기념관(抗美援助紀念館)도 방문하였다. 이곳은 금강산 공원과 가까운 곳에 위치하고 있었다. 이 기념관은 6·25 한국전쟁에 대한 우리와 다른 중국의 인식을 볼 수가 있어 흥미로움을 느꼈다.

이어서 과거 대한독립청년단 본부가 있던 안동현 구 시가(舊市街) 풍순잔(豊順棧)을 답사하고자 하였다. 그러나 조그마한 여관으로 추정되는 이 건물은 현재 그 위치를 찾을 수 없었다. 대한독립청년단의 중심인물인 조재건(趙在健)·함석은(咸錫殷)·오학수(吳學洙)·지중진(池中振)·박영우(朴永祐) 등은 3·1운동 당시에 서울에서 활약하던 학생들이었다. 일제의 탄압을 피해 활동무대를 만주 안동현으로 옮긴 이들은 보다 구체적인 독립운동을 전개하기 위하여 대한독립청년단을 발족시키고 안병찬(安秉瓚)을 총재로 추대하였다. 이하 간부진은 단장 함석은, 간사 박영우, 서기 장자일(張子一) 등으로 구성되었다. 설립 초기에는 주로 평안북도 출신의 청년들이 많이 참여하였다.

패기 있고 투쟁정신이 강한 청년들로 구성된 이 청년단은 상해 임시정부에 대한 독립운동자금 모집, 강화회의에 파견된 대표자에 대한 후원, 상해 임시정부의 정책·정령(政令)을 선전하는 기관지 반도

항미원조 기념탑과 기념관

대한독립청년단 본부가 있던 풍순잔의 모습

청년보(《半島青年報》)의 발행 등을 주요 활동으로 삼았다. 또한 조직 확대에도 힘을 기울여 단원의 수가 2천여 명에 달하였다. 주요 활동무대는 만주 안동 일대와 압록강 대안의 평안도 지방이었으며, 9월 8일 안병찬·조재건·박영우 등 7명이 일경에 체포됨으로써 위기를 맞기도 했다.

그러나 안병찬이 옥고를 치르던 중에 탈출하여 관전현(寬甸縣) 홍통구(弘通溝)에서 김승만(金承萬)·김시점(金時漸)·오동진 등과 더불어 그해 11월 26일 각 지방 청년단의 결합체인 대한청년단연합회를 조직함으로써 대한독립청년단은 발전적으로 해체되었다.

대한독립청년단 본부가 있던 곳은 과거 중국인들이 주로 거주하고 있던 시장가였다. 그리고 해방 후에는 오물들을 버리는 곳이었으며, 현재에는 선전가(宣傳街)로 새로운 아파트와 상가들이 들어서 있었다. 독립운동에 노력하던 안병찬 등 다수의 대한독립청년단 단원들의 모습이 선한 듯이 보였다.

안동현의 경우 조선인들이 주로 살던 거리는 육도구(六道溝) 일경로(一經路 : 압록강변 청류관이 있는 곳) 등이었다. 현재 이곳에 조선식당이 다수 있어 역시 한인들이 밀집해 살고 있다. 2006년 답사해 보니 모두 정비되어 그 흔적을 찾아볼 수 없었다.

원보산 · 구련성 · 통군정

우리 일행은 다시 발길을 돌려 원보산(元寶山)이 있는 곳으로 향하였다. 이곳은 현재 단동시 8도구와 9도구 사이에 위치해 있었으며, 현재 팔도구 뒷산이라고도 하며 심양으로 가는 사하진 역(沙河鎭驛)이 있는 곳이기도 하다.

일제시대에는 원보산 공원이 있어 독립운동가들이 모여 독립운동에 대하여 논의하기도 하였다. 후에 대한광복회 황해도 지부장으로 활동하였던 이관구(李觀求)가 안동현에 상회를 만들어 독립운동 거점으로 삼고 이 공원에서 독립운동을 추진하였다고 한다.

원보산을 뒤로 하고 러일전쟁의 격전지였던 구련성(九連城)을 지나쳤다. 우리를 안내해 준 박문호 선생에 따르면, 구련성에서 러일전쟁 당시 의주를 건너온 일본군과 구련성을 지키던 러시아 군대 사이에 큰 격전이 벌어졌으며 이때 결국 일본군이 승리하였다고 한다. 그래서 구련성이 있는 산에는 현재 일본군 승리 기념탑과 러시아군 전몰 위령탑이 건립되어 있다고 전해주었다.

만리장성의 동쪽 끝인 호산(虎山)을 지나 임진왜란 시 선조대왕이 파

천하였던 통군정(統軍亭)을 멀리서 바라보았다. 의주에 있는 통군정을 지날 때에는 과거 조선시대에는 의주와 구련성 사이에 청나라와 조선과의 무역이 성하였음을 알 수 있었다. 즉 과거에는 의주와 구련성 사이가 중심이었고, 일본 세력이 들어오면서 신의주와 안동 사이에 교류가 활발히 이루어졌던 것이다.

원보산 전경

광복군총영 등의 기지 산악지대 관전현

광복군총영의 오동진

1998년 11월 답사 시에는 관전현 양목전(楊木川), 모전자(毛甸子) 등을 지나 관전현성(寬甸縣城)으로 향하였다. 이 길은 평지이고 도로도 잘 닦여 있어 이동에 편리하였다. 그러나 이번 답사에서는 만리장성의 끝인 호산을 답사한 후 애하(靉河)를 지나 장전(長甸), 영전(永甸)을 통과하여 관전현성(寬甸縣城)으로 향하였다. 이곳은 압록강을 끼고 관전현성에 가는 길로 2 시간가량 걸려 양목천으로 가는 것보다 훨씬 많은 시간이 소요되었다. 그러나 압록 강변을 따라 가면서 관전의 산악지대를 보게 되어 또 다른 공부가 되었다.

장전을 지나갈 때는 광복군총영의 오동진(吳東振)이 활동한 안자구(安子溝)가 산 넘어란 이야기를 듣고 길이 험하여 갈 수 없어 아쉬운 마음 금할 길 없었다.

얼마 전 공주산성 앞에 외로이 서 있던 그의 비석이 생각났다.

오동진

오동진은 1889년 평북 의주 출생으로 평양 대성학교를 졸업했으며, 3·1운동 이후 만주로 망명하였다. 1919년 10월 26일 강변 8군임시교통사무국 참사(江邊 8郡臨時交通事務局參事)로서 지국 시찰, 적십자회비의 모집 등을 목적으로 국내에 파견되기도 하였다. 1919년 11월 2일에는 안동임시의사회(安東臨時議事會)를 조직하여 활동하였으며, 1920년 2월에는 대한의용군사회, 한족회, 대한독립단 등이 통합되어 광복군사령부가 설치되자 제2영장에 취임하여 무장투쟁을 전개하였다. 1920년 8월 미국 의원단이 한국을 방문하게 되자 광복군을 국내로 파견, 일제 고관과 중요 시설을 파괴함으로써 한국인의 독립의지를 나타내고자 하였다.

1922년에는 통군부(統軍府)가 조직되자 재무부장에 임명되어 군자금모집에 힘을 기울였으며, 통군부가 대한통의부(大韓統義府)로 개편된 뒤에도 교통부장, 재무부장, 군사위원장이 되어 항일투쟁을 계속하였다. 1925년 10월 10일 임시의정원에서 국무위원으로 임명되었으나 만주에서의 무장투쟁이 더욱 중요하다고 판단하여 상해에 가지 않았으며, 이 때문에 1926년 2월 18일 해직되었다. 1926년에는 고려혁명당 조직에 참가하여 위원이 되었으며, 1927년 4월에는 농민호조사의 건립에도 관여하였다.

그러나 1927년 12월 16일 길장선(吉長線) 흥도진 역(興陶鎭驛)에서 밀정에게 속아 신의주 경찰대의 습격을 받고 체포되었다. 이후 6년여의 재판 끝에 1932년 6월 24일 무기징역을 언도받았으며, 1934년 7월 19일 20년형으로 감형되기도 하였으나 끝내 옥중에서 순국하였다.

저녁에 관전현성에 도착하였다. 이곳 관전현에는 조선족이 6,400명 거주하고 있으며, 조선족진 하로하(下露河)에는 1,400여 명이 집단적으로 거주하고 있다고 한다. 관전현은 산악지대로 산이 전현의 80%를 차지하고 있다.

관전현성에 도착하니 과거 박문호 선생과 함께 민족사무위원회에서 함께 일하였던 관전현 인민정부 법제 담당 부비서장 가애춘(枷愛春) 여사가 우리를 반가히 맞아주었다. 아울러 외사판공실 장 선생, 인민정부 판공실의 고흠(高鑫) 선생 등을 함께 만났다. 우리 일행은 그들과 관전현 지역에 있는 한국 독립운동 사적지에 대한 것과 관전현의 발전 계획 등에 대한 많은 이야기를 나누었다.

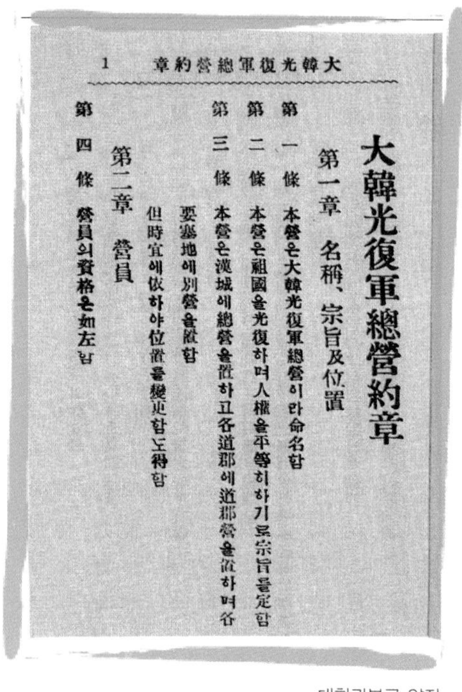
大韓光復軍總營約章 1

大韓光復軍總營約章

第一章 名稱、宗旨及位置

第一條 本營은大韓光復軍總營이라命名함

第二條 本營은祖國을光復하며人權을平等히하기로宗旨를定함

第三條 本營은漢城에總營을置하고各道郡에道郡營을置하며各
要塞地에別營을置함
但時宜에依하야位置를變更함도得함

第二章 營員

第四條 營員의資格은如左함

대한광복군 약장

보달원 조선족의 애환

6월 29일 8시 45분 관전현성을 떠나 광복군총영 등의 근거지가 있던 태평초(太平哨)로 향하였다. 광복군 총영은 1920년 압록강 대안에서 조직되었는데 광복군사령부가 조직되고 얼마되지 않아 오직 군사적 목적만을 수행할 특수부대로서 조직되었던 것으로 보인다. 오동진이 총영장에 임명되었다.

광복군 총영은 임시정부 산하의 광복군으로 항일전을 전개하였는데 광복군 총영이 설립된 해인 1920년만 해도 이 군단의 항전 통계는 일본 군경과의 교전이 78차, 일본의 주재소 습격이 56개소, 면사무소 및 영림창 소각이 20개소, 일제 경찰 사살이 95명에 이르고 있었다.

광복군 총영은 설립 당시의 목표였던 서울에 총영(聰營)을 설치하고 각 도와 군에 도영(道營)과 군영(郡營)을 설치하여 일제에게 일시에 총공격을 가하는 총공격을 가하는 총력전은 펼치지 못했지만 국내에 천마별영과 벽파별영을 조직하는 등 줄기찬 항일 무장투쟁을 전개하다 통의부(統義府)가 성립되면서 발전적으로 해체하였다.

태평초까지는 포장도로가 잘되어 있어 이동에 큰 문제가 없었다. 우리가 타고 다니는 도요다 승합차로 약 1 시간가량 소요되어 우리 일행은 9시 45분경 이곳에 도착하였다. 산으로 둘러싸인 태평초는 어느 지역 한인 농촌 마을과 크게 다를 바가 없었다. 예전에는 이곳 태평초에는 한인들이 다수 거주하고 있었다고 하나 지금은 별로 찾아볼 수 없었다.

태평초교를 지나 태평초 마을을 거쳐 새로운 비포장길을 통하여 구한말 대표적 의병장 유인석(柳麟錫)이 1914년부터 1915년 3월 사망할 때까지 있었다는 보달원(步達元) 고려구(高麗溝) 방취동으로 향하였다.

태평초 마을 전경

보달원으로 향하는 길은 비포장 도로 일뿐만 아니라 도로공사 중이라 우리는 길을 우회할 수밖에 없었다. 원래는 태평초에서 계방자(桂房子)를 지나 보달원으로 가게 되어 있었으나 굽이굽이 산길을 돌아 신흥(新興) 마을을 통해 보달원에 도착할 수 있었다. 요녕성의 여러 지역에서 한창 도로공사 중인 지역을 여러 곳 볼 수 있었다.

우리 일행은 태평초에서 한 시간 정도 걸려 10시 40분 보달원에 도착하였다. 보달원에서 우선 시내 앞에 있는 중심소학교(中心小學校)에 들려 조선족 교사를 찾았다. 여기서 우리는 조선족으로서 현의 인민대표위원이며, 한족반 사회과 주임을 맡고 있는 김은주(金銀柱, 1952년생) 선생을 만났다. 그는 선생으로서 조선족 장래에 대하여 깊은 관심과 우려를 표명하였다.

보달원 시내 전경

현재 보달원 근처인 신흥에 조선족이 20호, 보달원에 40호가 거주한다고 한다. 이들의 경제적인 여력은 양호한 편이나, 다만 아이들을 하나 정도 낳기 때문에 교육에 상당한 문제가 있다고 안타까움을 표시하였다. 그는 몇 해 전만 해도 조선족 학교가 보달원에 따로 있었으나 최근 한족 중심 소학교를 건축하는 데 비용이 부족하여 경비로 팔아 현재는 없다고 한탄하였다.

그리고 현재 중국 중심소학에 조선인 학생 재학생수가 4명에 불과해 교육상 여러 가지 애로가 있다고 하였다. 즉, 금년 가을부터 5학년 이상은 하로하에 있는 조선족 중학교에 학생들을 보내 교육받도록 해야 할 형편이라는 것이다. 그는 특히 1950년대에는 보달원에 조선족 학생수가 200명이 넘었다고 하면서 앞으로 하로하에 있는 조선족 학교 역시 학생수가 줄어들어 폐교되지 않을까 걱정하였다. 아울러 그는 현재 관전현 민족사무위원회에도 조선족이 없어 관심이 없으며 또한 농촌에서도 조선족의 숫자가 적어 결혼 문제 등 심각한 문제가 발생하고 있다고 하였다.

김주임과 대화를 나누던 중 우리는 김주임의 소개로 고려구 방취동 근처에 살고 있는 한족 노인 서경발(徐景發, 1947년생, 3년 전까지 고령지 제1촌민 소조 공산당지부 서기)과 만날 수 있었다. 현재 보달원에서 장의사를 운영하고 있는 그는 유인석의 기념비를 안다고 하며, 우리에게 쾌히 안내해 줄 것을 허락하였다.

아울러 김주임은 하로하까지 도로공사를 하고 있으나 갈 수는 있다고 알려주었다. 또한 히로하에서 집안시까지 가는 길도 도로공사 때문에 갈 수 없다고 알려주어 우리 일행은 하로하를 거쳐 고려구 방취동으로 가기로 하였다. 특히 김주임은 고려구 방취동으로 갈 경우 환인현 사첨자(沙尖子)를 거쳐 가야 길도 좋고 이동이 가능하다고 알려주었다. 보달원에서 산길을 통하여 가는 경우 여러 좁은 길을 통하여 산을 넘어가야 하므로 사실상 접근이 불가능하다고 하였다.

국내 진공작전의 근거지 하로하

조선혁명군 박대호 · 최윤구 · 양기하

우리 일행은 먼저 하로하에 가기로 하였다. 빗줄기가 자꾸 세어져 걱정이 되었다. 하로하로 가는 길은 도로 보수 및 포장 작업이 한창이어서 차가 2번이나 빠져, 내려서 밀고 가야하는 어려운 상황이 계속되었다. 그러나 우리는 온갖 난관을 무릅쓰고 1시간 여만에 하로하에 도착할 수 있었다.

하로하에 가는 길에 우리일행은 조선혁명군 박대호(朴大浩)가 1930년대 부대가 해산된 후 그의 가족들을 피신시키고 활동한 장소를 멀리서 바라보았다. 험준한 산악지대인 노평타산을 바라보며 독립운동가 및 그

박대호가 활동한 노평타산

가족들의 처참하고 힘든 생활을 짐작해 볼 수 있었다. 그 후 박대호는 최윤구(崔允九)와 함께 장백현으로 가서 김일성부대와 합류하였다 한다. 최윤구는 민족주의 계열로서 김일성부대와 합류한 인물로 김일성 회고록에서도 많은 분량을 할애하여 서술하고 있는 인물이다.

노평타산을 조금 지나니 조선혁명군에서 사령관으로 활동한 양기하(梁基瑕)의 거주지이며 묘소가 있던 하로하 4도구 골짜기가 멀리 보였다.

양기하

그곳은 하로하에서도 험한 산을 지나 골짜기에 위치하고 있는 것으로 보였다.

양기하는 충남 논산 출신으로 호는 하산이다. 그는 경술국치 이전에는 공주 군수로 있었다. 1919년 나라가 망하자 만주로 망명하여 유하현 삼원포로 이동하여 박장호 등과 함께 교육사업을 추진하였다.

3·1운동 후 대한독립단을 조직하여 교통부장을, 1920년 광복군 사령부의 선전부장과 정보국장으로 활동하였다. 1921년에는 상해로 가서 임시 의정원 의원으로 선출되었고, 1922년에는 한국노병회에서 활동하기도 하였다. 1924년 8월에는 참의부에서 활동하였다. 1929년에는 국민부 조직에 가담하는 한편 1931년 8월 31일에 국민부 집행위원장이며, 조선혁명당 중앙집행위원장인 현익철이 심양에서 일경에게 체포되자 국민부 중앙집행위원장으로 임명되었다.

1932년 1월 하순에 조선혁명당과 국민부의 주요 간부들이 흥경현 하북 서세명의 집에서 중요회의를 하다가 통화 일본영사관 분관의 일경과 중국 보안대의 연합 습격을 받아 이호원(李浩源) 등 10여명이 체포되었다. 요행이 포위망을 뚫고 나온 그는 흥경현 방초구(芳草溝)에서 국민부 집행위원회 위원장으로 선출되었으며, 조선혁명군 사령관을 겸임하도록 되었다.

1932년 봄에는 급변하는 정세에 따라 독립군의 보충을 위해 통화현 강전자에 군사훈련소를 설치하고 소장으로 활동하였다. 그 후 1933년 1월 16일(음) 요녕성 관전현 하루하 삼도구에서 일본군의 돌연 습격으로 순국하였다. 그의 유해는 1995년 국내로 봉환되었다.

대한통의부 본부 하로하

대한통의부 총재 김동삼

우리 일행은 곧이어 하로하 시내로 들어갔다. 먼저 시내 우측으로 흐르는 하로하는 우리 내 어느 시골 시냇물과 같은 느낌을 가질 수 있었고, 고려반점 등 한국식 음식점과 하로하진 정부 공터에 있는 조선족문화관 등은 우리를 푸근하게 해 주었다. 여러 독립운동단체의 중심지였던 이곳 하로하는 옛날의 긴장감 넘치는 모습은 찾아볼 수 없는 조용한 마을이었다.

하로하는 대한통의부 본부가 있던 곳이기도 하다. 대한통의부는 1923년 8월 23일 대한통군부와 그에 참여하지 못한 독립운동 단체들이 통합하여 이루어진 1920년대 전반기 남만주 지역의 대표적인 독립운동 단체였다. 이 단체의 주요 간부로는 총장 김동삼(金東三), 부총장 채상덕(蔡相悳), 비서과장 고활신(高豁信), 민사부장 이웅배(李雄海), 검무부장 최명수(崔明洙), 교섭부장 김승만, 선전국장 김창의(金昌義), 군사부장 양규열(梁圭烈), 법무부장 현정경(玄正卿), 사판소장 이영식(李永植), 재무부장

이병기(李炳基), 학무부장 신언갑(申彦甲), 실업부장 변창근(邊昌根), 식신국장 박득산(朴得山), 권업부장 강제하(康濟河), 교통부장 오동진(吳東振), 교통국장 황동호(黃東浩), 참모부장 이천민(李天民) 등을 들 수 있다.

또한 하로하는 1920년대 중·후반 남만주지역을 주도한 정의부의 제3중대 본부가 있던 곳이기도 하다. 중대장은 김하석(金錫夏)이며, 무장단원은 80명이었다. 제1소대장은 주하범(朱河範), 제2소대장은 정이형(鄭伊衡)이었다. 정의부 헌병대 무장단원은 30명이었다.

법무부장 현정경(위)
권업부장 강제하(가운데)
하로하 조선족문화관(아래)

하로하 시내(위)
하로하 조선족진
인민 정부(가운데)
하로하 조선족 마을
(아래)

유인석의 근거지 방취동

유인석

유인석은 1842년 1월 27일 강원도 춘천 남면 가정(柯亭)에서 태어났다. 14세부터 화서 이항로(華西 李恒老)에게 글을 배웠으며, 화서가 사망한 뒤에는 김평묵(金平默)과 유중교(柳重敎)를 스승으로 모시며 위정척사 운동에 참가하였다. 1895년 8월 명성황후 시해사건이 발생하자 의거할 마음을 굳혔으며, 제천의병이 조직되고 문인인 이필희(李弼熙), 서상렬(徐上烈), 이춘영(李春永) 등이 의암을 찾아가 대장의 소임을 맡아 줄 것을 눈물로 호소하자 의병장이 되었다. 의병운동이 성과를 나타내지 못하자 유인석은 의병운동의 한계를 느끼고 요동(遼東)으로 떠났다.

1869년 7월 의암은 압록강을 도강하기에 앞서 '재격백관(再檄百官)'이라는 장문의 격문을 발표하기도 하였다. 의암이 요동에 간 것은 청병(請兵)을 하고자 함이었으나 자신은 물론 219명의 의병이 무장 해제를 당하고 본국으로 되돌려지는 상황에 이르게 되었다. 그 후 1897년 5월 의암은 만주에 기거하면서 재기할 기회를 엿보고 있었다. 1898년 8월 의암은 고종의 소명을 받고 일시 귀국하였으나 초산에서 상소문만 보내고 알현하지는 않았다.

1907년 8월 정미7조약이 체결되고 군대마저 해산 당하자 의암은 전국적인 성토대회로 적을 제압해야 한다고 주장하고 이를 위해서 상경하였다. 그리고 의병운동은 외국으로부터의 원조가 없이는 종국에 실패할 것이라 보고 외국에 항구적인 항전기지를 마련하기 위해 원산으로 출발하였다. 1908년 7월 원산에서 해로로 블라디보스톡에 도착하였으며, 그곳에서 여러 운동가들에게 장기적인 항전의 중요성을 역설하였다.

의암은 1913년 블라디보스톡에서 나와 간도로 옮겨갔다. 그 후 서풍현(西豊縣) · 흥경현(興京縣)을 거쳐 1915년에는 관전현 방취구(芳翠溝)에 이르러 신병으로 신음하다가 74세를 일기로 타계하였다.

유인석의 영정

백삼규가 처형당한 사첨자

오후 2시에 사첨자로 출발하였다. 역시 보달원 방향으로 가다가 혼강을 지나 이동해야 하였다. 하로하를 출발하여 산을 넘어 사림촌(四林村)을 지나 2km쯤 가자 혼강에 도착하였다.

혼강은 압록강으로 들어가는 줄기로써 멀리 통화까지 이어져 압록강을 건넌 한인들의 이주와 독립운동가들의 이동에 큰 기여를 한 강이다. 강에 도착한 우리 일행은 그곳에 있는 무동력 배로 차를 운반하였다. 강을 건너 도착한 마을은 금갱(金坑)이었다. 그곳에서 환인현 방향으로 2km쯤 더 가니 의병장이자 유학자인 백삼규(白三奎)가 관전현 우모오(牛毛塢)에서 체포되어 처형당한 사첨자가 나왔다.

백삼규(미상~1920)는 평북 태천(泰川) 사람으로, 호는 온당(溫堂)이다.

혼강 전경

1895년 명성황후가 일제에 시해되자 유인석과 의병을 일으켜 싸우다가 남만주로 망명하였다. 그 후 환인현 등지에서 농무계, 향약계 등을 조직하여 독립운동의 항구적인 기반을 닦기에 노력하였다.

1919년에는 박장호 등과 함께 유하현에서 대한독립단을 조직하여 부총재로서 활동하였다. 1920년 5월 그는 일본군이 관전현 향로봉의 청년단을 습격한다는 정보를 듣고 청산구에 갔다가 부하 김덕신(金德新)과 함께 잡혀 환인현 사첨자에서 총살당하였다.

사첨자는 또한 유인석 의병이 중국 관헌에 의해 강제로 해산당한 곳이기도 하다. 1869년 8월 24일 유인석은 의진을 수습하고 초산(楚山) 아성(阿城)에서 세족, 공경대부와 선비와 백성들에게 자신이 당당함과 소중함과 예의의 나라를 회복하기 위하여 의병을 일으켰음을 밝히는 '재격백관문(再檄百官文)'을 발표하고 압록강을 건넜다.

240명으로 추정되는 제천의병은 서간도로 들어갔으나 혼강 사첨자에서 환인현장 서본우(徐本愚)의 제지를 받았다. 처음에는 의병임을 확인한 후 머물게 하였으나 일본과의 관계를 고려하여 귀국할 것을 종용당하였다. 결국 8월 29일 의병들은 강제로 무장 해제를 당하였으며, 유인석 · 원용정 · 유홍석 등 21명만이 심양으로 향하였을 뿐 나머지 219명은 강제로 해산하여 귀국하였다.

사첨자는 개발이 되지 않은 조그마한 시골 마을이었다. 사첨자진은

사첨자 마을 입구

혼강을 따라 언덕 위에 이루어진 마을로 240~250호가 거주하고 있으며, 그중 1호만이 조선족이라고 한다.

유인석 자정처 기념비

우리는 사첨자진에서 조금 지나 소고령지(小高嶺地) 나루터에서 조그마한 배를 타고 소고령지 제1촌민소조에 도착하였다. 그리고 그곳에 있는 서경발의 집으로 가서 조그마한 3륜차를 타고 20여 분 정도 산으로 이동한 뒤, 다시 10분 정도 걸어 올라가니 유인석 자정처기념비에 도달하였다. 이곳은 유인석의 말년 거주지로써, 그는 1914년 8월에 관전현 방취구에 정착하여 1915년 정월 29일에 순국하였다.

관전현에서는 1994년 5월 유인석이 이곳에 은거했다는 사실을 기려 기념비를 설립하였다. 큰 자연석을 기단으로 삼아 그 위에 가로 90㎝,

세로 70㎝의 비석에 100여 자의 글씨를 세겨 유인석의 행적을 기렸다. 이 의암기비(毅菴記碑)에는 "이조 말기 조선 유림 종장(宗匠) 저명 의병장 유인석, 호 의암, 만년에 이곳에서 은거하였다. 1915년 3월 14일 병사. 향년 73세. 유저(遺著) 《의암선생문집》이 관전에서 간행됨. 공은 세상에서 '수화종신(守華終身)'을 실천하였다. 관전 만족자치현 민족사무위원회 사지판공실(史志辦公室) 1994년 5월 세움"이라고 되어 있다.

비석이 서 있는 이곳은 소들이 방목되어 평화로이 풀을 뜯고 있는 골짜기로 멀리 혼강이 내려다보이는 명당자리라고 할 수 있다. 기념비에 올라가 보니 누군가 탁본을 하려다가 기념비에 먹칠을 심하게 하여 보기 안스러웠다. 비는 장대처럼 내리는데 안타까운 마음 금할 길 없었다.

의암가비

일행 중 조규태, 황민호 박사 등이 서경발 씨와 함께 마을 아래로 내려가 서경발 씨의 딸집에서 물을 길고 비누를 가져와 빗속에서 비석을 잘 닦아 놓았다. '한 · 중 합작'의 협조 덕택으로 비석은 깨끗해졌고 유인석 선생도 고마움을 표시라도 하듯 비를 멈추게 하였다. 유인석의 자청처 기념비가 있는 그곳을 한국인들은 방취동이라고 불렀고, 한족들은 여우동굴이 있다고 하여 현재 여우골이라고 한다.

다시 배를 타고 강을 건너 차로 환인현(桓仁縣) 이붕전자(二棚甸子)를 거쳐 환인현성(桓仁縣城)으로 이동하였다. 이붕전자에서 환인현성까지는 약 50km 정도 되어 보였다.

환인현의 민족학교인 동창학교

윤세복

6월 30일 우리 일행은 환인현 중심가에 있는 동창학교(東昌學校)를 찾아 나섰다. 이 학교는 1911년 대종교의 3대교주 윤세복(尹世復)이 그의 형 윤세용(尹世茸)과 함께 가산을 팔아서 설립한 학교이다.

윤세복(1881~1960)은 대종교 3대 교주로서 만주지역에서 활발하게 독립운동을 전개한 대표적인 인물 가운데 한 사람이었다. 1942년 만주에서 체포된 윤세복에 대하여 일본측의 기소문에, 그는 "극고도의 반일민족사상을 회포하여 항일실천활동에 종사"한 인물로 평가되었던 것이다.

윤세복은 1881년에 출생하였으며, 그의 본명은 세린(世麟), 자는 상원(庠元), 도호(道號)는 단애(檀崖)이다. 본관은 무송(茂松)이며, 출신지는 경상남도 밀양군이다. 그는 신분적인 면에서 볼 때 경남 밀양에 기반을 둔 토착 농민 집안의 자제가 아닌가 한다. 경제적인 측면에서 볼 때 그의 집안은 큰 부자였던 것 같다. 그의 부친은 영남지방에서 알려진 만석꾼이었으며, 밀양군 내는 물론 청도군의 각남면, 풍각면, 화양면, 이서면 그리고 창녕군, 언양군 등지에도 다수의 농토를 소지하고 있었다. 그러므로 윤세복은 밀양지역의 부유한 농민의 자제였다고 할 수 있겠다.

풍족한 상류 농가에서 출생한 그는 어려서부터 경제적인 어려움 없이 형 윤세용과 함께 한문공부에 정진하였다. 그의 나이 7세인 1886년 봄에 고향 마을에 있는 응천제(凝川齊)에 입학한 그는 22(1)세까지 15년 동안 한학을 습득하였다. 그 과정에서 논어, 맹자, 대학, 중용 등 사서 삼경은 물론 다수의 한학 서적을 섭렵하였다. 그러는 가운데 그는 점차 유학 지식을 갖춘 전통적인 지식인으로 성장하였다.

동창학교 설립자 윤세복(대종교 3대교주)

윤세복은 구학문에만 열중한 것은 아니었다. 그는 신학문에도 점차 관심을 기울였던 것이다. 그것은 당시의 시대적 배경과 밀접한 관련이 있는 듯하다. 점차 신학문을 공부하고 항일의식에 눈을 뜨게 된 윤세복은 기울어져가는 국권을 회복하기 위해서는 교육이 무엇보다 중요하다고 생각하게 되었다. 그리하여 그는 1903년부터 6년 동안 고향 밀양읍에 있는 신창(新昌)소학교와 대구에 있는 협성(協成)중학교에서 교사로 활동하였다.

한편 대구와 밀양에서 민족교육을 전개하고 있던 윤세복은 1906년 5월부터 대구부 토지조사국 측량과에 입학하여 3년간 측량 기술을 습득하였다. 측량학교에 입학한 그는 만사를 제쳐두고 공부에 열중하였다. 그리고 졸업한 후에는 1907년 1월 18일부터 시행된 대구 시가지 측량에도 참여하였다. 그리고 1909년 3월에는 대구부 토지조사국 측량기수로 일하였다. 한편 1909년에는 비밀청년운동단체인 대동청년단에 가입하여 활동하였다. 그는 국권회복을 위한 민족운동의 주체는 민족 전체인 것은 사실이지만, 연령층으로 보아서는 청년층이 핵심층이 되어야만 하고 선봉에 나서야 된다고 생각하였던 것이다. 그리고 청소년이야말로 민족의 장래를 짊어질 주인이라고 인식하였던 것이다.

1910년 8월 일제에 의하여 조선이 강점되자 윤세복은 큰 충격을 받았다. 그는 두문불출하고 조국을 구할 수 있는 방법론에 대하여 심사숙고하였다. 그러나 그 방법은 도저히 찾아지지 않았다. 그러한 때에 나철 등이 단군교를 창시하고 조선 민족의 독립을 위해 노력하고 있다는 소식을 듣게 되었다. 이에 윤세복은 대종교 교주인 나철을 찾아 나서 그와의 만남을 계기로 대종교를 신봉하게 되었다. 이에 본명 세린을 세복으로 개명하고 '단애' 라는 새로운 아호를 받은 뒤 대종교를 신앙할 것을 서약하였다.

대종교 신자가 된 윤세복은 나철의 명령에 따라 서간도 지역의 동포들에게 대종교를 포교하기 위해 1911년 그곳에 도착하여 활동하게 되었다. 1911년 만주로 망명한 윤세복은 결국 1945년 해방이 되고서야 고국으로 돌아올 수 있었다. 그동안 만주에서 윤세복은 대종교 이념 아래 독립투쟁에 전념하였던 것이다.

먼저 그는 1911년 환인현에 동창학교를 설립, 재만동포의 자제들에게 민족의식을 고취하고자 하였다. 그런데 당시 이 학교에 재학 중인 학생들의 경제 형편은 대단히 어려웠으므로 재산이 넉넉했던 윤세복은 학생들의 기숙비, 피복비 등을 담당하여 주었다. 심지어가족들의 생계비까지 보조해 주었던 것이다.

동창학교를 중심으로 학생들에 대한 민족의식의 고취와 독립운동이 활발하게 전개되자 일본인들은 이에 큰 충격을 받았던 것 같다. 일본 영사관 측에서는 윤세복 형제에게 유혹과 협박을 통하여 학교의 폐지를 종용하였다. 그러나 민족의식이 강하였던 윤세복은 이를 단연코 거절하였다. 이에 일본영사관측에서는 중국 관헌들을 협박하기에 이르렀다. 중국 관헌들은 일본인들의 협박에 못 이겨 동창학교를 폐교시키고 말았다. 그리고 그곳에서 활동하던 독립운동가들을 모두 추방하였다. 이에 윤세복을 비롯한 일행은 1914년 무송현으로 이동하여 항일운동을 전개하였다.

3·1운동 이후 흥업단·대한국민단·광정단 등에서 무장투쟁을 전개하는 한편, 교세의 확장에 노력하던 윤세복에게 대종교 2대 교주 김교헌이 사망하였다는 비보가 전해졌다. 더우기 놀라운 것은 김교헌의 유명으로 자신을 3대교주로서 지명하였다는 사실이다.

유명을 받은 윤세복은 김교헌의 시신이 있는 대종교 총본사 영안현 남관으로 향하였다. 가는 길목마다 마적과 일본 밀정들이 득실거렸다. 게다가 날씨 또한 영하 20도, 30도를 오르내리는 혹한이었다. 사방은 눈으로 쌓여 있었다. 그러나 윤세복은 걸음을 재촉하였다. 서둘러 도착한 윤세복은 김교헌의 화장식을 거행하고, 나철의 묘 옆에 나란히 안장해 주었다.

도사교에 임명된 윤세복은 대종교의 쇄신을 위하여 노력하였다. 그는 1924년 3월 16일에 영안현 남관에서 제2회 교의회를 소집하고 교정(敎政) 쇄신을 추진하였다. 뿐만 아니라 그는 영안현 동경성에 대종교 계통의 대종학원을 설립, 초등부와 중등부를 운영하여 항일민족교육을 은밀히 진행하기도 하였다. 또한 천진전(天眞殿)을 건축하여 민족의식을 고취하고자 하였다.

대종교의 이러한 활동에 대하여 일제 측은 밀정을 파견하여 항상 내사하는 한편, 감시를 게을리 하지 않았다. 즉, 조선총독부 촉탁인 조병현으로 하여금 대종교 내부의 실태와 간부의 언동 등을 상세히 조사하여 보고하게 하였던 것이다. 이러한 일제, 만주국의 사찰은 만주국의 치안을 위해서 뿐만 아니라 일제가 태평양전쟁을 수행하는 과정에서 전쟁을 승리로 이끌기 위한 방책의 일환으로 이루어진 것이었다. 따라서 일제는 구체적인 단서가 잡히기를 내심 바라고 있었다.

그러한 때인 1941년 9월 5일 국내 조선어학회 사건의 중심인물인 이극로로부터 한 통의 편지가 왔다. 이 편지 안에는 '널리 펴는 말'이라는 글이 동봉되어 있었다. 일제는 이를 일문으로 번역하되 제목을 '조선독립선언서'라고 하였다. 그리고 내용 중에 있는 "일어나라, 움직이라"는 등의 구절을 "봉기하자, 폭동하자"로 날조하였다. 그리고 이를 구실로 대종교지도자들을 체포하고자 하였다. 이에 윤세복 등은 1942년 11월 일제에 체포되었으며, 감옥에 투옥되었다가 해방과 더불어 석방되었다.

1946년 환국한 윤세복은 대종교의 경전 번역과 포교활동에 전념하다가 1960년에 서거하였다. 윤세복은 동지들에게 자신이 죽거든 호화로운 장례나 무덤을 만들어 후세에 자랑하는 일이 없도록 화장을 하여 뼈를 가루로 만들어 한강에 뿌려 달라고 유언하였다.

소설가 박계주는 〈조선일보〉 1960년 2월 14일자에 '독립투사의 최후'라는 기사에서 다음과 같이 그의 죽음을 슬퍼하였다.

> 오늘 나는 신문 지상에서 40년간 만주지역에서 독립운동을 해 왔던 단애 윤세복 선생이 서거하셨다는 비보를 듣고 광복의 원훈의 한 분이 세상을 떠나셨구나 하며 그의 시신이 있는 쪽을 향하여 한숨을 지었다.

아울러 대종교 교우 대표로서 안호상은 이렇게 그의 대종교 활동을 높이 평가하였다.

> 단군 한배검의 사상과 대종교를 더욱 연구 발전시켜 4천여 년의 고유한 우리 민족 사상을 크게 되살렸습니다. 아! 이 얼마나 거룩하며 위대하신 일입니까.

윤세복은 실로 60여 년의 세월을 조국과 민족의 해방을 위하여, 새 조국의 건설을 위하여 국내와 만주 등지에서 투쟁하였던 위대한 종교가이며 독립운동가였다.

동창학교

동창학교의 교장은 자신과 함께 망명한 예안(禮安) 출신의 이원식(李元植)이 담당하였으며, 교사로는 김규찬(金奎燦), 김동석(金東石, 金振) 등이 일하였다. 또한 일시 이극로(李克魯), 신채호, 박은식이 교사로서 일하기도 하였다.

당시의 상황에 대하여 동창학교 교사였던 이극로는 그의 저서 《고투사십년》에서 다음과 같이 회고하고 있다.

신채호

박은식

만주 회인현 성내에서 내가 들어 있던 여관은 백농(白農) 이원식 씨가 경영하던 동창점(東昌店)이다. 나는 이원식 씨를 보고 나의 뜻과 적수공권(赤手公拳)으로 온 딱한 사정을 말씀하니 걱정하시는 태도를 가지고 "그러면 좋은 수가 있다" 하더니 권하는 말씀이 "여기에서 30리쯤 되는 깊은 산골에 가면 무슨 나무가 많은데 그 껍질로서 조선 사람이 신을 많이 삼아 신으니 그것을 한 열흘 동안만 벗기어 팔면 네가 가려는 통화현 합니하 신흥학교까지의 여비는 되리라" 하며 "그 산골에 조선 농가가 있으니 거기에 밭을 부쳐 놓고 머물면서 일을 하라"고 하며 그 동안에 먹을 양식은 자기가 좁쌀 한 말을 줄 터이니 가지고 가라고 했다. 그 말씀을 들은 나는 "고맙다" 하고 "그리하겠다" 하니 이원식 씨는 곧 아이를 불러서 자루에 좁쌀 한 말을 담아서 나의 등에 져 주었다. 그것을 진 나는 "고맙다"는 인사를 또 한 번 한 뒤에 목적지를 향하여 떠나갔다.

20리나 되는 파저강 나룻가에 다달아서 나룻배를 타고 떠나려고 할 지음에 멀리서 부르는 소리가 있으니 그는 곧 이원식 씨가 보낸 동창점의 심부름꾼이었다.

동창학교로 추정되는 환인현성 서문안

그 부르는 소리를 들은 나는 배에서 내리어 그 사람을 기다렸다. 그는 나를 만나 여관집 주인 이원식 씨의 부탁이라 하며 곧 여관으로 다시 들어오라고 했다. 그래서 그 여관으로 돌아가니 이원식 씨는 나를 보고 하는 말씀이 "여기에 내가 교장으로 있는 동창학교가 있는데 거기에 한어 강습이 있으니 한어도 공부하고, 또 역사가요 한학자인 박은식 선생이 계시어 좋은 역사책을 많이 지으니 그것을 등사하는 일을 좀 도와주고 또 교편도 잡아주는 것이 어떠하겠느냐"고 하기에 나는 너무도 고마와서 "내가 할 수 있는 일이라면 무엇이라도 사양하지 아니하겠다."고 대답하였다. 그랬더니 곧 나를 데리고 동창학교로 가서 여러 선생님께 인사를 시키셨다. 이때에 처음으로 나는 한문학 조선 역사가로 이름이 높은 박은식 선생과 대종교 시교사요(이제는 대종교 제3세 도사교) 동창학교 교주인 윤세복 선생을 알게 되었다. 나는 이날부터 여기에서 한어를 공부하며 교편을 잡으며 등사 일을 하게 되었다. 또 여기 일을 잊지 못할 것은 내가 한글 연구의 기회를 얻은 것이었다. 함께 일을 보던 교원 중에는 백주(白舟) 김진 씨라는 분이 있었는데, 그는 주시경 선생 밑에서 한글을 공부하고 조선어 연구의 좋은 참고서를 많이 가지고 오신 분이었다.

학기를 마치고 여름방학이 되자 윤세복 씨의 형인 윤세용 씨를 모시고 상해로 가게 되었다. (중략) 약 한 달 동안 있다가 상해를 떠나 북경을 거쳐 서간도로 돌아와서 동창학교에서 추기(秋期)부터 또 다시 교편을 잡게 되어 칠판 앞에서 세월을 보내다가 그 다음 해(1913년) 여름 방학에 학생 수명을 데리고 행보로 회인현에서 동으로 200여 리나 되는 집안현에 가서 고구려 광개토대왕의 능을 참배하고, 그 굉장한 석축(石築)을 구경하며 뜻 깊은 비문을 읽은 후에 당시 고구려의 무공(武功)과 문덕(文德)을 찬탄하면서 동창학교로 돌아왔다. 여기에서 그냥 교편을 잡고 지내다가 이 생활을 오래할 수 없다는 것을 알게 된 나는 만주를 한번 떠날 결심을 하였다."

동창학교의 교육내용에 대해 살펴보면, 3개 반으로 나뉘어 주 6일간 토요일 3시간을 제외하고는 주 5시간씩 수업하였다. 과목으로는 역사, 국어, 수신, 한문, 작문, 지지, 습자 등을 비롯하여 이과, 산술, 창가, 도화 등을 가르쳤다. 특히 역사 교재로는 《초등대동역사》 국어 교재로는 《초등소학교독본》을 사용하였다.

동창학교의 항일민족교육은 일제에 의해 정탐되기에 이르렀으며, 일제의 중국정부에 대한 외교적 항의에 의해 학교는 1919년에 폐교되고 말았다. 아울러 윤세용, 윤세복 형제들은 물론 교사들에 대한 축출령까지 내려졌다.

이 학교는 이극로의 기록에 따르면, 환인현성 서문 안에 있는 것으로 되어 있다. 그런데 이곳 역사학자 이영훈에 의하면, 이곳 촌로들의 증언은 동문 밖이라 하였다. 그리고 그곳은 현재 환인 농부산품비발공장(桓仁 農副産品批發市場)으로 이용되고 있었다.

우리가 묵고 있는, 호텔(天均大酒店)이 있는 정양대가(正陽大街)는 옛날의 중심가였다. 그리고 이곳 가까이에 광서(光緖) 8년(1882) 봄에 만든 현성(縣城)의 일부가 서쪽에 남아 있었다. 따라서 정양가도 서쪽 부근에, 즉 우리가 머무는 호텔 근처에 서문이 있던 것이 아닌가 짐작되었다. 그리고 그 근처에 동창학교가 위치했던 것으로 추정된다.

참의부 참의장 김승학

다시 우리 일행은 김승학(金承學)이 참의부장 시절 참의부 본부였던 이붕전자를 찾았다. 1927년 3월에는 윤세용에 이어 김승학이 참의장에 임명되었다. 김승학은 기존의 참의부 체제를 위원제로 개편하여, 참의장 밑에 군사, 민사, 재무, 법무, 교육 등 5개 위원회를 두고 각 위원회에 위원장을 두었다. 아울러 재만동포들의 의견을 수렴하기 위한 기구로서 중앙의회를 두는 한편, 지방에 중앙의 명령을 효과적으로 전달하기 위하여 지방을 7개 행정구역으로 나누고, 각 구에는 3인의 행정위원을 두어 지방통치에 관심을 집중시켰다.

한인들이 다수 거주하고 있던 이붕전자의 골짜기에는 현재 아연광산이 들어서 있었다. 지금은 경기가 좋지 않아 이곳 주민들은 대체로 어려운 살림을 하고 있다 한다. 그리고 이붕전자에서 산을 지나면 그곳이 바로 남만민족통일회의가 개최된 마권자(馬圈子, 현재 向陽)라고 하였다.

참의부 본부가 있던 이붕전자

관전현 청산구의 이진룡 의열비

환인현성에서 멀리 고주몽이 세운 졸본성인 오녀산성(五女山城)을 바라보며 관전현 청산구(靑山溝) 은광자촌(銀廣子村) 부근에 있다는 이진룡(李鎭龍)의 의열비와 그의 부인 우(禹) 씨 열녀비를 찾아 나섰다. 비석들은 은광자촌을 지나 외로이 사이좋게 산언덕 위에 서 있었다. 마을 주민들에 따르면 그곳을 한자로는 '구대구(口袋溝)', 한글로는 '자루꼴'이라고 하였다.

이진룡(1879~1918)은 몰락한 유림 가문의 출신으로 1879년 황해도 평산군 신암면에서 출생하였다. 그는 소년 시절 고향에서 경서(經書)를 공부하였으며, 특히 의암 유인석의 문인이 되어 항일구국정신을 배양하였다. 그 후 유인석의 문인 우병열의 사위가 되었고, 유인석의 문인으로 의병항쟁에 참가하였다. 특히 1907년말 일제와의 전투 수행 중 유격부대장 유달수가 전사하자 중대장 혹은 유격대장으로 일본군과의 교전을 주도하였으며, 이후 평산 의병부대의 부대장으로 추대되었다.

1908년 의암 유인석이 연해주로의 망명을 단행하자 유인석을 따라 연해주로 이동하였으며, 그해 겨울 연해주에서 귀국한 이진룡은 다시 평산 의병부대를 조직하고 계속적인 항쟁을 주도하였다. 1909년 가을 일제의 이른바 남한 대토벌이 전개되자 1911년 10월 압록강을 건너 만주로 망명하였다. 1916년 이진룡은 군자금을 조달할 목적으로 국내로

관전현 우 씨 의열비에서 내려다 본 청산구(위)와 이진룡과 부인 우 씨 의열비(아래)

침투하였으나 소기의 목적을 달성하지는 못하였다. 1917년 5월 25일 서간도 관전현에서 밀정의 밀고로 체포되었으며, 1918년 5월 1일 평양감옥에서 순국하였다. 그는 구금 중에도 그의 직업을 묻는 일제에게 "왜적을 토벌하고 나라를 구하는 것이 업(業)이다"라고 하여 그 기개를 떨쳤고, 교수대 위에서도 유연한 웃음으로써 순국을 맞이했다고 한다. 이 소식을 들은 이진룡의 부인 우 씨는 집 앞의 소나무에 목을 매어 순절하였다.

이진룡이 평양 감옥에서 순국하자 1919년 아하구(雅河口)에 있는 가족과 독립운동가들이 돈을 내어 비를 세웠다. 이진룡의 비석은 가로

37㎝, 높이 96㎝, 두께 16㎝이다. 그리고 우 씨 부인 비는 가로 37㎝, 높이 95㎝, 두께 14㎝이며, 화강암으로 되어 있다. 우 씨 부인 비석에는 '有朝鮮國烈婦孺人禹氏墓' 그 옆에 '永歷五己未三月日立'이라고 새겨져 있다.

우리 일행은 구대구에 있는 한인들이 살던 지점들을 확인하였다. 그리고 마을 앞에 유유히 흐르는 혼강을 통해 사첨자, 방취동 등 유학자들이 모여 있는 곳과 밀접한 교류를 가졌을 것으로 생각되었다.

다시 우리 일행은 백삼규가 체포된 우모오(牛毛塢)로 향하였다. 우모오 마을은 향약단 단장 백삼규가 1920년에 체포된 곳이다. 백삼규는 환인현 사첨자에 끌려가 총살당하고 말았다. 우모오는 조용한 시골 마을로 관전현성 방향으로 청산구에서 차로 20분 정도 소요되었으며, 이곳에도 고구려 산성이 있다고 한다. 우모오로 가는 길이나 환인현성으로 돌아오는 길에 계속 비가 내렸다.

구내구 마을 전경(좌)과 백삼규가 체포된 우모오 마을(우)

조선혁명군 근거지 신빈현

7월 1일 아침 6시 고구려 졸본성이었던 오녀산성으로 향하였다. 환인현 어느 곳에서 보아도 우뚝 솟아 있는 정방형 형태의 이 산성은 우리의 마음을 끌기에 충분하였다. 새벽 5시 50분 경 우리가 머물고 있는 호텔 앞에서 안내해 줄 동포 여자를 만났다. 차는 오녀산성을 향하여 험한 산길을 굽이굽이 달려갔다. 과거 백두산을 오를 때의 기분을 그대로 느낄 수 있었다. 정상에 올라가니 오녀산성이란 돌 표시가 있었다. 그리고 그곳에서부터 다시 철궤를 타고 오녀산성 정상을 향하였다.

고구려 오녀산성

오녀산성 정상에는 왕궁터, 정원지, 창고 보관터 등 고구려 유적들이 사방에 흩어져 있었다. 고구려의 시조 주몽이 이곳에 도읍하여 유리왕 때 집안으로 수도를 옮길 때까지 이곳은 고구려의 수도였다고 한다. 성 위에서 바라본 환인현은 강이 흐르고 넓은 평야가 있으며, 분지로 둘러싸여 있는 천연의 요새였다.

신빈현 영릉가

양세봉

호텔에서 식사를 마친 우리는 과거에 흥경현(興京縣)으로 잘 알려진 신빈현(新賓縣)의 영릉가(永陵街)로 향하였다. 영릉가는 과거 후금의 수도였다. 청나라 때에는 이곳을 흥경이라 하였고, 1911년 신해혁명 후에는 신빈, 만주국 성립 이후에는 흥경, 중국이 들어선 후에는 다시 신빈이라고 하였다.

이곳 영릉가는 양세봉 장군 등 조선혁명군의 활동 지역이었으므로 답사를 진행하고자 하였다. 환인현성을 떠나 사도하자(四道河子)와 이호래(二戶來)를 지나 신빈현 영릉(永陵)에 도착하였다. 이곳까지는 대체로 평지로 이루어져 있으며, 도로 포장도 잘 되어 있어 2시간만에 도착하였다. 영릉가에 도착한 우리 일행은 영릉가 전투 지역을 답사하였다. 영릉가 앞에는 소자하(蘇子河)라는 강이 심양을 향해 흘러가고

영릉가

있었으며, 조선혁명군이 숨어 활동하였다는 연두산이 있었다. 이곳 영릉가는 양세봉의 조선혁명군이 만주사변 후 치른 첫 전투 지역이라고 한다.

1932년 4월 조선혁명군은 신빈현 영릉가를 공격하여 격전 끝에 일군과 만군 80여 명을 섬멸하고 점령하였다. 이후 한 · 중 연합군은 전투기까지 동원하여 반격해 온 일 · 만군에 쫓겨 신빈현성에서 철수하였으나, 곧 반격하여 이 성을 탈환하였다. 5월 8일 일 · 만 연합군이 영릉가를 다시 공격해 오자 조선혁명군은 중국 부대와 함께 2일간이나 격전을 치르며 사수하였다.

영릉가 전투 후 이곳에 사는 중국인들은 조선혁명군을 위로하기 위해 옷을 한 벌씩 해 주었다고 한다. 이곳 영릉가(현재는 영릉진)에서 옛날의 흔적은 거의 찾아볼 수 없고 다만 낡은 집 몇 채만 남아 있었다.

영릉가 전투지점을 살펴본 후 우리 일행은 청나라 선조들의 묘소가 있

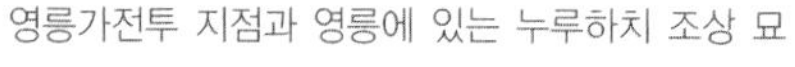
영릉가전투 지점과 영릉에 있는 누루하치 조상 묘

는 영릉을 참배하였다. 이곳은 2004년 세계문화유산으로 지정되었다. 심양에 있는 청나라 태조 · 태종 능에 비하여 매우 초라한 모습을 지니고 있었다. 한 가지 신기한 점은 만주족의 무덤에는 막대기를 꼽고 하얀 천을 나이만큼 단다는 점이다. 중국인의 경우는 나이만큼 종이를 단다고 한다.

신빈진 – 만인갱 · 조선혁명군 전투 · 서세명가

우리 일행은 영릉가에서 다시 신빈현의 중심지 신빈진으로 향하였다. 이곳은 조선혁명군 양세봉 부대가 1932년 6월 중국 이춘윤(李春潤) 부대와 연합하여 일 · 만군과 치열한 전투를 벌여 신빈현성을 3차례 탈점(奪占)한 전투가 있던 곳이었다. 이곳에서 우리는 양세봉 장군을 연구한 조문기(曹文奇) 선생을 만났다. 그는 만족(滿族)으로 현재 신빈 지역의 항일 독립운동사에 대하여 애착을 갖고 연구하는 대표적인 학자였다. 조 선생은 먼저 우리를 신빈현성 북산(北山) 체육학교 동쪽에 위치하고 있는 만인갱유지(萬人坑遺址)로 안내하였다. 이곳에서 중국인 애국지사 1만 명 이상이 살해당하였다고 하여 시민들이 만인갱이라고 한데서 그 명칭이 유래하였다고 한다. 사실 만주사변이 발발한 1931년에 신빈현 인구가 30만 명이었으나 1945년 해방 당시에는 11 만 명 이내로 줄어들었다고 한다. 조 선생은 이곳에서 1935년 신빈현 왕청문에서 체포된 한인 20여 명을 처형하고 목을 걸어 두

만인갱유지

었다고 밝히고, 현재에도 그때 사용하였던 못들이 나무에 박혀 있다고 하였다. 그는 1965년에 땅을 5~6m 파 내려가니까 구덩이에서 50~60개 해골이 나왔다고 하였다.

만인갱에서 산 쪽으로 200미터 정도 정상으로 올라가니 항일 영열기념비(抗日英烈紀念碑)가 서 있었다. 이 비는 항일투쟁을 기념하기 위하여 신빈만족자치현 인민정부와 중공신빈만족자치현위원회가 만주사변 60주년을 맞이하여 건립한 것이다.

이 비 뒷면에는 이춘윤, 이홍광(李紅光), 이동광(李東光), 한호(韓浩), 양석부(梁錫夫), 안창훈(安昌勳), 이명해(李明海), 부사창(傅士昌), 조문희(趙文喜) 등 19명의 항일영렬을 추도하기 위하여 세웠다고 되어 있다. 이 가운데 이홍광, 이동광, 한호, 안창훈, 이명해 등은 우리 동포이다. 아울

항일영렬기념비(좌)와 이홍광 흉상(우)

러 기념비 뒤편에는 양세봉과 함께 활발히 투쟁을 전개했던 만족 이춘윤(1901~1933)과 조선족 항일투사 이홍광(1910~1935)의 흉상이 있었다.

식사 후 조문기 선생의 안내를 받아 1934년 4월 양세봉이 4차 진공 시 진격해 온 길을 답사하였다. 양세봉 부대는 신빈진 남산(王八蓋山, 당시는 河南이라고 하였음)에서 내려와 만용북상점(萬龍北商店) 일대를 공격하여 이를 점령하였다. 그러나 일본군의 재차 공격으로 빼앗겼다고 한다. 다음에 제2차 신빈진 진공전투 지역을 답사하였다. 이춘윤 부대 800명과 양세봉 부대 200명이 정안군(靖安軍, 영구에서 조직된 만군 정예부대) 500여 명과 전투한 곳이었다.

이어서 서세명(徐世明) 집을 답사하였다. 이곳에서 1931년 흥경현회의에 참여한 이호원(李浩源, 해방 후 연변 조선족자치주 중심인물)·김보안(金保安)·이종건(李鍾乾)·장세용(張世用)·이규성(李圭星)·차용목(車用陸)·전운학(田雲學) 등 국민부 주요 간부들이 체포되었던 것이다. 조선혁명당

홍경현회의 개최지인 서세명의 집

은 만주사변 이후 일본군의 침략으로 위기에 처하였다. 이에 조선혁명당은 국민부와의 회의를 통하여 선·후책을 강구할 방침으로 각 지방 대표를 소집하여 1932년 1월 홍경현 교외 서세명의 집에서 중대 회의를 개최하였다. 이 회의를 탐지한 일제는 통화현(通化縣)으로부터 10여 명의 일본 경관과 소위 만주국 경찰대 100여 명을 트럭 3대에 분승시켜 다음 날 6일 상오 4시경에 홍경현에 도착하여 회의 장소인 서세명의 집을 습격하였다. 이에 다수의 지도자가 체포되어 조선혁명당은 큰 타격을 입었다. 이후 조선혁명당은 양기하를 국민부 중앙집행위원장으로 그리고 양세봉을 부위원장으로 선임하여 조직을 재정비하였다.

회의 장소로 추정되는 옛날 집 사랑채 1동은 없어졌고 현재 한 채만이 남아 있었다. 그리고 당시의 담은 과거보다 훨씬 낮아진 모습을 보여주고 있었다. 조문기 선생은 현재 알려진 집의 뒷집 사랑채가 회의 장소가 아닌가 추정하고 있다. 그것은 당시 만주족의 집 구조와 관련이 있다고 한다. 현재 뒷집에는 양성군(楊成軍) 일가가 살고 있었다.

동창대 · 이도구

신빈현진 교외에 있는 서세명가를 지나 대한통의부 총사령 신팔균(申八均)이 순국한 동창대(東昌臺)로 향하였다. 동창대는 현재 홍승향(紅升鄕)에 속해 있으며, 신빈현진으로부터 동남으로 12km 지점에 위치하고 있었다.

신팔균

신팔균은 충북 진천(鎭川)에서 태어났다. 1902년 대한제국 육군무관학교를 졸업하고 1907년 대한제국 육군 정위(正尉)로 강계 진위대에서 활동하였다. 동년 7월 군대가 해산되자 낙향하여 후진 양성에 주력하는 한편, 1909년에 대동청년단에 가입하여 안희제(安熙濟), 윤세복, 서상일(徐相日), 김동삼 등과 함께 국권회복운동을 전개하였다.

1910년 일제에 의해 국권이 침탈되자 만주로 망명하였으며, 1919년에는 김동삼, 김좌진, 서일 등과 함께 무오독립선언서를 발표하기도 하였다. 1919년 서로군정서(西路軍政署)에 참여하여 신흥무관학교 교관으로서 오광선(吳光鮮), 이범석(李範奭), 이청천(李靑天) 등과 함께 독립군 양성에 전력을 기울였다. 1922년에는 의군부, 광복단, 광한단, 흥업단 등 대소 8개 단체가 합류하여 대한통의부가 조직되자 이에 참여하였으며, 1924년에는 그 사령관에 취임하여 양세봉(梁世鳳), 문학빈(文學斌), 심용준(沈龍俊) 등과 함께 항일무장투쟁에 앞장섰다. 그러던 중 일본군의 사주를 받은 마적 300여 명이 통의부 사령부 소재지인 왕청문 이도구(旺淸門 二道溝)를 습격한다는 소식을 듣고 1924년 7월 부하들을 이도구 높은 산에 매복시킨 후 그들과 결전을 행하였으나 탄약이 떨어져 전사하였다. 그는 별호를 동천(東天)이라 하여 이청천, 김경천(金擎天) 등과 함께 만주 삼천(三天)으로 널리 알려진 항일운동가였다.

신팔균이 전사한 동창대로 향하는 옛길은 홍승저수지에 잠겨 없어졌으며, 그 옆에 있는 조선혁명군 묘지도 홍승저수지 건너편에 위치하고 있었다.

다음에 정의부 본부가 있었던 왕청문 이도구로 향하였다. 이도구는

대한통의부 총사령관 신팔균이 전사한 동창대 전경

정의부 등의 근거지 이도구

왕청문 방향에서 공농교(工農橋)와 강서(江西)~양목구(楊木溝)를 지나 2km쯤 더 나아가 좌측에 위치하고 있었다. 이도구 골짜기는 현재 삼밭으로 변하여 개인이 관리하고 있었다. 골짜기를 지나 좌측과 우측 골짜기에 한인들이 다수 거주하고 있었고, 이곳에는 현재 우측 골짜기에 40호, 좌측 골짜기에 60호의 한인 유적이 있다고 한다.

아울러 산 정상 부근에는 밀영이 있었으며, 현재 흔적들이 있다고 한다. 이도구 골짜기를 지나면 동창대가 나오고, 아울러 이도구의 사화정(四花頂)을 넘으면 환인, 통화, 신빈으로 나갈 수 있어 적의 공격을 피할 수 있는 좋은 지점이었다.

왕청문 · 양세봉

우리 일행은 다시 큰 길로 나와 왕청문(旺淸門)으로 향하였다. 이곳은 길림성과 요녕성의 경계이며, 청원 통화 등 여러 곳으로 갈 수 있는 교통이 발달된 곳이다.

아울러 작은 연변이라고 불릴 정도로 조선족이 다수 거주하고 있는 곳이다. 이곳에 왕청문 조선족 소중학교(小中學校)가 있었는데 여기에 조선혁명당 등의 본부가 있었다. 2007년 방문 시에는 학생들이 부족하여 조선족 학교는 없어지고 폐허되어 있었다. 조선족 학교는 신빈진으로 옮겼다고 한다.

1929년 4월 국민부를 조직한 이후 중앙의회의 결의를 거쳐 재만한인의 자치기관으로 국민부를 결성한 민족유일당조직동맹은 재만한인의 염원인 유일당의 결성에 주력하여 1929년 12월 마침내 유일당으로써 조선혁명당을 결성하였다. 조선혁명당은 국민부를 지지, 영도하는 정당으로 창립된 것이다.

조선혁명당의 기본 임무는 민족적 대당을 형성하여 혁명 사업을 수행하는 일인데, 당시 현실적 과업으로는 국민부와 조선혁명군을 지도 육성하는 일이었다. 그러므로 조선혁명당, 국민부, 조선혁명군은 서로 임무의 범위와 성격을 달리하는 동일체였으며 국민부와 조선혁명군은 조선혁명당의 정치적 지도 아래 있었다. 이와 같은 조선혁명당은 재만

왕청문 조선족학교에서 학생들과 함께

독립전선의 민족 진영에서 처음 만든 민족 정당이기도 하였다.

조선혁명당은 국민부 중앙집행위원장인 현익철이 혁명당 위원장에 취임하는 한편 창립 선언문에서 일본제국주의의 박멸을 주장함과 아울러 대기업을 국유로 하고, 농민에게 농토가 돌아가는 노동민주정권을 만들고자 하였던 것이다.

학교 내에는 양세봉 흉상이 서 있었다. 거기에는 '항일명장 양세봉(抗日名將 梁瑞鳳) 1995년 8월 해방 50주년을 맞이하여 신빈현 왕청문진 인민 정부에서 세움' 이라고 되어 있었다.

양세봉(1896~1934)의 호는 벽해(碧海), 평북 철산 출신이다. 3 · 1운동 직후 평안도 지역에서 천마산대에서 활동하였으며, 1920년에는 만주로 망명하여 광복군 총영에서 활동하였다. 1923년 정의부가 조직되자 소대장으로 활발한 국내 진공작전을 전개하였으며, 뒤에는 제3중대장으로 활동하였다. 1929년에는 조선혁명군 제1중대장, 1931년에는 조선혁명군 총사령이 되어 중국군과 연합작전을 성공적으로 수행하였다.

양세봉 장군의 흉상

왕청문에서 마을을 가로질러 소황구(小荒溝) 방향으로 향하였다. 약 30분 가량 차를 타고 소황구령을 지나 조금 가니 좌측에 옥수수 밭이 나타났다. 그곳에서 양세봉이 순국하였다. 일본군 밀정 박창해(朴昌海)가 평소에 양세봉 총사령관과 친면이 있고, 혁명군에 대하여 직접 간접으로 후원하고 있던 중국인 왕

씨라는 자를 매수하여 중국인 사령관이 양세봉을 만나 군사문제 등을 협의하기로 요청한다고 유인하였다. 1934년 8월경 총사령관 양세봉이 중국인 왕 모(王某)를 비롯한 부관들과 신빈현 왕청문의 사령부를 떠나 남쪽 방향의 향수하자향 소황구촌으로 넘어가는 언덕에 도달했을 때 갑자기 길 왼쪽의 수수밭에서 일본군이 뛰어나와 일행을 포위, 양세봉은 현장에서 사살되었다.

순국지는 소황구에서 약 1리(500미터)쯤 떨어진 곳에 위치하고 있었다. 우리는 조문기 선생의 설명에 따라 위치를 비정할 수 있었다. 양세봉의 유해는 현재 북한의 애국열사릉에 안장되어 있다고 한다.

다시 왕청문으로 나와 통화현성이 있는 통화로 향하였다. 통화현성에 도착하기 10km 전방에 금두(金斗) 조선족 만족향이 있었다. 이곳은 1919년 3월 12일 만주지역에서 처음으로 만세운동이 전개되었던 곳이다.

1919년 3월 12일 기독교신도와 한인청년회 회원 및 금두화락과 쾌당모자 부근의 주민 300여 명이 금두화락 교회에 모여 만세운동을 전개하였다. 길 옆에 있는 금성 조선족소학교 교장 이광호(李光浩) 선생의 말에 따라 지금은 창고로 쓰이는 교회 자리를 확인할 수 있었다. 2007년도 답사한 결과 이 학교도 폐교되고 말았다.

양세봉이 순국한 옥수수밭이 있던 곳

독립운동 기지 유하현

서로군정서 본부 고산자

7월 2일 아침 일찍 우리 일행은 서로군정서(西路軍政署)와 신흥무관학교가 있었던 유하현(柳河縣) 고산자로 향하였다.

1919년 3월 1일 국내에서 만세운동이 전개되었고 그 영향은 곧 만주지역에도 미치게 되었다. 그리하여 1919년 4월 초순에는 유하현 고산자(孤山子)에서 독립전쟁을 실현할 군사정부인 군정부(軍政府)가 이상룡 등에 의하여 기존 단체를 바탕으로 하여 조직되기에 이르렀다.

군정부는 무장투쟁을 위한 군사정부였다. 그러므로 군정부에서는 군대를 편성하고 압록강을 건너 국내로 진공할 계획을 수립하였다. 아울러 무장 투쟁을 전개하기 위한 조직체계도 완비하였다. 그 결과 이상룡이 최고 책임자인 총재에 임명되고, 여준(呂準)이 부총재, 그리고 이탁(李沰)이 참모장을 각각 담당하게 되었다. 또한 군정부에서는 재만 동포들의 자치기관을 설치하고자 하였다. 그것은 이 기관을 통하여 독립전쟁을 효과적으로 전개하기 위한 인적·물적인 자원을 제공받기 위해서였다. 따라서 군정부에서는 1919년 4월 초순 부민단(扶民團)·자신계·교육회 등을 중심으로 유하현·통화현(通化縣)·환인현(桓仁縣)·집안현(輯安縣)·임강현(臨江縣)·해룡현(海龍縣) 등 각 현의 지도자들을 모아 한족회(韓族會)라는 재만 동포의 자치기관을 설치하도록 하였다.

고산자 전경

한편 군정부가 수립되었을 무렵 중국 상해에서도 역시 대한민국 임시정부가 수립되었다. 임시정부측에서는 서간도 지역에도 정부가 수립된 것을 알고 여운형(呂運亨)을 군정부에 파견하여 임시정부에 통합할 것을 요청하였다. 이에 이상룡은 하나의 민족이 어찌 두 개의 정부를 가질 수 있겠느냐고 설득함에 따라 '군정부'란 명칭을 양보하였다. 그 결과 1919년 11월 17일 군정부는 임시정부에 참여하는 한편 명칭을 서로군정서로 개칭하였다.

서로군정서는 독판제(督辦制)로 운영되었다. 즉, 최고지휘부인 독판부 아래에 무장활동을 담당하는 사령부, 참모부, 참모처 등을 두었으며, 무장활동을 적극적으로 전개할 수 있도록 보조해 주는 정무청 · 내무사 · 법무사 · 재무사 · 학무사 · 군무사 등을 설치하였던 것이다. 그 밖에 입법 및 주요 안건의 결정기관으로서 서의회(署議會)를 두었으며, 지방조직으로서는 분서(分署)를 두어 무장독립운동의 효율성을 꾀하고자 하였다. 서로군정서에서 활동한 주요 인물을 보면 독판 이상룡, 부독판 여

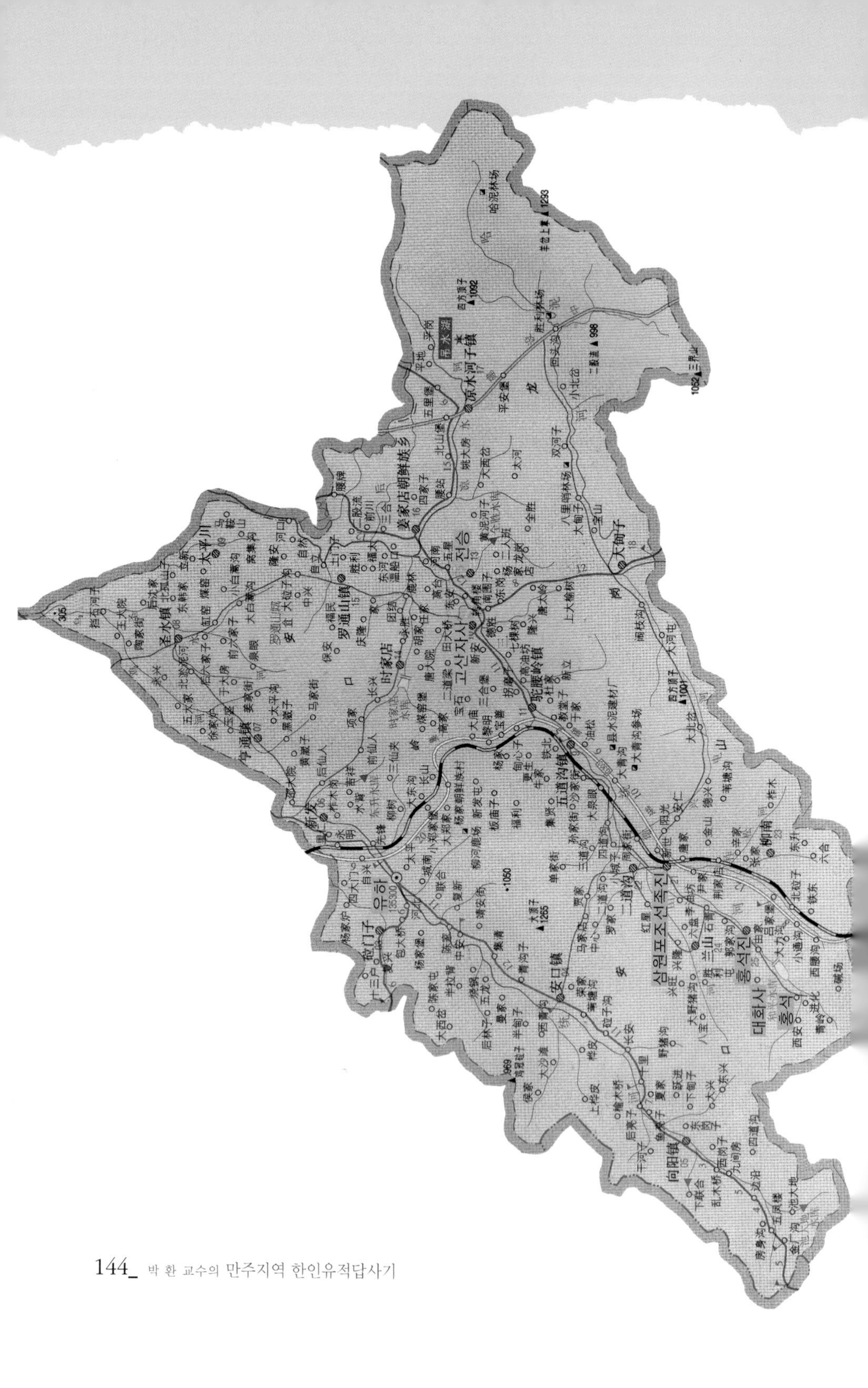
고산자사
진승
삼원포조선족진
홍석진
대화사
홍석
유하
柳河
孤山子镇
三源浦朝鲜族镇
红石镇
安口镇
向阳镇
时家店
罗通山镇
五道沟镇
姜家店朝鲜族乡
凉水河子镇
驼腰岭镇
圣水镇
安口镇

준, 정무총장 이탁, 내무사장 곽문(郭文), 법무사장 김응섭(金應燮), 재무사장 남정섭(南廷燮), 학무사장 김형식(金衡植), 군무사장 양규열(梁圭烈), 참모부장 김동삼(金東三), 사령관 이청천(李靑天) 등이다.

통화에서 고산자진으로 가는 길은 온통 도로 공사를 하는 중이라 예정시간보다 훨씬 많은 시간이 소요되었다. 고산자진은 마침 일요일이라 장이 서서 많은 사람들이 나와 있었다. 항일투사들의 모습은 찾아볼 수 없었으나 중국인들의 생기 있는 모습은 찾아 볼 수 있었다.

대두자 신흥무관학교

고산자진에서 신흥무관학교가 있던 대두자(大肚子)로 향하고자 했다. 독립운동가들은 3 · 1운동 이후 통화현 합니하에 있는 신흥무관학교를 시급히 확장하고자 하여 즉시 유하현 고산자 하동 대두자지역의 광활한 땅에 40여 칸의 광대한 병영사와 수만 평의 연병장을 부설하였다. 이곳은 유하현 고산자에서 약 15리쯤 동남쪽 좁은 산길로 들어가면 나오는 곳으로, 산으로 둘러싸인 산간벽지였다. 처음에는 신축공사가 한창이어서 만주인 양조장 건물 수십 칸을 빌려 시급하게 교육을 실시하였다.

신흥무관학교는 일본육군사관학교 졸업생이며 일본군 육군 중위인 이청천(李靑天)이 신흥학교를 찾아오자 이것을 기회로 하여 정식사관학교로 개칭하고 그해 5월에 신흥무관학교의 개교식을 거행하면서 이루어졌다. 교장에는 신흥학교장 이세영(李世榮)이 그대로 취임하였고 교성(敎成)대장에 이청천, 교관에 이범석(李範奭), 오광선(吳光鮮), 신팔균(申八均), 김경천(金擎天) 등을 임명하였다.

신흥무관학교는 본교를 통화현(通化縣) 합니하(哈泥河)에 두고 분교를 통화현 칠도구(七道溝), 고산자(孤山子) 하동(河東)에 분설하여 사관교육을

대두자 마을 입구

실시하였다. 일본 육군사관학교와 중국 군관학교를 졸업한 교관들에 의하여 피 끓는 독립군 사관후보들이 배양되었던 것이다. 1920년 8월에 이 학교가 안도현(安圖縣)으로 이동하기까지 합니하(哈泥河)에서 졸업한 학생만도 2000여 명에 달하였다.

신흥무관학교의 교육과정은 하사관반이 3개월, 장교반이 6개월, 일반 한인들을 대상으로 하는 특수반이 1개월이며, 교과과목은 학과가 10%, 교련 20%, 민족정신 50%, 건설 20%였고, 일과는 오전 7시부터 오후 8시까지 13시간이었다. 이후 신흥무관학교의 졸업생들은 청산리 대첩과 만주사변 이후의 항일투쟁, 그리고 임시정부 광복군의 기간요원으로서 일제시대 민족진영 항일무장투쟁의 근간이 되었다.

대두자 가는 길은 과거와(1998년) 달라져서 고산자진을 지나 전승향

대두자 신흥무관학교 터

(全勝鄕) 대두자로 향하였다. 마을 입구에는 대두자라는 글씨가 쓰여 있어, 우리들을 반갑게 맞이하여 주는 듯하였다. 대두자에서 조금 들어가니 옛 신흥무관학교 자리가 나타났다. 옥수수 밭으로 변한 모습을 찾아볼 수 있었다.

경학사 · 신흥강습소의 추가가

대두자를 지나 다시 고산자진으로 향하였다. 고산자진 입구에는 소고산이라고 불리우는 산이 우뚝 솟아 있었다. 이곳을 지나 우리 일행은 유하현 삼원포 조선족진(三源浦朝鮮族鎭)으로 향하였다. 삼원포에서는 우선 경학사

이회영

(耕學社)와 신흥강습소가 있던 추가가(鄒家街) 마을을 답사하였다.

1909년 봄 신민회 간부들은 서울 양기탁의 집에서 모여 국내에서의 대일항쟁의 한계성을 절감하고 제2의 독립운동 기지를 선정할 것과 그곳에 무관학교의 설립을 추진하였다. 신민회의 이러한 계획에 따라 이회영(李會榮), 이시영(李始榮) 형제와 이상룡(李相龍) 등 다수의 인사가 만주로 망명하였다.

경학사는 바로 이들에 의하여 1911년 4월 유하현 삼원포 대고산에서 노천(露天) 군중대회를 통하여 조직되었다. 이 단체는 표면적으로는 재만한인의 자치단체를 표방하였으나 사실은 재만한인을 위한 자치단체이자 혁명단체였다. 경학사의 책임자인 사장은 경북 안동지역에서 활동하다 망명한 이철영 또는 이상룡이 되었다.

경학사를 결성하는 군중대회에서는 경학사의 설립 취지서가 발표되

추가가 마을 전경

었다. 이 취지서에서는 재만 한인이 장차 추진해야 할 항일민족독립운동의 방략과 진로를 밝히었다. 즉, 취지서에서는 경학사의 결성을 바탕으로 한민족이 어느 때 어느 곳에서든지 조국의 독립을 위하여 더욱 결사적으로 투쟁할 것과 중국과 우리 민족이 공동운명에 있음을 인식할 것을 강조하고 있었다.

경학사 취지서

그리고 일본제국주의를 한국의 영토로부터 구축하고 그동안의 굴욕을 설욕하기 위하여 이미 헌신한 우리들은 각 사람의 책임을 절대로 경시하지 말 것, 또 지난날처럼 어리석게 행동하여 후회하는 일이 없도록 하며, 꿈에서 깨어나 적극적인 투쟁을 전개할 것을 말하고 있었다.

장차 항일운동을 적극적으로 추진하기 위하여는 종래 우리가 지녔던 몸과 정신이 아닌 새로운 민족독립운동 정신으로 무장하여 정열을 배양하고 인내심을 기르며, 다가오는 모든 애로를 극복하기 위하여 담력과 투철한 정신을 단련할 것, 그리하여 어떤 위험한 일을 당해도 온 힘을 다해 일하며, 타인의 힘을 의지하지 말고 우리 자신이 먼저 이 독립운동을 착수 추진해야만 한다는 것 등을 강조하였다.

若身旣献矣各思責任之不輕夢果醒乎當知肉體
之爲幻長熱力養忍性不妨障碍之多生銶膽氣濟
精神何惧危險之當着勿恃客氣要當事而盡心勿
望他人先自我而着乎或如巴律西不惜鉅萬之産
或如維廉氏期殉七尺之軀成則洒腦精而貫歷史
之光榮敗則迸鮮血而贖國民之沉蘇況今支那現狀
老大莫振吾人義務負擔惟均須混中外畦畛亘竭彼
此智力時機一到事業兩全可愛哉韓國可哀哉韓
民沸鼎之魚尚喁喁而何望燎堂之燕能呴呴之多
時來哉來哉保我群乃是保我民愛我社乃是愛我
國來哉來哉客雁群度西風日催金鷄一呼東天將
曙

自新禊趣旨書

伊尹曰用其新去其陳今日乃一大爐變局也風潮
所迫無舊不新新之先者占據舞培爲優爲勝新之
後者退居下風爲劣爲敗此天演之公例也新有二
道新自我者新之權在我故可以裁擇去取致其全
美新於人者新之權在人故不免束縛馳驟喪其自
由在一國亦然在一社會亦然有志於新事業者可
不深思乎吾輩陳人也但知有舊而不知有新一朝

石洲遺稿

경학사 취지서

또한 한국이 일본제국주의에 의해서 강점된 이 마당에 더 이상 우물쭈물 망설이는 태도를 갖지 말 것, 이제 때가 매우 시급하게 되었으니 우리 뜻있는 재만한인들이 모여서 자신을 보호하는 것이 한민족을 보호하는 것이 된다는 것을 주장하고 있었다.

그리고 여기 새로 창설된 경학사를 사랑하는 것이 곧 나라를 사랑하는 것이니 모두 경학사를 중심으로 모여 단결하고 조국 광복을 위해 총매진하면 반드시 유리한 시기가 도래할 것이며, 결국 우리가 바라는 조국 광복이 이 경학사를 통해서 이루어질 것이라고 하였다.

경학사에서는 민생(民生)과 교육의 두 가지 목표를 내걸고 이의 실현을 위해 노력하였다. 그러나 이러한 노력은 결실을 맺을 수 없었다. 왜냐하면 국내에서는 겪지 못한 수토병이라는 괴질로 많은 동포들이 큰 피해를 입게 되었고, 1911년에는 큰 흉년이 들어 심각한 생활고를 겪게 되었기 때문이었다. 그리고 예정되었던 신민회의 75만 원도 뜻하지 않은 '105인 사건' 으로 인해 오지 않았다. 이로 인하여 동년 가을 경학사는 해체되었으며, 이곳에서 활동하던 이동녕(李東寧)은 노령(露領)으로, 이시영은 봉천(奉天 : 현재 심양)으로 각자 독립운동의 새로운 길을 찾아 떠나게 되었다.

위로부터 윤기섭(좌)
이동녕(우)
김창환(아래)

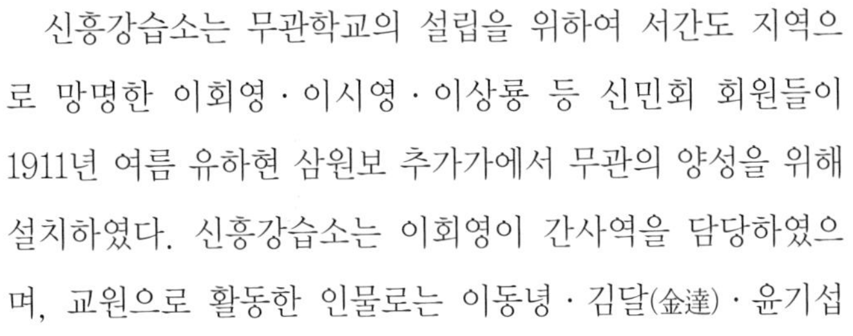

신흥강습소는 무관학교의 설립을 위하여 서간도 지역으로 망명한 이회영 · 이시영 · 이상룡 등 신민회 회원들이 1911년 여름 유하현 삼원보 추가가에서 무관의 양성을 위해 설치하였다. 신흥강습소는 이회영이 간사역을 담당하였으며, 교원으로 활동한 인물로는 이동녕 · 김달(金達) · 윤기섭(尹琦燮) · 김창환(金昌煥) · 이장녕(李章寧) 등을 들 수 있다.

대한독립단 · 신흥학우단의 대화사

삼원포에서 점심식사를 하고 대한독립단과 신흥학우단이 있었던 대화사(大花斜)로 향하였다. 대한독립단은 서간도의 유하현(柳河縣) 삼원포 서구 대화사(三源浦 西溝 大花斜)에서 조직된 독립군단이었다.

대한독립단 총재
박장호(좌)와 중심
인물 전덕원(우)

대한독립단은 국내에서 의병활동을 전개하던 박장호(朴長浩) · 조맹선(趙孟善) · 백삼규(白三奎) · 전덕원(全德元) 등이 만주 이주 초기에 조직하였던 자치단체 성격의 보약사(保約社) · 향약계(鄕約契) · 농무계(農務契) 등을 확대 발전시켜 조직한 단체였다.

대한독립단은 성립 이후 얼마가지 않아 그 구성원들간에 복벽주의(復辟主義)를 주장하는 계열과 공화주의(共和主義)를 주장하는 계열로 양분되어 있었다. 복벽주의를 주장하는 계

대화사 마을 전경

열은 조국광복 후 왕정복고를 주장하는 측의 인사들이었고, 공화주의를 주장하는 계열은 광복된 조국의 정체를 공화주의로 하려는 인사들이었다. 따라서 이들 양 계열 간에는 같은 목적을 가지고 독립운동을 펼치고 있는 기간에도 서로 대립된 양상을 띠었는데 복벽주의 계열은 대한독립단이 단기(檀紀) 또는 대한제국의 연호인 융희(隆熙)를 사용하여야 한다고 주장하였다.

하지만 공화주의를 주장하는 계열은 대한독립단이 장차 광복 후 성립될 정부를 상해의 대한민국 임시정부로 생각하여 임시정부의 연호인 민국을 사용해야 한다고 주장하였다.

두 세력은 1919년 말경 결국 화합하지 못하고 기원독립단과 민국독립단 등 두 단체로 분리되고 말았다. 기원독립단원들은 1922년에 광한단(光韓團) 등 독립운동 단체들과 회합, 대한통의부를 성립시켰다. 그러나 공화주의를 실천하려는 통의부 구성원들과 이념상으로 맞지 않아

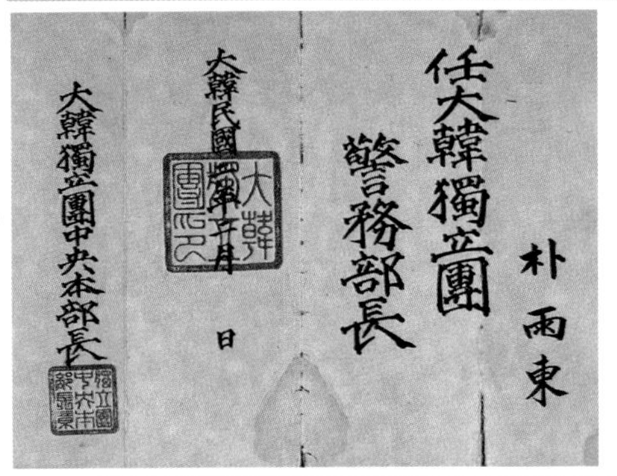
朴雨東
任大韓獨立團警務部長
大韓民國 年 月 日
大韓獨立團中央本部長

대한독립단 경고문(좌)과 대한독립단 임명장(우)

1923년 2월에 또다시 새로운 독립군단인 의군부(義軍府)를 조직하여 통의부를 이탈하였다.

신흥학우단은 1913년 3월 유하현 삼원포 대화사에서 교장 여준(呂準), 교감 윤기섭(尹琦燮) 등과 신흥강습소의 제1회 졸업생인 김석(金石)·강일수(姜一秀)·이근호(李根澔) 등의 발기로 조직되었다. 무관학교의 교직원과 졸업생이 정단원이 되고 재학생은 준단원이 되는 일종의 동창회와 같은 성격을 지닌 것이었다.

그러나 실제에 있어서 강력한 혁명결사단체로 조국의 광복을 위해 백서농장(白西農場)을 통한 혁명활동과 신흥학우보의 간행을 통한 계몽활동, 그리고 민족의식 고취 및 군사교육을 위한 교육활동 등을 전개하였다.

대화사 가는 길 역시 진입로 공사가 한창이라 매우 불편하였다. 홍석진(紅石鎭)을 지나 우리 일행은 대화사로 가는 길을 놓쳐 홍석까지 갔다. 다시 되돌아와 대화사로 향하였다. 대화사 마을에 지금은 한족들만이 살고 있어 옛 모습을 찾아볼 수 없었다. 다만 산천(山川)만이 옛 독립군의 모습을 기억하고 있을 뿐이었다.

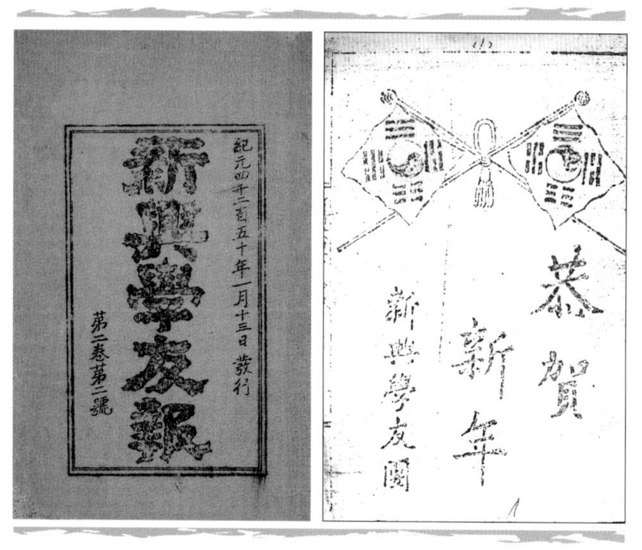

신흥학우단이 발행한 신흥학우보

동명학교 · 한족회 – 삼원포

대화사에서 나와 삼원포로 다시 향하였다. 여기에는 한경희(韓敬禧) 목사가 만든 동명학교(東明學校)를 답사하였다.

한경희(1881~1935)는 평북 용천(龍川) 사람이다. 1907년 7월 창신학교 속성과에 입학하여 6개월 만에 졸업하였다. 1910년에 평양 장로회신학교에 입학하였다. 1914년 5월 15일에 신학교를 졸업하고 평북 장로회의 파견으로 중국 만주 중동선(中東線) 일대에서 1년간 선교활동을 전개하였다. 동년 10월 유하현 삼원포 대화사에 예배당을 설립하였다.

1917년부터 평북노회의 선교활동을 그만두고 삼원보지역 다섯 교회의 목사로 일하였다. 1919년 국내에서 3 · 1운동이 전개되자 삼원보지역의 만세운동을 주도적으로 전개하였다.

1924년 8월 이래 정의부(正義府) 계통 학교인 유하현 삼원보 소재 동명학교(東明學校) 교장에 취임하여 1928년 음력 6월 사임할 때까지 민족 교육을 실시하였다. 그러던 중 1929년 1월경 피체되어 동년 3월 22일 신의주 지방법원에서 치안유지법 위반으로 징역 3년을 언도받고 복역하였다.

이어서 한족회 중앙총회가 있었던 삼원포 남단(南端)을 답사하였다. 현재 지명은 포남로(浦南路)였다. 한족회는 1919년 4월 유하현 삼원포에서 조직하여, 본부를 삼원포에 두고 중앙에 총장을, 각 지방에 총관을 두었다.

정무총장은 이탁, 서무부장은 김동삼, 그 밖에 서무사장, 사판사장, 학무사장, 재무사장, 상무사장, 군무사장, 외무사장, 내무사장, 검사관 등을 두어 재만동포의 치안, 재무, 사법, 행정 등을 담당하였다. 지방 조직으로 유하현, 통화현, 흥경현, 환인현, 집안현, 임강현, 해룡현 등지에 천가장(千家長), 백가장(百家長), 십실장(十室長)을 두고, 1만여 호의 한인을 관리하였다. 한편 한족회에서는 기관지로 한족신보를 간행하였다.

삼원포를 출발하여 통화 방향으로 얼마 안 가 길 좌측에 마록구(馬鹿溝)가 있었다. 마록구는 신흥학우단의 기관지인 신흥학우보의 간행 장소였으나 시간 관계상 이곳을 보지 못하고 통화 시내로 향하였다.

삼원포 전경 (독립기념관 제공)

통화현 합니하 신흥무관학교 · 부민단

7월 3일 오전 6시 신흥무관학교와 부민단 본부가 있었던 통화시 광화진(光華鎭)으로 향하였다. 통화는 현재 신흥공업도시로써 특히 화학공업 등이 발전하고 있었다. 시내에는 혼강(구 고려의 비류수)가 흐르고 있었다.

1911년 경학사가 해체된 후 재만 한인사회에서는 한인사회의 자치와 산업의 향상을 지도할 새로운 조직의 필요성을 절감하였다. 이에 1912년 가을 독립운동가들은 경학사를 바탕으로 하여 부민단을 조직하였다. 부민단의 뜻은 '부여의 옛 영토에 부여의 후손들이 부흥결사(復興結社)를 세운다'는 것이었다. 본부를 통화현 합니하에 두었으며, 초대 총장은 의병장 허위(許蔿)의 형인 허혁(許赫)이 맡았다. 그리고 이어서 이상룡으로 교체 선임되었다. 총장 아래 부민단에는 서무, 법무, 검무(檢務), 학무, 재무 등의 부서를 두었다. 그리고 중앙과 지방의 조직을 다음과 같이 마련하였다.

이상룡

중앙 : 단장 1인 및 각 부서 주임

지방 : 천가(千家) 및 큰 부락에 조직되며 장으로 천가장(千家長) 1인을 두었다.

구 : 약 백가(百家)에 구단(區團)을 설치하여 구장(區長) 혹은 백가장 1인을 두었다.

패 : 10가호(家戶)에 패장(牌長) 혹은 10가장(十家長)을 두었다.

즉, 부민단은 중앙과 지방 조직으로 이루어져 있었으며, 지방의 경우는 천가장, 구장, 패장 등으로 호의 수에 의하여 결정되었다. 그리고 구의 경우 각 구의 임원으로 고문, 단총리(團總理), 검찰장, 갑장(甲長), 패장, 검찰원, 십장(什長) 등을 두었다.

부민단의 표면적인 사업은 재만한인의 자치를 담당하고 재만한인 사회에서 발생하는 일체의 분쟁을 재결(裁決)하는 것과 재만동포들을 대신하여 중국인 또는 중국 관청과의 분쟁사건을 맡아서 처리해 주는 것, 재만한인 학교의 설립과 운영을 맡아 민족 교육을 실시하는 것 등이었다. 이러한 부민단의 궁극적인 사업목표는 재만한인의 토대 위에 독립운동기지를 건설하고, 독립전쟁을 위한 준비를 하는 것이었다.

1919년 3·1운동이 전개될 때까지 부민단은 독립전쟁기지로서 그 사명을 다하였다. 그 후 동년 4월 초순에 군정부(軍政府)가 성립된 것을 계기로 부민단의 모체 위에 한족회(韓族會)가

신흥무관학교 터(좌)와 합니하로 가는 길(우)

이시영

조직됨으로써 부민단은 발전적인 해체를 하게 되었다.

신흥무관학교의 소재지는 통화지방에서 8리 정도 떨어진 소마록구(小馬鹿溝)의 이시영(李始榮) 집의 우측 고지(高地)에 위치하고 있었다. 교사로는 여준, 김창환, 여규형(呂奎亨) 등이 활동하였다. 1914년 당시 생도수는 약 40명이며, 연령은 18~19세부터 24~25세까지이다. 학습 과목은 지리, 역사, 산술, 수신, 독서, 한문, 체조 등과 더불어 중국어 교육을 강조하였다. 학생들은 군사훈련과 더불어 농사에도 진력하였다.

광화진은 통화 시내에서 1시간 30분 정도 소요되었다. 이곳은 항일열사의 이름을 딴 곳으로 그의 두 아들이 장성으로 활동하고 있다고 한다. 신흥무관학교로 가는 길은 첩첩산중을 지나 광야가 나오고 다시 첩첩산중의 길을 지나서 현재 광화진이 나타났다. 그곳에서 다리를 건너 우측으로 30분 정도 걸어가니 과거 신흥무관학교 자리를 찾아볼 수 있었다. 합니하 건너 언덕 위에서 신흥무관학교 생도들의 모습을 보는 것 같았다. 현재 이곳은 광화진 제7촌민소조가 위치하고 있었으며, 이곳이 과거 고려관자(高麗館子)라고 하였다.

통화시 용천로(龍泉路)에는 통화 군분구(軍分區) 건물(통화경비 사령부 건물)이 있었다. 이곳은 과거 독립군을 토벌하던 통화 일본영사관 건물이 있었던 곳이다.

양정우

이어 우리 일행은 양정우열사능원(楊靖宇烈士陵園)을 답사하였다. 이 능원은 1989년 4월 21일에 완공되었으며, 능원 안에는 그의 조선족 전우인 김일성, 최용건, 김일, 김광협, 최헌 등이 바친 꽃들이 전시되어 있었다. 양정우(1905~1940)는 1930년대 만주지역 최고의 명장으로 몽강현(蒙江縣, 현재

통화 일본영사관이 있던 곳

靖宇縣)에서 사망한 인물이었다. 한국 독립운동사를 올바로 이해하기 위해서는 동북 항일연군들에 대한 이해가 이루어져야 할 것이다.

집안의 독립운동 사적

참의부 근거지 화전자와 대한독립단 본부 패왕조

7월 3일 오후 우리 일행은 집안을 향해 떠났다. 통화에서 집안까지는 104㎞ 떨어져 있었다. 도로가 잘 정비되어 1시간 30분 정도 소요되는 길이였다. 그러나 우리 일행은 집안으로 향하던 중 청하진(清河鎮)에서 참의부 본부(참의장 윤세용)가 있던 화전자(花甸子)로 향하였다. 참의부는

집안지역 안내도

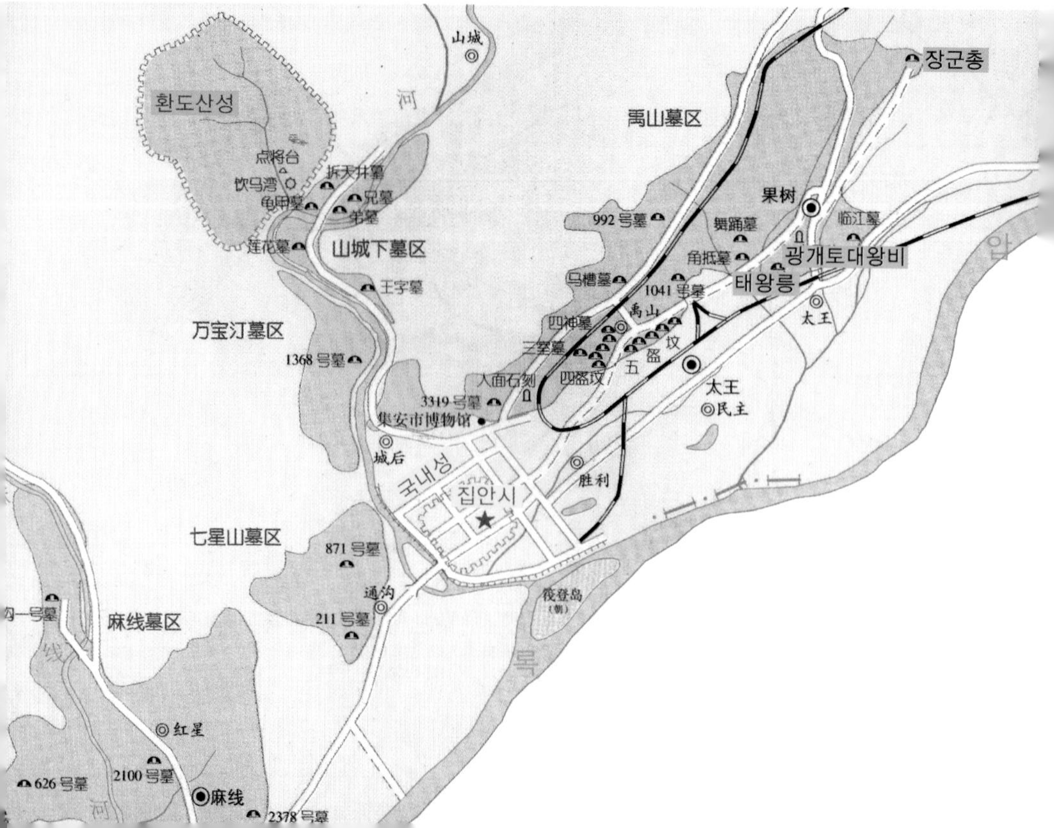

집안시 전경

1925년 8월 제21회 위원회를 열고 종전까지의 체제를 탈피하고 조직을 정비하여, 1926년 봄에 군사와 민정을 아울러 통괄하는 새로운 군정서로서의 면모를 갖추게 되었다. 당시의 간부를 보면 참의장 윤세용, 사령장 박응백(朴應伯), 훈련장 김지섭(金志燮), 제1중대장 김선풍(金旋風), 제2중대장 김창빈(金蒼彬), 제3중대장 양봉제(梁鳳濟), 심용준(沈龍俊), 제4중대장 김지섭(金志燮), 홍석호(洪碩浩), 제5중대장 박대호, 독립소대장 허운기(許雲起), 유격대장 김창천(金蒼天) 등이었다.

당시 참의부의 참의장이었던 윤세용(1868~1941)은 경남 밀양 사람으로 1912년 1월 만주로 망명하여 동창학교를 세워 민족 교육에 힘을 기울였다. 1919년에는 유하현에서 조직된 대한독립단에 가입하였으며, 1920년 6월에는 홍주(洪疇)와 함께 총탄 운반 작업을 하였다. 1921년에

참의부 본부가 있던 화전자

는 제3국제공산당 동양민족대회에 한교민 대표로 손서하(孫西夏) 등과 함께 참석하였다.

1922년에는 대한통의부에 가담하여 참모로서 손병헌(孫炳憲), 이장녕, 오석영(吳錫永), 독고욱(獨孤旭) 등과 함께 참모부장 이천민(李天民), 부감 전덕원 등을 보필하였다. 1925년에는 대한민국 임시정부의 군무원으로서 임명되기도 하였으나 부임하지 않았다. 또한 같은 해 참의부가 고마령전투에서 29명의 전사자를 내어 크게 위축되자 1926년 봄에 참의부 의장으로서 참의부의 체제 안정에 만전을 기하였다. 그 후 1941년 북만에서 병으로 서거하였다. 참의부 본부가 있던 화전자에는 신개하(新開河)가 흐르고 있었으며, 현재 조선족 1개 마을이 있는 등 조선인들이 다수 거주하고 있었다.

이곳에서 다시 우리 일행은 재원진(財源鎭)을 지나 과거 대한독립단 본부가 있던 패왕(覇王)으로 향하였다. 이곳에는 과거 70호의 조선족이 거주하고 있었다. 1967년 환인현 저수지의 수위가 올라가 위험하여 한인들은 모두 다른 곳으로 이주하여 현재 이곳 패왕에는 한인들이 살고 있지 않았다. 다만 마을에서 조금 떨어진 곳에 한인들이 살던 마을과 조선족 학교 등이 있었던 곳을 이 지역에 거주하고 있는 장전기(張殿基, 한족, 1925년) 씨로부터 확인할 수 있었다. 패왕조의 넓은 벌판을 바라보니 이곳을 배경으로 한인들이 독립운동을 했겠구나 하는 생각이 들었다.

또한 장노인은 이곳 패왕조는 입쌀이 유명하였다고 하였다. 아울러 이 마을 뒷산에 고구려 유적이 있다고 하여 고려구(高麗溝)라고 하였다고 한다. 그러나 산적은 없다고 일러주었다.

우리 일행은 다시 재원향 → 화전자 → 청하진을 거쳐 오녀봉(五女峰)을 넘어 집안에 도착하였다. 집안에서는 고구려 광개토대왕비, 장군총, 고구려 유물들을 확인할 수 있었다.

광개토대왕비와 광개토대왕 비각

일제시대의 광개토대왕비

일제시대의 장군총 모습

현재의 장군총 모습과 한국민족운동사학회 회원들

멀리서 바라본 태왕릉 모습(일제시대)

가까이서 바라본 태왕릉과내부 설계도

가까이서 바라본 태왕릉 상단 부분(위)과 멀리서 바라본 태왕릉(아래)

환도산성 입구에 있는 고분군

오녀산성 입구와 산성을
오르는 계단

환도산성 전경과 입구에 세워진 비석

국내성

재등실총독을 저격한 마시탄

7월 4일 오전에 1924년 참의부원들이 압록강을 순시 중이던 일본의 재등실 총독을 암살하고자 하였던 마시탄대안 상화룡(上火龍)과 하화룡(下火龍) 사이 무명고개로 향하였다. 이 사건은 독립군의 항일 투쟁사상 독립군들이 조선총독을 향하여 직접 사격을 가한 쾌거임에도 불구하고 일반인들에게 거의 알려져 있지 않았다.

1924년 5월 19일 오후 12시 30분 참의부 제2중대 제1소대는 장창헌의 지휘아래 제1소대장 참위 한웅권과 오장 김여하(金呂河) · 전창식(全昌植) 등 8인으로 조직된 1대로 평북 위원군 마시탄 강변대안에서 소위 국경 순시를 한다고 경비선을 타고 통과하던 재등실 일행에게 집중 사격을 가하였다. 재등실 일행의 경비선은 이를 대적치 못하고 전속력으로 도주하였다.

이 소식이 퍼지자 만주 동포 사회는 물론 상해의 독립운동 거리에도 연일 통쾌한 보도가 나붙었다. 독립신문에서는 "재등실의 永送宴(영송

압록강 마시탄

연)”이란 제목하에, 그리고 대한통의부의 기관지인 〈경종〉에서는 “왜총독 재등 사격 쾌보”, “왜총독 저격 사건을 문(聞)하고”라는 기사를 싣고 소상히 보도하였다.

독립신문

大韓民國六年五月三十一日

敵魁齋藤을襲擊

去五月十九日午前九時
渭原郡馬嘶沿通航中에

我義勇軍第一中隊의勇鬪?

敵魁齋藤、丸山等一行은國境方面을偵探코저하야去五月初旬에京城을出發하야鴨江上流地方을回探中이던바 지난五月十九日午前九時五分에平北高山鎭下流渭原郡馬嘶地方을通流할時에 我獨立軍十餘名의壯兵이對岸에서伏하고이를苦待하고잇다가敵船에狙射擊을行하엿스나 敵船은亂射하면서逃亡하야彼此에殺傷이업섯다하며我軍側에서는速度로다라나는敵船을追擊치못하고歸營하엿다고하난대이에對하야아즉確實한報道가업스나 前記獨立軍은南滿義勇軍第一中隊의軍人들인듯하다더라

國務院同意否決

제등총독 습격기사

당시 일본측 기록에 의하면 지점과 관련하여 “저격 장소는 문흥 경찰서 관내 강계군 고산면 남상동 마시리 대안, 중국측 집안현 아래 합용개 약 20정(4,000m) 하류 압록강 안 무명산 산록이다. 그리고 그 장소에는 암석이 많고 올라가기 어려운데 반하여 선상에서 선박을 내려다보고 이를 저격하기 가장 좋은 지점으로서 저격 장소에서 저격을 받은 배까지의 거리는 600m가 됨”이라고 되어 있다. 이어서 일본측 기록은 “저격 흉한은 약 10명으로서 모두가(중략) 마적이라 인정됨. 흉한은 장총 또는 모젤 권총으로써 약 40~50발을 발사한 것으로 인정됨. 그래서 우리 경비원은 기총 28발, 모젤 권총 44발 모두 72발을 응사하였음.”이라고 하여 전투가 치열했음을 보여 주고 있다.

사이토 저격 지점은 산에서보다 압록강에서 배를 타고 지역을 확인하는 것이 바람직하다고 생각되어 700위엔을 주고 소형 배를 빌려 위치를 확인하고자 하였다. 집안에서 상화룡 방향으로 차를 타고 10분 정도 달려 우리 일행은 선착장에 도착하였다. 그곳에는 통화에서 놀러온 젊은 남녀 회사원들이 많이 있었는데, 어느 한국인들과 비교되지 않을 정도로 잘 차려입고 활달한 모습을 살펴볼 수 있었다.

압록강에서 배를 타고 상화룡을 지나 하화룡 제1대를 지나 제2대와의 사이 지점에서 참의부원들이 사격을 가한 위치를 파악할 수 있었다. 이 거사 지점은 상화룡에서 육로로 4km 지점, 상화룡에서 강으로 3㎞ 지점에 위치하고 있었다.

북한 쪽은 위원군 고산면 남산동이었으며, 마시탄이 있었고, 중국쪽은 참의부 본부가 있던 유수림자 뒤편 가파른 산으로 되어 있어 사격을 가하기 좋은 지점이었다.

이 마시탄 사건은 한국 독립운동과 일본 정계에 큰 파장을 몰고 왔다. 결국 일본의 만주 독립군에 대한 대대적인 탄압을 야기하였고, 1925년 3월 고마령에서 최석순 이하 29명의 참의부원이 살해당하였으며, 소위 중국과 일본이 힘을 합하여 한인 독립운동가들을 탄압하는 내용의 삼시협정(三矢協定)이 맺어지는 빌미를 제공하는 사건이었다. 또한 재등실 총독도 이 사건으로 국회에서 큰 질책을 당하였다.

고마령 참변지

마시탄 지점을 확인한 우리 일행은 차를 집안으로 돌려 다시 집안시와 반대 방향인 고마령쪽으로 향하였다. 고마령으로 가는 길에 태평령(太平領)이라는 큰 고개를 넘어 3·1운동이 전개되고 참의부 본거지가 있던 유수림자에 도착하였다. 유수림자는 참의부가 조직되던 당시 본부가 있던 곳이었다. 당시 주요 간부는 참의장겸 제1중대장 채찬(白狂雲), 제2중대장 최석순, 제3중대장 최지풍(崔志豊), 제4중대장 김창빈(金昌彬), 제5중대장 김창천 등이었다. 당시 참의부는 창립초기에 군사부분에 중점을 두었다.

유수림자 전경

유림은 산악지대의 조그만 마을로 독립운동의 사실을 아는지 모르는지 평온하였다. 이어 양수천자 조선족향을 지나 고마령(古馬嶺)입구로 향하는데 한국어로 찬송가가 어디에선가 들려왔다. 언덕 아래를 보니 조선 교회가 있었고, 그곳은 대양차(大陽岔)라고 하는 항일운동의 근거지였다. 교회에서는 인기척의 소리를 듣고 두 분의 아주머니가 고개를 뛰어올라 우리를 반겨 주었다. 그들은 자신들이 성경에 입각하여 기독교를 믿고 있다고 하였다. 이후 답사 지역을 답사하며 보니 한인 마을들에 다수의 교회를 확인할 수 있었다.

양수 전경과 마을길

고마령터널

산을 굽이굽이 올라 고마령 정상에서 다시 조금 내려가니 고마령 마을(제1대)이었다. 2006년 7월에 답사해 보니, 이곳에 고마령터널이 나 있었다. 그곳에서 좌측 골짜기로 약 4km 정도 올라가 막힌 곳에서 좌측으로 100m 가량을 올라가니 고마령 참변이 있던 곳이 나타났다.

1924년 5월 일제의 조선 총독 재등이 압록강 순시 중 독립군의 공격을 당해 크게 자극된 일제는 한편으로 동삼성 특히 봉천성 당국자와 외교 교섭을 펴면서 한편으로 그들의 경찰을 동원하여 독립군 토벌에 전

고마령 참변지 입구

력을 경주하고 있었다.

독립군도 삼엄한 형세를 주의하면서 1924년 후반기에도 계속 국내 진격을 감행했던 것이며 그해 겨울에는 최석순 제2중대장이 참의장을 겸하여 새로운 전투태세를 정비하고 있었다. 그러던 중 1925년 3월 16일 집안현 고마령에서 국내 진입을 위한 작전회의를 개최하고 있을 때, 일제 경찰의 기습을 받아 혈전 끝에 참의장 최석순 이하 29명(혹은 42명)이 전사하는 등 참변을 당했으니 이것을 고마령 전투라 한다.

일본 군경의 기습을 당연히 사전 정보를 근거했던 것이며 그 정보를 탐지한 초산 경찰서에서는 연담주재소 경부보 수야 택삼랑의 총지휘로 한국인 순사부장 고피득과 밀정 이죽파 등을 선두로 하여 총 65명이 6

고마령 참변지

개 분대를 조직하여 3월 15일 오후 9시경에 연담을 출발하였던 것이다. 그리하여 밤중에 압록강을 건너 이튿날 새벽에 압록강에서 60리 떨어진 고마령에 도착하였다.

고마령의 골짜기에 있는 김명준의 집을 먼저 수색하였다. 순사부장 고피득은 김명준을 고문하여 참의부 통신원임을 자백 받고, 그를 앞세워서 참의부 회의 장소로 잠입하였다. 고마령 산중 두 집에 나누어서 회의를 하던 참의부의 독립군은 불의의 습격을 받아 장시간의 전투를 벌였다. 완전히 포위된 독립군은 육박전으로 포위망을 뚫으려고 노력하면서 일제경찰과 혈투를 벌였다. 참의장 최석순은 육박전을 하다가 결국 전사했다. 전창희 · 최항신 · 전덕명 · 안정길 · 김용무 · 김학송 · 반창병 · 최길성 · 백명호 · 장경환 등 주요 인물들 또한 모두 전사하였다. 전세용은 총탄 14발을 맞아 중상을 입었다. 이러한 가운데 생존한 사람은 사방으로 흩어졌다. 그중 한 사람이 이수흥이다. 그는 생존한 참의부원으로서 경기도 이천 지역을 중심으로 활발한 군자금 모금 활동을 전개하였다.

대양차 마을 전경

이와 같은 고마령 전투는 참의부 전투사상 최대의 참상이었고, 최대의 타격이었다. 조직자체를 재정비하지 않으면 안 되었으나 뒤 따라 삼시협정의 영향도 받게 되어 점차 쇠운을 면치 못하였다.

현장에는 바위와 집들의 잔해, 그리고 부유한

한인들이 사용했던 것으로 추정되는 사기 그릇 파편들이 여기저기에서 발견되었다. 또한 집 전면에는 콩밭들이 무성히 남아 있었으며, 2채의 집터들과 돌들을 뒤로하며 가파른 고마령 고개가 보였다.

당시 이곳에서 회의를 마치고 회식을 하던 참의부 간부들은 국내 초산에서 건너온 일본 경찰에 포위되어 전투를 전개하다 순국하였던 것이다. 그 후 중국인들도 이곳에서 사람이 많이 죽었다고 무서워하여 방치하였다고 하며, 그들은 이 장소를 노원방자(老袁房子)라고 한다고 한다.

우리 일행은 이 전투에서 순국한 여러 항일 투사들을 생각하며 묵념을 올리고 다시 대양차 마을로 향하였다. 그곳에서는 교회 사람들이 토종 닭 2마리(시가 70원)를 잡아 우리를 반겨주었다. 식사 후 이야기를 들으니 대양차 마을 아랫마을은 조선인들만 산다고 하여 고려구라고 칭한다고 한다.

밤 10시를 지나 집안 시내 숙소인 취원빈관에 도착하였다. 피곤한 몸을 이끌고 그때나 지금이나 평안한 느낌이 드는 집안 시내 야외 호프집에서 지나가는 선남선녀들을 보며 맥주잔을 기울였다. 점점 집안의 밤은 깊어만 갔다.

집안 역(1990)

압록강변에서 바라본
북한의 만포 마을 전경

압록강변에서 물놀이하는
북한 어린이들(위)
태왕향 조선족소학
(아래, 1990)

집안에서 장춘으로 가는 길

만주 3·1운동의 첫 봉화지 금두 마을

우리 일행은 7월 5일 집안 → 백산(白山) → 무송(撫松) → 정우(靖宇) → 휘남(輝南) → 반석(磐石) → 길림(吉林)으로 향하고자 하였다. 원래는 통화 → 유하 → 매하구(梅河口) → 반석 → 길림으로 향하고자 하였으나 길들을 정비하고 있어서 통화에서 신빈 → 남잡목(南雜木) → 철령(鐵嶺) → 장춘(長春) 노선을 택하였다.

가는 길에 통화 금두(金斗) 부락에 다시 들려 이광호(李光浩) 교장으로

금두 마을 교회가 있던 곳

부터 조선족 학교도 교회에서 분리되었다는 것을 확인할 수 있었다. 이 지역에서 오랫동안 산 한족 노인 오색부(吳塞夫, 1922년생)는 1930년대에 이홍광 부대가 이 지역에 많이 출현하였다고 증언해 주었다. 씨는 한족임에도 불구하고 안중근에 대하여 많이 알고 있어 우리들을 놀라게 하였다. 오 노인은 통화시 옥황산 아래 있는 신흥산(新興山)학교(장작림이 세운 한족 학교)에서 선생님으로부터 안중근에 대해 배웠다고 하였으며, 그가 알고 있는 안중근 노래 한 토막을 들려주었다.

한족 오색부 노인

> 세상에 안중근을 탐복하지 않는 사람이 없고, 영명을 세상에 남기고 천고에 기리 빛나리.
>
> 世界上 莫不欽佩安重根. 留名青史千古不朽.

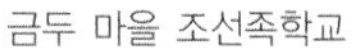
금두 마을 조선족학교

금두 마을에서 왕청문을 지나 철령에서 점심을 먹고 장춘, 길림으로 향하는 고속도로를 달렸다. 철령은 과거 삼원포, 영구(營口), 하동(河東) 등과 함께 일본이 만든 안전농장(安全農場)이 있던 곳이었다. 신빈에서 철령시로 가는 길은 높은 산과 고개들이 있었다. 산을 넘으니 큰 평야가 끝없이 펼쳐지고 있었다.

길림으로 향하는 길에 장춘에서 숙박하기로 하였다. 차 타이어가 펑크가 났으며, 시간도 너무 지체되었다. 지도를 보니 우리가 대륙을 횡단하고 있는 기분이 들 정도 먼 길을 달려왔다. 길게 뻗은 고속도로를 보며 점점 발전하고 있는 중국을 기대하게 되었다. 고속도로에는 길림, 하얼빈이라고 이정표가 표시되어 있었다.

항일독립운동의 중심지, 길림

육문중학교와 대한독립선언서

7월 6일 오전에 장춘에서 길림으로 향하였다. 길림에서 우리는 여러 유적지를 답사하고자 하였다. 먼저 김일성이 다녔다는 육문(毓文)중학교로 가 보았다. 1927년에 길림에 온 김일성이 다니던 중학교로 김일성이 1학년을 거치지 않고 2학년부터 수학한 것으로 보이며, 이곳에서 북경대학 영문학부를 졸업한 상월 선생을 만나 본격적으로 사회주의사상을 받아들인 것으로 알려져 있다. 현재도 학교건물로 이용되고 있으며, 학교 내에 김일성의 동상이 있고, 그가 공부했던 교실이 그대로 보전되어 있다.

육문중학교 앞으로 흐르는 송화강

길림 육문중학교 옛 모습(위)
육문중학교 구 건물과 신 건물(가운데 좌)
육문중학교 옛 터(우)
육문중학교 입구(아래)

이 학교는 길림시 순성가(順城街) 108번지에 위치하고 있었으며, 학교 앞에는 가로수와 송화강이 아름답게 펼쳐져 있었다. 산뜻한 건물을 가진 이 학교의 뒤편에 예전의 학교 건물이 남아 있었다.

다음에는 대한독립선언서를 발표한 장소를 찾고 싶었으나 그 위치를 파악할 수 없었다.

3·1운동을 전후하여 길림지역에서 활동하던 민족 운동자들은 1919년 2월까지는 김교헌(金敎獻)을 비롯한 국내외 민족 운동자 39명의 명의로 대한독립선언서를 발표하고 3월까지는 해외 각지에도 배포하였다. '무오독립선언서' 라고도 부르는 이 선언서는 3·1운동을 촉발시킨 일본 유학생들의 '2·8독립선언서' 나 국내의 '기미독립선언서' 보다 먼저 발표된 것이란 설도 있다.

이 선언서의 연명자는 김교헌·김규식(金奎植)·김동삼·김약연(金躍淵)·김좌진(金佐鎭)·김학만(金學萬)·정재관(鄭在寬) 등 총 39명이다.

고려혁명당과 정이형

우리 일행은 고려혁명당 창건지인 북경로(北京路) 179번지로 향하였다. 고려혁명당은 1926년 4월 5일 길림의 영남반점에서 창당되었다. 이 정당은 1920년대 중반 남만주 지역의 대표적 정당으로서 정의부와 밀접한 관련을 갖고 있었다. 고려혁명당의 중심 인물은 정이형과 주진수, 고활신, 양기탁, 최동희, 이규풍, 김광희, 오동진, 현정경 등이었다. 중심 인물인 정이형에 대하여 살펴보면 다음과 같다.

정이형

정이형은 1897년 평북 의주(義州)에서 출생하여 1919년 3·1운동 당시에는 전남 장성(長城)에서 만세 시위에 참여하

고려혁명당이 창당한 영남반점이 있던 곳

는 한편 민족 교육을 전개하였으며, 그 후 일제의 추적을 피하여 1922년 11월 만주로 망명하여 서간도(西間島) 지역의 대표적인 독립운동단체인 대한통의부, 정의부 등에서 무장활동을 전개한 무장 투쟁가였다. 뿐만 아니라 그는 고려혁명당을 조직하여 새로운 이념을 통한 독립운동의 발전을 위하여 노력하던 중 1927년 하얼빈에서 체포되어 1945년 광복이 이루어지기까지 약 19년 동안 투옥되었던 민족운동기의 대표적인 항일 투사였다.

그는 해방 이후 출옥과 동시에 8·15출옥혁명동지회에 참여하는 한편 일제의 부역자 처리에도 적극적이었다. 그는 민족정기의 회복을 위해서는 부역자에 대한 정당한 평가와 처리가 이루어져야 한다고 인식하였던 것이다. 그러므로 정이형은 남조선과도입법의원에서 친일파 처리를 위한 특별법을 제정하는 데 있어서도 중추적인 역할을 담당하였다. 즉, 남조선과도입법의원의 관선의원인 정이형은 1946년 12월 20일 제6차 본회의 원법 초안 제2회 독회 과정에서 '부일협력자 민족반역자 간상배조사위원회'를 특별위원회의 하나로 설치할 것을 제안, 동의를 구함으로써 친일파 제거를 위한 특별법 제정의 직접적인 계기를 마련해 주었던 것이다. 이어서 1947년 1월 11일 정이형은 '부일협력자 민족반역자 전범 간상배에 대한 특별법률조례' 기초위원회의 위원장으로서 친일파 척결에 큰 기여를 하였다.

한편 정이형은 해방 이후에도 민족의 조직화 운동에 심혈을 기울였다. 즉, 그는 8·15출옥혁명동지회의 기관지인 〈혁명〉 창간호(1946. 1)에 기고한 '민족조직화운동에 대하여'에서,

> 현재에 있어서도 우리는 민족 조직화운동을 무엇보다도 간절히 요구하는 것이다. 소련의 슬라브 민족처럼 독일 민족처럼 비록 전패국(戰敗國)이라 하더라도 우리는 독일 민족처럼 단결되기를 희망한다. 미·영의 앵글로색슨처럼 조직화되기를 바라는 바이다. (중략)
> 좌익은 좌익으로서 좌익적 역할을 하고, 우익은 우익으로서 우익적 역할을 하면 차(車)의 양륜(兩輪)같이 정치상에 서로 감시하고 서로 연구하여, 우리 민족의 번영 발전만을 위하여 나아간다면 그 얼마나 행복스럽고 경하할 일일 것이라!

라고 하여, 우익과 좌익이 서로 자신의 역할을 하며 우리 민족의 번영 발전만을 위하여 매진할 것을 강조하였던 것이다. 이러한 그의 주장은 곧 그의 통일론으로 이어졌으며, 그는 이를 실현하기 위하여 김구, 김규식 등과 함께 남북협상차 평양을 다녀오기도 하였던 것이다.

그러나 남북협상의 실패, 그리고 5·30선거에 무소속으로 마포 을구에 출마했다가 낙선한 뒤로 그는 정계에서 물러나 은둔생활을 하게 되었다.

고려혁명당이 설립되었던 장소에는 옛 모습은 남아 있지 않고 그 터에 길림 건축 설계원 건물이 들어서 있었다.

손정도 목사

다음에는 손정도(孫貞道) 목사 관련 유적지를 답사하였다. 손정도(1872~1931)는 평안남도 강서군 증산면에서 출생하였으며, 1907년 숭실학교를 졸업하였다. 1918년 6월 신한청년당에 가입하였고, 1919년 1월에는 의친왕 이강공과 함께 파리강화회의 참가 준비 차 상해로 망명하였으며, 1919년 4월 임시의정원이 설립되자 의정원 의장에 선출되었다.

1919년 10월 대한적십자회를 상해에 조직하고 상임위원으로 활동하였으며, 동년 상해에서 박은식과 함께 대한교육회를 조직하기도 하였다. 1922년에는 대한적십자 총회에서 회장에 당선되었으며, 10월에는 프랑스조계에서의 한국노병회(韓國老兵會)에 창립에 관여하기도 하였다. 그 해에 길림지방으로 돌아와서 남감리파를 조직하고 선교활동 및 독립운동에 전념하였다.

1927년 1월 길림대검거사건으로 300여 명의 재만한인이 체포되자 중국 당국과 협의하여 이들을 석방시키는 데 성공하였으며, 농민호조사의 준비위원으로 활동하였다. 1931년 1월 액목현의 한 동포의 집에서 저녁 식사 도중 발병하여 치료를 받았으나 순국하였다. 1996년 9월 중국으로부터 유해를 봉안하여 국립묘지에 안장하였다.

우리는 먼저 손정도 목사가 1920년대 목회활동을 하던 하남가(可南街)

손정도 목사(위)와 손 목사가 목회를 한 교회 터(아래)

우마항

188-3, 188-4번지로 가 보았다. 이곳에도 옛 건물은 헐리고 새로운 교회가 들어서 있었다. 길림시 기독교 하남가 교당(教堂)이 그것이다. 당시 이 교회는 한족교회로서 손정도 목사가 가끔 이용하였다고 한다. 길림에 조선족 교회가 생긴 것은 1935년이라고 한다.

우리 일행은 손정도 목사가 예배를 보며 독립운동 근거지로 활용하던 교회를 떠나 손정도 목사가 살았던 집을 찾아 나섰다. 그가 살던 집이 있던 소와 말을 팔던 우마시장이 있던 우마항(牛馬行)은 거의 도시화되어 그 흔적을 찾기란 매우 힘들었다.

〈길림조선족지〉를 쓴 원시희(元時熙) 선생의 안내를 받아 이 골목 저 골목을 다녀 보았으나 찾기가 쉽지 않았다. 드디어 우리는 건설 현장에서 손정도목사의 집을 찾을 수 있었다.

대동공장 · 농민호조사

안창호

다음에 우리 일행은 대동공장, 농민호조사, 조선일보 장춘주재 김이삼(金利三) 기자가 살해당한 동아여관, 정의부 독립운동의 기지였던 복흥태정미소가 있던 곳으로 향하였다.

이곳 역시 큰 변화를 겪고 있었다. 대동공장이 있었던 곳(조양가 남1호)을 먼저 답사하였다. 안창호가 1927년 2월 경 북경을 거쳐 길림으로 오게 되자, 5백여 명의 동포가 안창호의 연설을 들으려고 대동공장에 집결하였다. 그러나 정탐꾼의 고자질로 장작림(張作霖) 군대 수백 명이 공장 둘레를 포위하고 300여 명을 체포하여 길림 감옥으로 압송하였다. 그러나 증거 부족으로 투옥되었던 사

대형 상가가 들어선 대동공장 유적지

람들은 두 달이 못되어 모두 석방되었다. 대동공장 자리에는 대형 슈퍼마켓인 항객융창신자초시(恒客隆倉信者超市)가 들어서 있었다.

다음에는 그 옆에 붙어 있던 농민호조사로 향하였다. 농민호조사는 1927년 2월경에 있었던 길림대검거사건 때에 체포되었던 안창호 등 독립운동계의 여러 인사들이 석방된 지 약 1개월 뒤인 4월 1일에 길림성 대동문(大東門) 밖에서 결성되었다.

농민호조사는 직접적 무장 형태의 독립운동과는 다른 경향을 갖고 있었다. 그것은 만주에 사는 한인의 생활이 경제 및 문화적으로 향상되지 않고서는 독립운동의 기반이 건전할 수 없기 때문에 직접적인 무장투쟁도 중요하나 만주 한인의 전반적인 생활 향상을 꾀하는 것도 그에 못지않게 중요하다는 취지에서 출발하였다.

농민호조사약속(農民互助社約束)은 이러한 경향을 보여주고 있다. 제1항 본사 사원은 서로 협동하여 산업, 교육, 종교, 보위 등을 합작함. 제2항 상호간에 신용과 박애를 존중하고 근면하며 정결(精潔), 정미(精美)에 힘쓸 것이라 하고 있다. 농민호조사는 만주에서의 항일 독립운동을 위한 경제 기반의 구축과 실력 배양을 위해 여러가지 활동을 시도하였으나 일제의 추적으로 뜻을 이루지 못하였고 1931년 만주사변의 발발로 자연히 소멸되고 말았다.

농민호조사 터

농민호조사 자리에는 새로이 아파트가 들어서 있었다. 주소는 조양가 남2호이다. 그리고 그 옆 조선인 거리였던 회덕가(懷德街)는 복잡한 시내 거리로 변하여 옛 조선인들의 자취는 전혀 찾아볼 수 없었다.

만보산사건을 오보한 김이삼 기자 피살지

만보산사건을 잘못 보도한 김이삼 기자가 암살당한 동아여관은 회덕로(提法街)에 있었으며, 현재 정태집단공사 길림시분공사(正泰集團公司吉林市分公司)로 이용되고 있었다. 그가 암살당한 경과는 다음과 같다.

1931년 장춘 교외 만보산에서 수로 문제로 한·중간에 분쟁이 발생하였다. 이를 만보산사건이라고 한다. 만보산사건이 발생한 이후 동년 7월 1일, 2일 양일간에 한·중농민 사이에 발생한 충돌과 양측의 항의문서의 왕래는 그렇게 큰 문제는 아니었다.

그러나 이 사건이 크게 취급된 것은 일본인들, 특히 일본영사관이 이 사건을 만주지역에서 대륙 침략의 구실로 이용하려고 했기 때문이다. 일본관동군은 장춘 영사관측을 이용하여 조선일보 장춘 지국장 김이삼을 유인, 만보산사건에 대한 과장된 허위 특보를 제공하였다.

이에 김이삼은 일본 영사관측의 정보를 그대로 믿고 만보산사건이 일어난 현지에 가 보지도 않은 채 본사로 전송하였다. 당시 조선일보에

김이삼 기자가 피살된 동아여관 터

서는 김이삼이 전송한 내용을 바로 호외로 발표하였다.

이를 7월 2일 석간과 3일 조간 두 차례에 걸쳐 호외에 "중국관민 800여 명과 200여 동포 충돌 부상, 주재중경관대교전 급보로 장춘 일본 주둔군 출동 준비, 삼성보에 풍운점급" "대치한 일·중관헌 1시간여 교전 중국기마대 600명 출동, 긴박한 동포안위" "철퇴요구 거절, 기관총대 증파"라는 표제를 게재하였다. 즉, 만주지역에서 중국인들에 의하여 한국 농민들이 막대한 피해를 입고 있으며, 상황이 위급하게 전개되고 있는 것처럼 보도하였던 것이다.

이로 인하여 한국 내에서 중국인 배척사건이 일어나게 되었다. 즉, 1931년 7월 2일 인천에서 시작하여 7월 10일까지를 고비로 전국적으로 확대되었다. 만보산사건으로 인한 화교의 피해는 일본측의 보고에 따르면 사망자 91명, 중상자 102명, 그리고 한국인의 사망자도 다수 있는 것으로 보고 되었다.

이러한 사태에 대한 수습은 조선총독부가 담당하여야 하였다. 그러나 조선총독부는 도리어 사태를 조장시켜 많은 중국인을 중국으로 귀환시킴으로써 만주지역에서 한국인에 대한 보복사태가 발생하도록 조장하였다.

만보산사건 토구회

다음에 우리는 만보산사건 토구회가 있던 곳으로 가 보았다. 중국동북 지방에 있던 한국 독립운동가 윤복영(尹復榮)·최동오(崔東旿) 등은 사건 직후 길림에서 사건의 진상을 조사하고 길림 한교 만보산사건 토구위원회(吉林韓僑萬寶山事件討究委員會)를 조직하여 배일선언서를 배부하였으며, 국내외에 알리게 되었다. 그들은 전영일(全永一) 외 3명을 사건 현장에 파견하여 진상을 조사하였는데 조사결과 토지에 대한 계약은 있었지만 아직 상조(商租)에 대한 중국 관청의 허가를 받지 못한 상태였고, 수로 공사도 중국인의 양해 없이 개척하여 분쟁이 발생했음을 알게 되었다.

또한 그들은 장춘의 일본영사관 경찰서장이 김이삼에게 조선일보에 허위 과장 보도를 할만한 자료를 제공한 것과 이번 사건이 일본의 음모에 의한 것임을 알게 되었다. 이에 그들은 '경고 전중국동포(敬告全中國同胞)' 라는 선언서 1천 부를 인쇄하여 백초구 국민당 왕청현(百草溝 國民黨 汪淸縣) 지부에 보내어 중국인에게 일본인의 음모를 폭로함과 동시에 중국 민족과 한국 민족의 단결을 호소하였으며, 그로써 재만 한인들의 자위책을 모색하였다. 그리고 길림 한교 만보산사건 토구위원회에서는 송진우 등 국내의 애국지사들 및 신문사 사장 등을 만나 만보산사건의 실정을 설명하고 국내에서 화교습격을 중지해 주도록 여론을 환기시키게 하였다.

만보사사건 토구위원회는 강남 수림(樹林)과 영원호동(永遠胡同) 15번지에 위치하고 있었으며, 현재 학교와 조선 식당으로 변하였다.

만보산사건 토구회가 있던 곳

의열단 창건지

다음에 우리 일행은 의열단이 결성되었던 파호문(把虎門) 밖 반(潘) 씨 집이 있었던 곳으로 향하였다. 1919년 3·1운동 이후 해외로 독립운동 기지를 옮긴 애국지사들은 강력한 일제의 무력에 대항하여 독립을 쟁취하기 위해서는 보다 조직적이고 강력한 독립운동단체의 조직이 필요하다고 생각하였다. 그리하여 1919년 11월 9일 저녁 중국 길림성(吉林城) 파호문 밖의 중국인 농부 반 아무개의 집에 김원봉(金元鳳)을 비롯 이종암(李鍾岩) 등 13명이 모여 의논한 결과 11월 10일 의열단을 결성하였다.

의열단은 조직 직후 암살 대상으로 조선총독 이하 고관, 군부 수뇌, 대만총독, 매국노, 친일파 거두, 적탐(밀정), 반민족적 토호열신 등을 설정하였다. 1920년 전반기 본부를 중국 관내 북경으로 옮기고 관내에서 활발한 의열 투쟁을 전개하였다.

의열단은 공약 10조를 의결하고 천하의 정의와 조선의 독립을 위하여 조직되었으며, 조선총독 이하 고관, 군부수뇌, 대만총독, 매국노, 친

의열단 창건지 – 훈춘가와 광화로가 만나는 지점(장인덕 주장)

일파 거두, 적탐(敵探), 반민족적 토호열신(土豪劣紳)을 7가살(可殺) 대상으로 정하고 의열 투쟁을 전개하였다.

창립 이후 내용을 정리해 보면 다음과 같다.

1) 1920년 9월 14일 박재혁(朴在赫)의 부산경찰서 폭탄 투척
2) 1920년 11월 최수봉(崔壽鳳)의 밀양경찰서 폭탄 투척
3) 1921년 9월 12일 김익상(金益相)의 조선총독부에 대한 폭탄 투척
4) 1922년 3월 전중의일(田中義一) 육군대장에 대한 김익상(金益相)의 저격
5) 1923년 1월 12일 김상옥(金相玉)의 종로경찰서 폭탄 투척
6) 1924년 1월 4일 김지섭(金祉燮)의 일본 이중교(二重橋) 폭탄 투척
7) 1925년 12월 28일 나석주(羅錫疇)의 동양척식회사와 조선은행에 대한 폭탄 투척
8) 1925년 3월 30일 밀정 김달하(金達河)에게 사형선고를 내리고 주살(誅殺)
9) 1928년 10월 16일 박용만(朴容萬)을 밀정이라 하여 이해명(李海鳴)으로 하여금 주살케 함

이후 대일전쟁이 계속되자 의열단은 조선의용대로 개편하였으며, 광복군이 조직되자 의열단원을 주축으로 광복군 제1지대가 편성되었다.

원시희 선생의 설명에 따르면 파호문은 남북에 있었는데, 의열단이 조직된 파호문은 북쪽에 있었다고 한다. 반씨집의 위치는 정확히 파악할 수 없었다. 다만 그 위치에 대하여 이 지역 인사들 사이에는 약간의 견해차가 있었다. 장인덕(張仁德, 조선족) 노인은 훈춘가와 광화로(光華路)가 만나는 지점 안쪽이라고 주장하고 있고, 원시희 선생은 문밖 길가에는 집이 없었으므로 파호문이 있던 곳에서 훈춘가가 있었던 곳으로 추정하였다.

다음에 우리 일행은 길림 일본영사관이 있던 곳으로 향하였다. 이곳은 현재 북화대학(北華大學) 의학원으로 변해 있었다. 그 크기나 규모로

보아 당시 일본의 위상을 짐작해 볼 수 있었다.

길림 일정을 마치고 우리 일행은 숙박지인 장춘(長春)으로 향하였다. 육문중학교를 제대로 보지 못한 점, 대한독립선언서를 발표한 길림의 여러 지점 등을 확인하지 못한 것이 못내 아쉬웠다. 아울러 계속 변화 발전하는 길림의 모습을 바라보며, 조그마한 표식이라도 빠른 시일 내에 세우는 것이 바람직하지 않을까 생각되었다.

의열단 창건지-훈춘가(원시희 주장)(위)
길림 일본영사관 건물(아래)

심양

심양의 고적

중국 동북 요녕성(遼寧省)의 성도(省都). 동북 최대의 도시로 정치, 경제, 문화의 중심지이다. 옛 이름은 봉천(奉天)이다. 인구는 약 440 만 명. 심양은 일찍이 전국시대부터 개발되었으며, 청조가 일어나면서 1625년에 이곳을 수도로 정하고 성경(盛京)이라고 칭하였다. 1644년 북경을 국도로 정한 뒤에는 이곳을 배도(陪都)로 삼고, 1657년에는 봉천부

옛 심양(봉천)

를 설치하였다. 청조가 멸망한 후 심양은 장작림(張作霖) 정권의 본거지가 되었으며, 1932년 만주국이 건국되면서 봉천으로 개칭되었다.

제2차 세계대전 이후 다시 심양으로 복귀하였다. 인구는 3800만 명, 20개 시, 38개 현, 자치 현이 10개임. 100만 이상이 6개 시, 중공업지대이다. 1928년에 장학량(張學良)이 국민당의 지지를 받으면서 요녕이라고 하였다. 현재 심양의 인구는 540 만 명, 전국에서 4번째 도시이며, 동북에서 최대의 도시이다.

심양에는 고궁이 있다. 청나라 태조와 2대 태종의 황궁이다. 후금 천명(天明) 10년에 시공하여 11년 만에 완성한 것으로서 90여 채의 전각이 솟아 있고 300여 칸의 방이 딸려 있다. 현존하는 황궁 중 북경 자금성의 규모에 버금가는 규모이다.

남쪽 대문은 대청문, 그 좌우에 비룡각과 상봉각이 있다. 숭정전은

심양 고궁

금벽이 찬란하며 그 한복판에 용을 새긴 황제의 보좌(寶座)가 있다. 고궁은 한 귀퉁이에는 독서당이 있다. 이곳에 조선에서 잡혀간 세자가 유폐되어 있었다고 한다.

심양에는 청나라 황제의 능인 복릉(福陵)과 소릉(昭陵)이 있다. 복릉은 청 태조 누르하치와 황후 예허나라를 합장한 능묘로서, 심양시 동쪽 11km 구릉에 위치하고 있다. 통칭 '동릉'이라고도 한다. 1629년에 시공하여 23년 만에 완공하였다. 능은 네모난 성벽으로 둘로싸여 있으며 앞에는 정홍문이 있다.

소릉은 청태종 황타이지와 황후 뻴지기 터의 합장능으로서, 심양 북부에 있다. 일명 북릉이라고도 한다. 복릉과 거의 같은 양식으로 이루어져 있으나, 규모가 좀더 웅장하고 시공이 정밀하다.

고궁 안에 있는 누각

서탑교회 · 장작림 폭사처

며칠 동안 연길에서 자료 수집등과 더불어 전문 학자들과 함께 항일 유적에 대한 논의를 한 후 7월 29일 우리 일행은 심양 시내 답사길에 나섰다. 우리가 먼저 방문한 곳은 한국거리에 위치하고 있는 심양시 기독교 서탑교회였다.

심양에 있는 서탑교회

이 교회는 오랜 역사를 자랑하는 교회였으나 그 역사에 대하여는 앞으로 좀 더 연구되어야 할 듯하다.

서탑교회 옆에는 새로이 들어선 '심양 서탑교회'가 위치하고 있어 신구(新舊)의 모습이 대조적이었다. 서탑교회 옆에서 만난 한 기독교인으로부터 중국 지역의 교회 현황에 대해 이야기를 들었다. 집안시 대양차교회에서 목사 없이 찬송가와 기도에 열중이던 조선인 아주머니들의 모습이 떠올랐다. 그리고 만주 각 지역 마을에서 보이는 십자가(교회)의 모습들이 떠올랐다.

우리 일행은 다시 과거 봉천(奉天) 남역(南驛)을 답사하였다. 이 역 앞에는 소련군의 지원을 상징하는 탑과 그 위에 탱크가 놓여 있었다. 우리는 중국을 방문하면서 장춘에서는 기념비 위에 있는 비행기를, 하얼빈에서는 군함을 목격한 바 있다. 특히 봉천 남역에서는 과거 해방 이후 조선의용군들이 모여 집회하던 사진을 본 적이 있어 조선의용군의 모습이 떠올랐다.

과거 만철 역(滿鐵驛)인 심양 남역은 지금이 만주국 시대인 것처럼 옛

봉천 남역(옛 봉천역)

모습 그대로 그 위용을 자랑하고 있었다. 과거 러일전쟁 이후 대련에서 장춘까지 철도를 획득한 일본은 남만주 철도 연변을 중심으로 조선인들을 탄압하였던 것이다. 아울러 철령(鐵嶺)과 공주령(公主領)에 있는 일본군대가 경신년 대토벌 시 한인들을 무참히 학살하였던 것이다. 당시 일본군은 직접적으로 무력을 행사할 수 없었다. 장작림이 통치하고 있었기 때문이었다. 그러므로 그들은 중국 군대를 앞세워 한인들을 '토벌'하고자 하였던 것이다.

일본이 남만주 철도를 중심으로 세력을 확대하자 장작림은 미국의 후원을 받아 심양 → 매하구 → 길림 노선의 철도를 부설하였던 것이다. 바로 이를 통하여 장작림은 남만주 일대에 영향력을 유지하고자 하였다. 미국은 일본의 만주에서의 세력 확장을 막기 위해 장작림 정권을 후원하였던 것이다.

우리 일행은 장작림이 부설한 봉천 북역(奉天北驛, 현재 沈鐵分局)을 답사하였다. 남역에 비하면 그리 규모가 크지 않은 역이었다. 현재는 심양 북역을 새로 지어, 이 역사는 크게 이용하지 않는다고 하였다.

장작림이 가설한 이 철도는 한인 독립운동가들이 자주 이용하였다. 왜냐하면 이 철도에서는 한인 독립운동가들에 대한 수색 절차가 없었기 때문이었다. 길림에서 대한독립선언서 선언 등이 있었던 것도 바로 이러한 이유에서였다.

중국 정부가 한인 독립운동을 도와준 일례로서 생각되기도 하였다. 사실 처음에는 중국 관리들도 한인 독립운동에 대하여 올바로 인식하고 있지 못하였다. 그리하여 연길 도윤 맹부덕(孟富德)과 같은 경우도 3·13 만세 시위 시 한인들을 탄압하였던 것이다. 그러나 그 후 한인들이 반일운동을 전개하는 것을 인식하고, 북로군정서의 경우 백두산 방면으로 피신하도록 조처하고 있는 것이다. 또한 일본의 침략과 탄압에 대비하여 한인 독립운동가들은 중국군대가 있거나 행정 당국이 있는 곳에 마을이나 독립운동 기관을 설치한 사례도 있다. 명동촌의 경우도 화룡현의 행정 소재지인 대랍자(大拉子)에 위치해 있었고, 광성학교가 있었던 소영자 역시 중국군대가 있던 곳과 가까운 위치에 있었던 것이다.

봉천 북역

봉천경찰서 · 장작림 폭사처 · 봉천 일본영사관

다음에 우리 일행은 과거 봉천경찰서가 있던 심양공안국을 찾았다. 이곳은 모택동의 동상이 서 있는 중산(中山) 광장에 있었다. 우측에는 심양공안국이 그리고 좌측에는 야마모토 호텔(현 요녕빈관)이 있었다. 이곳 심양공안국은 한국 독립운동을 탄압한 삼시협정이 맺어진 곳으로 널리 알려져 있다. 1920년대 초 민족진영의 정의부 · 참의부 · 신민부가 각각

봉천경찰서(옛 심양공안국)(좌)과 삼시협정을 맺은 봉천경찰서(현 심안공안국)(우)

의 체제를 정비하고 항일 무장 투쟁을 본격화하자, 일제는 1925년 6월 조선총독부 경무국장 삼시궁송(三矢宮松)과 봉천성 경무처장 우진(奉天省警務處長 于珍)과의 합의에 의해 이른바 '삼시협정(三矢協定)'을 체결함으로써 만주지역에서의 독립운동에 대한 탄압을 강화해 갔다.

이 협정의 주요 내용은 다음과 같다. 첫째, 중국 측은 재만 한인에 대하여 교거증서(僑居證書)와 이전증서(移轉證書)를 발부하며, 매월 호구조사(戶口調査)와 함께 춘추 2회에 걸쳐 정말조사를 실시하여 한인의 감시를 편리하게 할 것. 둘째, 한인 독립운동단체나 개인의 무장을 해제시키고 그들을 체포하여 일본 경찰에게 인도할 것. 세 째, 중 · 일 양국 경찰은 서로의 국경을 월경하지 말 것 등이었다.

중 · 일간에 삼시협정 체결은 일본 측으로서는 국경을 넘을 필요 없이 중국 측에 의해 한인 독립운동가들을 취체(取締) · 검속(檢束) · 인도(引渡)할 수 있게 됨으로써 국경 경비비가 절약되고 독립군의 조선 내 공격을 감소시킬 수 있다는 기대 때문이었으며, 중국 측은 일본 군경의 영내 주둔를 막고 자신들이 직접 한인을 취체할 수 있게 됨으로써 일본이 만

주지역에서의 치외법권을 포기할 것으로 생각하였기 때문에 이루어질 수 있었다

다시 우리 일행은 만주사변(9 · 18) 기념비가 있는 곳으로 향하였다. 이곳에는 역사박물관도 있었는데 기념비는 만주사변 발발 60주년에 심양시 인민정부가 수립한 것이었다. 우리 일행은 9 · 18 역사박물관을 방문하였다. 이곳에는 9 · 19사변 이전부터 1949년 중화인민공화국이 성립되기까지의 역사를 자세히 전시해 놓았다.

그 전시기법도 잘되어 있고, 내용 또한 풍부해서 보는 이로 하여금 감탄하게 하였다. 아쉬운 점이 있다면 항일 투쟁과 관련하여 한국의 김일성, 최용건, 허형식, 이홍광 등의 사진만이 걸려 있다는 점이다. 중국

만주사변이 발발한 곳에 세워진 기념비

장작림 폭사처

군과 더불어 일제에 대항한 이청천, 양세봉 등도 있었으면 하는 생각이 들었다. 앞으로 한·중간에 활발한 교류를 통하여 이러한 점들이 시정되어야 할 듯하다.

다음에 우리 일행은 장작림 폭사처인 황고둔(皇古屯)사건 발생지로 향하였다. 1928년 6월 장작림이 기차를 타고 가다 폭탄이 터져 사망한 곳이다. 이 기념비는 북참도구(北站道口)의 삼동교(三洞橋) 철도 바로 옆에 위치하고 있었다. 1997년 10월 15일 심양시 인민정부에서 세웠다고 한다.

다음에는 봉천 일본영사관 건물을 답사하였다. 현재 심양시 심하구(沈河區) 북삼경가(北三經街) 9호에 위치하며 심양 영빈관(迎賓館)으로 이용되고 있었다. 이어 장학량 구거진열관(張學良舊居陳列館)겸 요녕성

근현대 역사박물관도 방문하였다. 그의 100세를 기념하는 전시가 이루어지고 있었다. 중국에서는 최근 애국기지 교육현장을 만들어 민족주의 교육을 크게 강화하고 있었다. 장학량구거지, 애훈조약체결지, 여순감옥 등이 그러했는데, 많은 사람들이 찾고 있어 관광의 명소로 되어 있었다.

심양 일본영사관(현 심양영빈관)

점심 식사 후 대련으로 향하였다. 심양에서 대련까지는 약 400㎞ 정도인데 고속도로로 6시간이 소요되었다. 대련은 여름에 휴양도시여서 호텔 방이 없어 고생하였다.

장학량 구거진열관

여순 · 대련에서

여순과 대련에서

우리 일행은 아침 일찍 우당(友堂) 이회영(李會榮)이 일제의 관동군사령관을 죽이기 위해 왔던 대련항을 찾았다. 여객 손님들이 많이 있었으며, 항구는 평화로운 모습이었다. 항구에는 '대련후선청(大連候船廳)'이라는 새로운 건물이 들어서 있었고, 그 맞은편에는 이회영이 고문을 받다 순국한 대련항무국(大連港務局)이 그 위용을 자랑하고 있었다.

대련광장(현 중산광장)

대련 만철 부두 사무소(위), 대련 부두에 있는 다리(좌)

우리 일행은 여순감옥으로 향하였다. 가는 길에 승리광장에는 러시아식 건물들이 남아 있었다 그리고 중산광장에는 일본식 건물이 다수 남아 있었다. 대련에서 여순까지는 55km로 1시간 정도 소요되었다. 여순감옥에 가니 수많은 관광객들이 모여 있었다. 옥사 정문에는 여순일아감옥구지(旅順日俄監獄舊址)라고 되어 있었다. 여순재단 박귀언 씨의 소개로 감옥 부관장과 진열 부장, 해설 주임 등이 우리 일행을 환대해 주었다.

우리 일행은 먼저 안중근의사가 투옥되었던 감방으로 향하였다. 이곳에는 '조선애국지사 안중근을 구금했던 감방'이라고 되어 있고, 설명도 붙어 있어 사람들의 관심의 대상이 되었다. 그리고 감방 안에는 안중근이 쓰던 침대 · 책상 등과 그가 쓴 유물 2편을 전시해두어 보는 이의 마음을 아프

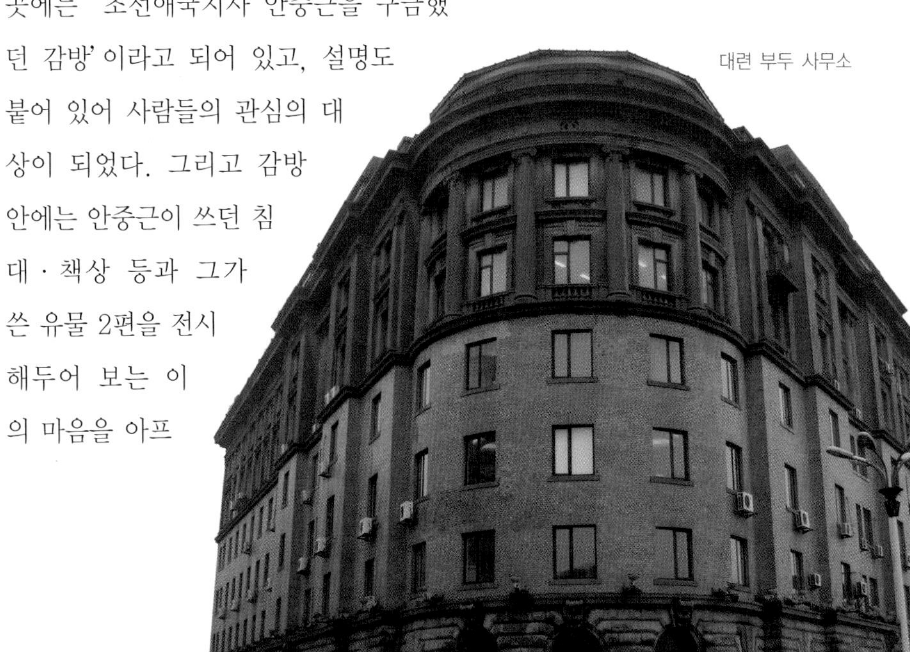

대련 부두 사무소

게 하였다.

이어 안중근이 사형당한 사형장으로 향하였다. 최근 1911년과 1914년 평면도를 확인하여 새롭게 위치를 비정하였다고 한다. 사형장소는 '안중근 취의처(安重根 就義處)'라고 되어 있었다. 사형장의 윗부분과 사형수를 관찰하는 관찰문만이 남아 있었다. 당시 일본인으로 조선어 통역관에 따르면 벽난로 모양의 교수대에서 처형되었다고 한다. 아울러 안중근은 간수에게 최후로 '나라를 위한 본분 군인의 본무(爲國本分 軍人本色)'라는 글을 써 주었다고 한다. 그 간수가 아들에게 전해주어 이 글이 현재 보존되고 있다고 한다.

여순감옥 부관장에 따르면 1일 관람객이 4천~5천 명이라고 하며, 주말에는 6천~7천 명이 방문한다고 한다. 그리고 9월에 안중근 전시관과 중국공산당 전시관을 개관할 예정이라고 한다. 또한 유해 발굴과 관련하여 매장 기록이 없으며, 여러 가지 작업을 추진하고 있다고 알려주었다.

식사 후 조이화 관장을 만나 환담하였다. 그는 지금까지 여순감옥과의 교류는 정부, 기념사업회 중심으로 이루어졌으나, 앞으로 학문적인

대련 수상경찰서(좌)와 조사받는 장면(우)

지원이 절실하다고 강조하였다.

우리 일행은 여순에서 안중근이 재판받은 여순 고등법원을 답사하였는데 현재는 여순구인민의원으로 이용되고 있었다. 대련항에서는 관동군 사령부 건물(현 요녕성 대련시 인민검찰원, 대련시 사법국 건물)을 답사하고 맞은편에 있는 대련시 공안국 건물도 답사했다. 이 건물 역시 일제와 일정한 관련이 있는 건물로 추정되었다.

여순감옥과 관동주 법원 탐방

2007년 7월 18일 우리 일행은 대련으로 향하였다. 대련대학, 여순일아감옥구지박물관(旅順日我監獄舊址博物館)과 공동으로 한국민족운동사학회에서 '대련, 여순지역과 한인민족운동가'라는 주제로 학술회의를 개최하기 때문이었다.

그러나 대련지역에 비가 많이 내려 9시 50분 출발 예정이었던 비행기는 4시 반에야 비로소 출발할 수 있었다. 무엇보다도 안중근의사가

대련 러시아 거리와 그곳에서 팔고 있는 각종 인형들

여순 역

투옥되었던 여순감옥과 재판받았던 관동주법원을 볼 수 없을까 자못 걱정되었다. 그러나 공동주최 기관인 여순감옥의 배려로 우리의 이러한 걱정은 기우가 되었다.

여순감옥은 1899년 관동주 총독 알렉세프가 러시아황제 니콜라이2세의 허가를 받아 1902년부터 여순 원보방에 감옥을 건설하기 시작한 데서 시작되었다. 1904년 러일전쟁기에는 러시아군 야전병원과 기병대 병영으로 사용하였다. 1905년 러일전쟁에서 승전한 일본은 1906년 9월 1일 관동총독부 민정부 산하에 감옥서를 설립하고 여순에는 본서, 대련에는 지서, 금주에는 출장소를 세워 러시아가 건설한 감옥을 확장 건설하였다.

그리고 1906년 12월 15일부터 정식 감옥으로 사용하기 시작하여 중국인 96명 일본인 59명 등 총155명을 처음으로 감금하였다. 감옥 총부지는 22만 6천㎡이며 담장 이내의 면적은 2만 6천㎡, 벽의 높이는 4m,

여순감옥 입구

길이는 725m이다. 감방 구조는 1층에는 1사(舍)부터 5사까지 102개 감방, 2층에는 6사부터 10사까지 125개 감방, 그중 8사에는 1개 교수형실을 설치하였으며, 3층에는 11사 32개 감방으로서 총 감방은 259개이다. 또한 그 외 4개의 암방(暗牢), 18개 병방(病房)이 있어 동시에 2천여 명을 수감할 수 있다. 1934년에는 감옥 동북쪽에 2층 비밀 교수형실을 설립하였으며 감옥 내에는 피복, 방직, 세탁, 인쇄, 기계, 철공, 목공 등 15개 공장을 설치하였다.

해가 저문 6시반 경 여순감옥에 도착하자 화문귀(華文貴) 관장, 왕진인(王珍仁) 연구원 등 직원 일동이 우리를 반갑게 맞이하여 주었다. 아울러 왕 연구원은 우리 일행은 일일이 안내해 주며 설명해 주었다.

우리가 처음 방문한 한 것은 안중근 의사의 처형 장소와 안중근 전람관이었다. 그곳에는 교수대와 더불어 안중근의사의 흉상이 있었다. 우리 일행은 의사의 충절을 기리며 묵념을 올렸다. 순국할 당시를 회상하면 그저 마음만 저려 왔다. 의사의 동양평화사상과 독립사상 등은 오늘날 후세에도 그 영향이 자못 크다고 할 수 있다.

안중근의사 마지막 유언 광경(동생 안정근, 안공근, 홍석구 신부)

한편 사형장의 위치에 대하여는 아직까지 다른 견해가 있는 듯 하였다. 여순감옥에는 3개의 사형대가 있다고 한다. 그중 1개는 1934년에 설립되었다고 한다. 이것을 제외하면 현재의 위치와 다른 한곳이 대두된다.

다른 한 곳은 러시아가 건축한 감옥 바로 옆에 위치하여 있었는데 위치상 보면 그곳이 보다 안의사가 사형당한 곳이 아닌가 하고 이곳 학자들은 추정하고 있었다. 이 부분은 앞으로 연구가 심도 있게 이루어져야 할 것이다.

교수형대 옆에 붙어 있는 전람관은 아직은 초라한 상태였다. 화관장은 금년 10월에 여순이 개방되므로 그 이전에 전시관도 잘 정비하고자 한다고 하고 한국 측에서의 자료 등 적극적인 지원을 요청하였다.

이어서 우리 일행은 안중근 의사가 교수형을 앞두고 형제들을 만났던 교회실(教悔室)로 향하였다. 그곳에서 안중근은 그의 형제들과 마지막 만남을 가졌던 것이다. 그 방에는 지금 당시 교회를 받던 죄수들이 설교를 듣는 장면 사진이 전시되어 있었다. 다음에 우리는 안중근의사가 투옥되었던 감방에 가 보았다. 그곳에는 '조선애국지사 안중근을 구금했던 감방' 이라고 적혀 있었다. 간수실 바로 옆에 있는 일반 감옥보다는 비교적 큰 감방이었다.

대련대학의 유병호 교수는 감방의 위치에 대하여 이의를 제기하였다. 1909년, 1910년 당시 감수실임이 입증되고 있지 않기 때문이었다.

감옥 안내판(위쪽 좌)
안중근의사가 갇힌 감옥 내부(위쪽 우, 아래 좌)
투옥된 곳으로 추측하고 있는 감방(아래 우)

사형장 외부 모습(추정)과 안내 표지판

연세대 오영섭 교수는 안중근 옥사에 붙어 있는 안 의사에 대한 설명이 잘못되었다고 이의를 제기하였다. 그곳에는 '1907년 조선의병에 가담하여' 라고 적혀 있었는데 그는 '1908' 년이 정확하다고 하였다.

우리 일행은 다시 러시아 측이 지은 감방으로 향하였다. 감방마다 한국어, 중국어, 일본어로 적힌 수칙들을 볼 수 있었다. 아마도 이 감방에 다수의 조선인들이 투옥되었겠구나 생각되었다. 아울러 그곳에는 1~2평 정도되는 소름이 끼칠 듯한 교수형대가 설치되어 있는 사형장이 있었다.

여순감옥의 신채호

대련대학의 유병호 교수는 이곳이

안의사가 사형당한 곳이 아닌가 추정하였다. 심도 있는 검토가 이어져야 할 것이다. 우리 일행은 옥사를 나와 의무병동과 1930년대 지은 사형장 그리고 복원된 죄수 묘지들을 바라보며, 이곳에 투옥되었을 수많은 조선인들을 생각하게 되었다.

사형으로 순국한 안중근 의사를 비롯하여, 아나키스트 이필현, 신민부원 황덕환, 정의부원 김창림 등을 우선 그려 볼 수 있었다. 이필현의 경우는 아직도 독립유공자로 포상 받지 못하고 있다고 하니 안타까운 마음 그지없었다.

신채호와 활동한 대만인 임병문 등의

안중근 의사 사형장 내부와 참배하는 한국민족운동사학회 회원들

감옥 내부(위)와 죄수들이 입었던 죄수복(가운데), 갖은 고문을 자행했던 형틀(아래)

사형자의 시신을 옮기는 모습(위)과 일반 죄수들의 묘

1930년대 사형장(좌), 감옥 내 병실(우)

병사도 안타까운 일이었다. 그밖에 박희광(무기징역), 이종완(무기징역), 신민부원 이영상(징역 15년), 최진만(징역 12년), 채세윤(징역 10년), 박병찬(징역 10년) 등 이름이 알려지지 않은 수많은 조선인들이 투옥되었던 것이다.

우리 일행은 안의사 일행이 재판받았던 여순 관동주법원으로 향하였다. 이 법원은 1906년 9월 1일 여순감옥과 동시에 설립되어 1906년부터 1935년까지 총 21,376건을 심판하였으며 그중 고등법원에서는 8,062건을 심판하였다.

현재 이곳에는 전람관이 설치되어 있었으며, 안 의사가 재판을 받던 당시의 모습을 그대로 재현해 놓고 있어 보는 이의 마음을 더욱 아프게 하였다.

관동주법원(위)
재판정 모습(아래)

고구려의 비사산성(대련)

안중근의사 관련 학술회의

2007년 7월 19일 9시 30분부터 대련대학에서 〈여순 대련지역과 한인민족운동가〉라는 주제로 학술회의가 개최되었다. 발표 주제 등을 나열하면 다음과 같다.

◇ 1부 발표 – 사회 : 조규태(한성대)

① 안중근의 옥중 투쟁
발표자 : 오영섭(연세대 교수)
토론자 : 박수현(민족문제연구소), 김권정(숭실대)

② 안중근의 공판 투쟁
발표자 : 한상권(덕성여대)
토론자 : 최봉룡(대련대학), 배영대(중앙일보)

③ 대련 · 여순지역 소재 한인 민족운동 자료
발표자 : 유병호(대련대 교수)
토론자 : 주성지(국사편찬위 연구원), 정관회(국가보훈처 관계관)

◇ 휴　식

④ 여순감옥과 한인독립운동가
발표자 : 박용근(대련 안중근기념사업회장)
토론자 : 성주현(친일진상규명위), 권희영(한국학중앙연구원)

◇ 2부 발표 – 사회 : 황민호(숭실대)

⑤ 신채호의 의열투쟁
발표자 : 이호룡(민주화운동기념사업회)
토론자 : 김형목(독립기념관 연구원)

◇ 중식

⑥ 유상근과 최흥식의 항일운동과 대련에서의 순국
발표자 : 박　환(수원대 교수)
토론자 : 최혜주(한양대), 조성운(동국대)

⑦ 일제시대 대련 · 여순지역의 한인사회
발표자 : 김　영(요녕대학교)
토론자 : 강혜경(숙명여대), 박강(부산외대)

◇ 휴　식

◇ 종합 토론
토론 - 사회 : 허동현(경희대학교)

본 회의에서는 이 지역에서 활동했거나 순국한 인물들에 초점을 맞추어 발표가 진행되었다. 안중근, 신채호, 유상근, 최흥식 등이 그 중심 인물이었다. 그 가운데서도 안중근 의사에 대한 발표에 큰 비중을 두었다.

오영섭은 안 의사의 문필 활동을, 한상권은 공판 투쟁을, 박용근은 여순 감옥과의 관계에 대하여 발표하였다. 특히 오 교수의 논고는 참신한 것으로 주목을 받았으며 씨가 안 의사를 '충군애국론자' 로 본 것은 논쟁의 대상이 되기도 하였다. 오 교수는 그 근거의 하나로서 안 의사가 최익현, 이상설 등을 가장 존중한 점 등을 들고 있다. 이에 대하여 한상권은 안중근의 생각을 보다 적극적으로 해석할 필요가 있음을 강조하였다.

박환 교수는 안중근의사가 러시아에 있던 시기는 제1차 러시아혁명이 발발한 이후라며, 러시아의 사상적 조류에 대한 영향에 대하여도 고려할 필요가 있다고 언급하였다.

본 학술회의 토론에 대하여 중앙일보 배영대 기사는 2007년 7월 30일자 기사에서 다음과 같이 보도하고 있다.

한국민족운동사학회(회장 박환)와 중국 다롄(大連)대 한국학연구원(원장 왕원보), 뤼순(旅順)형무소박물관(관장 화원구이)이 공동 주최한 학술회의가 19일 다롄대에서 열렸다. 주제는 '다롄 · 뤼순 지역과 한인(韓人) 민족운동가'. 이 같은 주제라면 일제의 폭압성과 독립운동의 저항을 대립시키는 경우가 일반적이다. 하지만 이번 학술회의는 그런 이분법을 넘어서는 토론을 보여 주었다. 뤼순감옥이 안중근(1879~1910) 의사와 신채호(1880~1936) 선생이 최후를 맞은 곳이란 점에서 달라진 세상을 엿볼 수 있었다.

토론은 안중근 의사의 사상을 어떻게 볼 것인지를 놓고 갈렸다. 안 의사가 지키고자 했던 국권(國權)의 실상은 무엇일까, 근대 공화정을 지향했는가, 아니면 왕정 회복을 고대했는가. 예전에 볼 수 없었던 해석이 잇따라 나왔다.

"안중근 의사는 충직한 근왕(勤王)주의자였다."(오영섭 연세대 연구교수)

이날 학술회의를 뜨겁게 달군 발언이다. 오 교수는 "안 의사가 남긴 휘호에 유교적 가치를 담은 내용이 많고, 가장 존경한 인물이 최익현 · 이상설이라고 한 점을 주목해야 한다"고 말했다. 최익현은 위정척사파이고, 이상설은 고종 복위를 위해 노력했다는 설명이 이어졌다.

김권정 숭실대 겸임교수도 "안 의사의 사상에서 근대성을 찾아내려고 하는 가운데, 과도하게 해석한 점은 없는지 반성할 필요가 있다"고 지적했다. 도전적 문제제기가 이어지자 박환 회장이 나서 "안 의사가 러시아에서 보낸 2년 등을 포함해 그의 삶 전체를 통관해 판단했으면 한다"며 분위기를 조율했다.

한상권 덕성여대 교수는 안 의사의 옥중 공판투쟁을 상세히 소개했다. 그는 "안 의사가 '한국이 독립되지 않는 것은 군주국인 결과에 기인하며, 금일 한국의 쇠운을 불러온 책임은 황실에 있다'고 했다"며 안 의사의 사상을 적극적으로 이해할 것을 제안했다. 또한 "공판 과정에서 일본인 검찰관이 (일본의 한국에 대한) 시혜적 문명개화론을 내세우자 이에 맞서 안 의사가 내놓은 국권수호론은 이후 항일 독립운동의 이념적·도덕적 모델로 자리잡았으며, 오늘의 시점에도 시사하는 바가 크다"고 강조했다.

허동현(종합토론 사회자) 경희대 교수는 "성급한 결론은 자제하자. 독립운동사 연구도 기존 방식을 답습해선 부족한 게 많다는 점을 확인한 것에 만족하자"고 마무리했다.

다롄(중국)=배영대 기자

한편 박환은 대련의거의 중심 인물인 유상근과 최흥식에 대하여 심문조서를 통하여 집중적으로 분석하였다. 유병호는 대련지역에 있는 새로운 자료들을 다수 소개하여 모든 이들의 관심을 끌었다. 그는 자료들을 〈대련지역 한인민족운동〉, 〈대련지역의 한인사회〉, 〈반일민족운동단체〉, 〈조선공산당과 동북항일연군〉, 〈김일성과 조국광복회〉등으로 나누어 설명하였다.

그 가운데 주목되는 것은 심득룡(瀋得龍)에 대한 것이다. 심득룡은 북만 일대에서 항일연군에 참여하였다가 파견을 받고 소련으로 유학을 갔다가 1938년 10월에 코민테른이 설립한 모스크바 공산주의대학을 졸업하고 소련 홍군참모부에 발탁되어 무전기술과 기타 첩보기술을 훈련받는다. 1940년, 소련 홍군참모부는 그를 대련에 파견하여 대련주재 소련영사관의 지시에 따라 흥아사진관을 차리고 심양·본계·천진·대련 등지에서 첩보원을 발전시켜 소련에 무전으로 본계·심양·대련 등지의 일본군의 이동 상황과 대련 부두 창고 그리고 周水子 일본 육군 창고의 군수품 수량 등 정보를 보고하도록 하였다. 1943년 10월, 대련 일본헌병대는 장기간 심득룡의 무전신호를 추적하여 끝내 체포하고 갖은 고문과 한국의 고향으로 보내 준다는 등 유혹을 하였지만 끝내 굴복하지 않자, 하얼빈의 731부대에 마루타로 보내 생체실험을 하였다.

대련 일본 헌병대는 심득룡의 무선신호를 추적하는 과정을 일기 형식으로 상세히 기록하였는데 무려 500페이지의 분량에 달하는 기록 보고를 남겼다. 이외에 심득룡 등 8명에 대한 방대한 예심 자료와 종합 보고서 등을 남겼는데 총 분량이 대략 1,500페이지 정도가 된다. 현재 대련시 당안관에 보존되어 있는 심득룡에 관한 대련 일본 헌병대사령부 자료 권종(卷宗)은 다음과 같이 4개가 있다.

《地工人員瀋得龍電台偵察資料》

《大連憲兵隊對我地工人員瀋得龍等偵察逮捕材料》

《大連憲兵隊偵察逮捕審訊我地工人員瀋德龍等報告資料》

《審訊"蘇聯派遣無線電情報員瀋得龍案"之資料》

코민테른과 소련 홍군은 원동지역의 일본군에 대한 첩보활동을 일본어에 능숙한 한인에 많이 의거하였던 것으로 짐작된다. 심득룡 외에도 무명의 한인들이 대련지역 및 부근의 지역에서 코민테른과 소련 홍군을 위한 첩보활동을 진행하다가 일제 군경에 검거되어 옥중의 이슬로 사라졌다고 유 교수는 주장하였다. 아울러 씨는 이회영이 순국한 위치를 대련수상경찰서가 아닌 여순감옥으로 보아야 하지 않을까 하는 문제제기와 더불어 안중근 묘소에 대하여도 언급하였다.

박용근은 여순감옥에 투옥되었던 조선인들에 주목하였다. 그는 당시 안중근 의사, 신채호 선생을 포함한 중국 각지에서 체포된 독립투사와 애국인사들을 여순감옥으로 압송하여 4,000여 명의 한국인을 감금하였으며 많은 한국독립 투사들이 여순감옥에서 순국하였다고 주장하였다. 씨는 1906년부터 1942년 37년간 92,000여 명을 여순감옥에 감금하였으며 그중 일본인이 18,673명, 한국인이 3,000명 이상이며 일본인과 한국인을 제외한 기타 외국인이 145명이며 여성이 1,454명이다. 관련 자료에 의하면 1943부터 1945년 8월 일본이 투항할 때까지 한국인이 약 1,000여 명 감금되었다고 하였다.

씨는 1955년 여대시에서 위만시대 여순법원 당안을 정리 과정 중 당시 여순감옥에 수감한 인원의 사진 금판을 1,248매를 발견하였다. 사진번호와 촬영 특성을 분석하면 이 사진은 '정치범인' 이라고 할 수 있다. 그중 신채호를 포함하여 많은 분이 한국 독립투사로 사료되며 박 씨가 25명 김 씨가 84명이나 된다. 위 사진금판과 자료는 지금 대련 당안관으로 이전하여 보관하고 있으며 여순감옥에 감금한 한국 독립투사들의 자료를 연구 분석하는 데 가치가 높다 본다고 하였다.

명단에 신채호, 이필현 등이 있는 것으로 보아 상당히 신빈성이 있는 자료가 아닌가 추정된다. 앞으로 보다 많은 검토가 필요할 것으로 생각된다.

고구려 환도산성과 고분군(집안)

3장

북만주지역

만보산 · 채가구 · 쌍성보
하얼빈과 취원창에서
흑하와 블라고베시첸스크
북만주 독립운동기지- 오길밀 · 하동 · 위하
해림 산시일대 김좌진 장군 관련 항일 유적
화보로 떠나는 한중우의공원 답사
영안 대종교총본사 · 김소래유적지
발해진을 찾아서
화보로 떠나는 발해유적 답사
목릉으로 가는 길
목릉 팔면통 · 밀산
수분하 · 동녕현 삼차구
치치하얼에서의 학술회의
북측 학자들과의 북만주지역 학술회의와 공동답사

만보산 · 채가구 · 쌍성보

장춘과 만보산

7월 7일 우리 일행은 아침 일찍 만주국 관련 답사에 나섰다. 장춘, 만보산, 채가구, 쌍성보(雙城堡)를 거쳐 하얼빈에 도착해야 하는 일정이라 마음이 조급하였다. 우선 관동군 사령부 건물을 가 보았다. 지금은 중국 공산당 길림성위원회로 이용되고 있는 이 건물은 아직도 권위와 위엄 있는 모습을 보여 주고 있었다. 중국에서도 한국과 마찬가지로 일제의 망령이 계속 위력을 발휘하고 있는 것은 아닌가 하는 생각이 들어 마음 한 구석이 서운하였다.

만주국의 위황궁을 거쳐 일본 만주국 인재 양성의 산실이며 한국인

옛 관동군 사령부와 현재의 모습(2008년)

옛 만주국 위황궁

들이 주로 다녔던 건국대학 자리를 가보았다. 이곳은 인민대가 187번지에 위치하고 있었으며, 현재 공군 장춘 비행학교로 이용되고 있었다. 오전 중에 대동학원, 법정학원, 선경군관학교(현재 라라툰 탱크학교) 등도 방문하고자 하였으나 이루어질 수 없었다. 앞으로 만주인맥이 한국에 끼친 영향, 친일파 관계 등에 대한 철저한 연구가 이루어져야 할 것으로 생각되었다.

만보산 사건이 있던 만보산으로 향하였다. 일본측이 이 사건을 대륙 침략의 구실로 이용하고자 하여, 국내에서 중국인 배척운동이 대대적으로 벌어져 한·중 양 민족의 단결을 방해하고자 하였다. 만보산사건은 일제가 침략전쟁에 이용, 한·중간에 공동 배일전선을 이루는 계기가 되었다.

이곳은 장춘 교외에 있는 덕혜현(德惠縣)에 있었다. 하얼빈으로 가다가 만보진으로

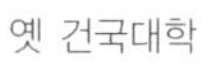

옛 건국대학

만보산사건 기념비

들어갔다. 가는 길은 비포장 길이라 기사의 투정이 대단하였다. 만보진에서 물어보니 만보산사건이 있었던 마소구(馬消口)까지는 만보진에서 비포장도로로 약 14km 정도 떨어져 있다고 하였다. 가는 길은 엉망이었고 약 1시간 정도 걸렸다. 만보산에 도착하니 물이 줄어든 이통하(伊通河)가 보였고, 이통하 건너편에 한국인 마을이 있었던 곳은 논으로 변하였다. 한족 마을에는 현재에도 한족들이 살고 있었다. 만보산사건이 있던 곳에 1985년 12월 장춘시 인민정부에서 세운 만보산사건 구지(舊址) 기념비만이 장춘시 중점 문물 보호 단위로 남아 있었다. 크기는 가로 100㎝, 높이 68㎝, 두께 20㎝이다. 비석에는 "長春市 重點文物保護 單位, 萬寶山事件 舊址, 長春市 人民政府 1985年 12月 公布, 德惠縣 人民政府 立"이라고 쓰여 있었다.

우덕순 등의 이등박문 저격 예정지 채가구

만보산에서 다시 하얼빈으로 가는 큰 길로 나와 계속 달려 점심식사를 하고, 큰 길에서 다시 30분 가량 비포장도로를 달려 채가구역(蔡家溝驛)에 도착하였다. 러시아식 역사 등이 아직 남아 있는 채가구는 하얼빈으로 향하는 조그마한 역사였다. 지금은 한참 공사 중이었으며, 역사의 사람들도 안중근의 항일운동에 대하여 잘 알고 있었다. 현재는 부여현 채가구진인 이곳에서 이등박문의 통과를 애타게 기다렸을 우덕순(禹德淳), 조도선(曺道先) 등의 모습이 떠올랐다. 역 앞에는 음료수와 수박, 토

채가구 역사

마토, 개구리참외 등을 팔고 있는 모습들을 볼 수 있었다. 역 주변에 우덕순 등이 묵었을 것으로 추정되는 초라한 그리고 거무티티한 건물들을 바라보며, 무엇 때문에 이 고생을 하고 있었는가 하는 안타까운 생각이 들었다.

당시 채가구에서의 안중근, 우덕순 등의 활동 상황을 러시아측 기록은 다음과 같이 상세히 묘사하고 있다.

10월 11일(러시아력, 한국-24일) 12시 하얼빈에서 남쪽으로 오는 우편열차 정류장에 이등차량에서 3명의 외국인이 뛰어렸다. 이들은 처음에 일본인으로 생각되었다. 이들은 이토 후작을 살해한 한국 국적의 안중근과 그의 친구인 조도선과 우덕순이였다. 러시아 어를 자유롭게 구사한 젊은 사람들 가운데 한 사람은 헌병 하사관에게 산-차헤 역이 가까운지를 물었다. 대답을 들은 후 조선인은 즉시 그것을 자신의 동반자에게 통역하였고 그 뒤 쿠안첸쯔이-하르빈간 노선열차의 시간표를 상세하게 이것 저것 캐물었다. 그 후 이들 일행은 작은 매점으로 멀어져 갔다. 거의 아무런 여행 짐도 없이 인적 없는 역에 외국인의 도착은 이상해 보였고 도착의 목적에 관한 여러 가지 추측을 불러일으켰다. 이들 여행자들은 기차역 가까이의 통행인들을 주의 깊게 둘러보았으며 헌병의 질문에 대해 그들은 누군가를 기다리고 있다고 조선인 가운데 한 명이 대답하였다. 즉, "나는 형제를 만나고 있으며 저 사람은 친척의 어머니와 누이를 만날 것이다." 이 설명은 수상해 보였다. 그러나 외국인들을 체포할 아무런 근거가 없는 하사관은 그들에게 자신의 거주증을 보여 달라고 요구하였다.

친구들은 안중근과 작별을 고하였다. 그들의 작별은 감명을 주는 점이 있었으며, 목격자들에게는 강렬한 인상을 남겼다. 안중근은 몇 번 공손한 인사로 답례하였으며 이에 대해 그의 동반자들도 똑같이 답례하였다. 그의 얼굴은 슬퍼 보였고 눈에는 갑자기 눈물이 고였다. 안중근은 4번 열차를 타고 하얼빈으로 떠났다.

수수께끼 같은 조선인들의 행동으로 역 당국에서는 그들의 채가구 역 도착이 이토 후작의 도착과 관계가 있다고 문제를 제기하게 되었다. 이외에도 헌병 대위의 명령에 따라 역에 대한 야간 순찰이 강화되었다. 다음 날 아침 10월 13일(한국력 26일-필자주) 이토 공작이 탄 기차는 6시 10분에 지나가야 했다. 이를 고려하여 역 매점 근무원이 여관에 있는 조선인들은 기차 통과시까지 역에 들어가지 못하도록 명령하였다. 조선인들은 아침 일찍이 일어나서 나가려고 서둘렀다. 그러나 방문은 잠긴 채로 있었다. 이토 후작의 도착에 관해 물은 후 조선인들은 유감스럽게도 그가 얼마 지나지 않아 이미 채가구 역을 지나갔다는 것을 알았다. 이어 이토의 죽음과 그의 육신이 돌아가는 기차에 실려 가고 있다는 특보가 접수되었다.

이 소식을 접수한 하사관 세 명은 4명의 경찰과 함께 조선인들을 체포하였다. "거기 있어! 너희들은 체포되었다."는 소리가 들렸다. 여기서 바로 그 젊은이들은 체포되었다. 이 조선인들에 대한 수색에서 한 사람에게서는 예비용의 장전된 브라우닝 총이, 그리고 다른 한 사람에게서는 5발의 탄알이 든 리볼버 시스팀 '스미트 엔 베손'과 23발의 예비 탄환이 나왔다. 두 사람에게서 압수한 탄환의 일부는 강력한 파괴력을 가진 폭파용 시스팀 '익스프레스'로 밝혀졌다. 그래서 체포된 이들은 당직실로 끌려갔다. 도착 목적에 관한 관리의 질문에 대해 이들 중 한 사람은 "그렇다. 우리는 후작을 살해하기 위해 왔다."고 진술하였다. 이들 체포된 조선인들에게 이토가 살해되었다는 것이 전해졌을 때 조도선은 모든 확율을 고려할 때 우리의 친구가 살해자라고 말하였다.

이토의 죽음에 관한 소식을 조선인들은 아주 기쁘게 맞이하였다. 그들은 몇 번이고 후작의 죽음이 사실인지를 다시 물었다. 그리고 보도의 사실을 그들에게 확인해 주었을 때 그들은 형언할 수 없는 환희에 빠져들었다: "일본인들에게는 그렇게 해야 한다. 그들은 우리 조국을 파멸시켰고 나라의 재산을 빼앗아갔으며 우리의 황제에게 급료를 지급하고 있다." 여기서 조선인들은 만주로 26명을 파견하였으며 여기에는 장군이 포함되어 있다. 그 후 얼마 안 있어 조선인들에 대한 공식 체포 명령과 하얼빈으로의 송치가 뒤이었다.

한국독립군 쌍성보 전투지

다시 하얼빈으로 향하였다. 하얼빈과 쌍성보 사이는 45km였다. 쌍성보 전투가 있던 쌍성에 어느 덧 도착하였다. 쌍성은 합장선(哈長線)의 요지이며 하얼빈으로 가는 만주 산물의 집산지로서 전략적 가치가 매우 큰 곳이었다. 따라서 일제도 이곳의 전략적 가치를 높이 평가하여 일만군(日滿軍) 2개 연대 이상을 주둔시키고 있었다.

쌍성에 대한 공격은 단지 적에 대한 공격으로서의 의미뿐만 아니라 적의 후방에서 중요한 군사적 · 전략적 요충지를 탈환함으로써 북상중인 적의 군수물자를 차단하는 의미를 가지는 것이었다. 더욱이 이두(李杜) · 정초(丁超) 부대가 빼앗긴 고을을 탈환함으로써 항일군의 사기를 높이는 한편, 장기적으로는 하얼빈 공격에 대한 근거지를 확보한다는 의미도 지니고 있었다.

1932년 9월 중순 길림 자위연합군과 합류한 한국독립군은 고봉림(考鳳林) 부대와 연합하여 서문쪽 공격을 담당하기로 하였다. 마침내 9월

쌍성보전투가 벌어졌던 서문(승은문)

20일 밤 8시경 한·중 연합군의 공격이 시작되었는데 한국독립군은 서문 돌파의 주역을 담당하였다. 이 전투에서 한국독립군과 고봉림 부대는 각기 30~40명 정도의 부상자만을 내는 데 그친 반면에 만군(滿軍)은 1,000명의 사상자를 내고 2,000명이 투항하여 반만항일군에 흡수되었다. 그리고 노획한 피복, 식량, 탄약도 많아서 수개월 동안이나 쓸 수 있을 정도의 대승을 거두었다.

쌍성보를 점령한 연합군은 이곳이 평지로 방어에 부적당하고 수 만 명이나 되는 연합군의 보급물자의 확보에도 어려움이 있다고 판단, 남쪽으로 20㎞ 가량 떨어진 우가둔(牛家屯)으로 이동하였다. 그리고 일부 부대가 성 내외에 분산 배치되어 적의 침공에 대비하였으나 얼마 후 일만연합군(日滿聯合軍) 대부대의 공격을 받고 성을 내주고 말았다.

쌍성시에는 동문(承旭門)만이 옛 모습을 지니고 있었으며, 그곳에서 5리(2.5㎞) 떨어진 곳에 새로 만든 서문(承思門)이 서 있었다. 동문 근처는 시장거리로 변하였다. 길을 달려 안중근 의사의 거사 지점인 하얼빈에 오후 6시경 도착하였다.

하얼빈과 취원창에서

안중근 의사 이등박문 저격지 하얼빈 역

7월 8일 아침 일찍 안중근 의거지, 안중근이 체포된 직후 취조를 받았던 하얼빈 동청철도 공안국을 답사하였다. 안중근(1879~1910)은 주지하는 바와 같이 1879년 9월 2일 황해도 해주에서 출생하였다. 1908년 러시아령 연추(煙秋)로 망명하여 이범윤(李範允)·최재형(崔在亨) 등과 함께 의병부대를 조직하고 참모중장이 되어 활동하였다. 1909년 봄에는 동지 11명과 무명지를 잘라 단지동맹을 맺고 침략의 원흉 이등박문(伊藤博文)과 매국 역적을 사살하기로 맹세하였다. 동년 10월 이등박문이 북만주 시찰이라는 구실로 하얼빈 역에 도착하자 러시아 의장대 뒤에 대

당시의 하얼빈 역 모습

기하였다가 권총 6발을 쏘아 민족의 숙원을 풀었다. 이틀 후 일본 헌병에게 인계된 의사는 여순 감옥에서 6개월 동안 옥고를 치르면서 동양 평화론을 저술하는 한편 많은 유묵(遺墨)을 남겼다.

안중근이 이토를 처단한 현장에는 일제시대부터 해방 이전까지 이토 흉거(凶擧) 기념물이 설치되어 있었으나, 해방 후에 기념물이 철거되었다. 2008년 현재에는 바닥에 저격 지점이 표시되어 있다.

하얼빈 동청철도국은 안 의사가 체포된 후 처음으로 러시아 관헌들에게 신문받은 장소로서 하얼빈 역 근처에 위치하고 있었다. 당시 안 의사는 러시아 관헌에게 "나는 대한의병 중장으로서 조국의 독립과 동양의 평화를 위하여 적장을 총살 응징한 것"이라고 밝혔다.

안중근의사와 이등박문(위), 하얼빈 역 내에 있는 안중근의사 의거 지점 표시를 가리키고 있는 저자

이 건물은 1936년 이후 일본총영사관 건물로 이용되었다. 만주사변 이후에는 남만철도 하얼빈사무소, 합철공안국(哈鐵公安局)으로 이용되었다고 한다.

이조린공원과 안중근 의사 전시관

2006년 10월 17일 오전, 중국의 항일 영웅 이조린(李兆麟)의 이름을 따 조린공원으로 변한 하얼빈공원을 답사하였다. 이 공원은 안중근의 동지인 김성백의 집 근처이다. 그의 집은 28호인데 이 집은 현재 남아 있지 않고 다만 32호만이 남아 있다고 한다.

이조린

하얼빈공원은 안중근 의사가 의거를 하기 전에 종종 들른 곳이며, 또한 그가 죽어서 묻히고 싶다고 요청하였던 뜻깊은 곳이다. 이곳에는 현재 '硯池' '靑草塘'이라고 쓴 안중근의 휘호가 적혀 있었다. 김우종 선

이조린공원(옛 하얼빈공원)

이조린 공원 내에 있는 안중근
의사의 유묵 앞뒤

이조린공원을 방문한 광복회 학생들

생은 이곳에 안중근 의사의 동상 건립을 희망하였다.

이어서 우리 일행은 도리구 안승가(道裡區 安升街) 85호에 위치한 조선민족예술관 1층에 있는 안중근의사 전시관을 방문하였다. 이국땅에서 보는 전시관은 우리 일행들에게 남다른 감회를 안겨주었다. 김우종 선생의 노력으로 이루어진 이 전시관은 자료 전시 등 구체적인 사실을 바탕으로 이루어진 느낌이었다. 다만 사진의 질, 크기 등에 대하여 좀 더

안중근의사 전람관 전경

신경을 썼으면 하는 아쉬움은 있었다.

앞으로 한국 관계기관과 학자들과의 긴밀한 교류를 통하여 보다 풍부한 자료 교류 및 한국에서의 연구 업적들이 제공되었으면 하는 생각이 들었다.

안중근의사 전람관 내 기념관

안중근의사 전람관을 관람하는 관람객들

안중근의사 전람관 내에 있는 안중근의사 흉상

일본이 각종 세균실험과 약물실험을 자행했던 731부대

성 소피아사원과 하얼빈의 러시아 거리

북만주 독립운동기지 취원창

이광민

아침 식사를 하고 북만 항일운동의 근거지 취원창(聚源昶)으로 향하였다. 이곳은 한족회, 정의부 등에서 활동한 김형식(金衡植), 이광민(李光民) 등을 중심으로 경상북도 안동 출신의 의성 김 씨, 고성 이 씨 등이 중심이 되어 만든 항일 독립운동기지이다.

1934년 당시 300호가 넘는 큰 마을로 한인 100여 호가 모여 살고 있었다. 마을 동쪽에는 비극도강(蜚克圖江)이 흐르고 강 건너편에는 우리 동포들이 거주하고 있었다. 광복 직전에는 우리 동포 200호가 살고 있던 곳이다.

취원창에 살다 한국으로 영주 귀국한 김동삼의 맏며느리 이해동은 그의 회고록 《만주생활 77년》(명진출판사, 1990, 105~133면)에서, 이곳에 대하여 다음과 같이 묘사하고 있다.

현재 거원진으로 변모한 취원창

취원창은 송화강이 가까워 물고기가 많기로 유명하였고, 토지가 비옥하여 어미지향(魚米之鄕)이라고 하였다. 비극도강은 아성현과 빈현을 구분하는 경계가 되고 있으나, 하나의 강물을 막아서 봇도랑을 동서로 내고 동쪽 물을 '하동'이라고 했고, 서쪽 물로 개간한 농장을 '하서농장'이라고 하였다. 1946년 취원창 교포들이 대이주한 이후 오늘날까지 그곳에는 우리 동포들이 한 집도 살고 있지 않다. 석주 이상룡의 묘지를 길림성 서란현에서 취원창으로 이장하였다.

취원창은 현재 거원진(巨源鎭)으로 행정 지명이 변하였다. 이곳은 중요한 항일운동기지임에도 불구하고 아직 국내에는 별로 소개된 적이 없는 곳이라 더욱 가슴 설레었다. 도로 공사 때문에 길을 돌아 아성 시를 거쳐 가는 바람에 3시간이나 소요되었다.

마을로 향하는 길에는 대평원이 이어졌다. 한인들이 살았던 마을은

한인 마을이 있던 취원창

취원창 중심부에서 빈현(賓縣)과 접하고 있는 넓은 평원 지역 둑 뒤에 있었다. 현재에는 한인들이 살고 있지 않으며, 한족들만이 살고 있었다. 비극도강의 강물은 줄어 별로 없었고 다만 창업교(創業橋)라는 다리만이 남아 있었다.

창업교 건너에는 넓은 수전들이 있어 한인들의 유산이 남아 있는 듯하였다. 한인들이 있던 건물 중간에는 고려인 학교로 운영되었던 두세 채의 집들이 있었다. 아마도 신민부 등에서 운영하던 동원학교(同源學校)일 것이다. 그리고 마을 맞은편 둔덕과 취원창 입구에서 가까운 곳에 조선인 무덤들이 아직도 남아 있었다. 한인들은 사발을 엎어 그곳에 글을 써서 누구의 무덤인가 표식을 하였다고 한다. 이곳 무덤에서 이상룡, 이광민 등의 유해가 국내로 봉환되었던 것이다.

비극도강이 흐르는 평원

하얼빈 일본총영사관

김동삼(위)
남자현(아래)

취원창 답사를 마친 우리 일행은 다시 하얼빈으로 향하였다. 하얼빈 일본총영사관 건물을 답사하기 위해서였다. 이곳은 화원가 351번지, 분투로 331번지였다. 현재 하얼빈 시 화원(花園)소학교가 있었다. 1907년 건축된 이 건물은 1935년까지 하얼빈 일본총영사관으로 이용되었다. 안중근의사가 의거 당일 저녁부터 신문 받던 장소이며, 일송 김동삼 선생, 남자현 여사 등 수많은 애국지사들이 투옥되어 고문을 받던 곳이다.

다음에 우리 일행은 기타이스가야(중앙대가)에 위치한 소피아 건축 박물관을 방문하였다. 이곳에는 과거 하얼빈의 전체적인 역사 사진들이 전시되어 있어 하얼빈을 이해하는 데 큰 도움이 되었다.

1907년에 건축된 구 일본총영사관

저녁 6시 30분 하얼빈을 출발하여 다음 날 아침 6시 20분에 흑하(黑河)에 도착하는 기차에 올랐다. 만주지역 독립군들이 이동했던 흑하와 1858년 중 · 소 국경 조약이 맺어진 애훈, 그리고 대한국민의회의 본부가 있었던 아무르주의 중심 도시 블라고베시첸스크를 살펴보기 위해서였다.

옛 일본총영사관(위)과 현재의 모습(아래)

흑하와 블라고베시첸스크

7월 9일 아침 6시 20분 흑하에 도착한 우리 일행은 식사를 마치고 흑하 시내와 애훈을 답사하였다. 흑하 건너편에는 러시아의 블라고베시첸스크가 보였다. 지척의 거리였건만 한국인의 경우 한국에서 러시아행 비자를 발급받아 와야만 이동할 수 있다고 여행사 직원은 알려주었다.

우선 애훈조약이 체결되었던 곳으로 가 보았다. 이곳은 흑하에서 자

흑하 시 전경

블라고베시첸스크

동차로 30분 정도 거리에 위치하고 있었다. 애훈조약 기념관 밖에는 망루로 이용되었던 귀성각(鬼星閣)이 있었다. 이 귀성각은 1892~1900년 사이에 지어졌는데, 1900년 의화단 사건 때 애훈 고성(古城)은 모두 훼손되었다고 한다. 다만 이 각만이 잔존해 있다고 한다. 1945년 소련군이 훼손한 것은 1981년 흑룡강성 정부에서 재건하고, 1983년 7월 준공하였다고 한다. 아울러 기념관 밖에는 '물망국치 진흥중화(勿忘國恥, 振興中華)' 라는 비석이 있어 중국인들의 분한 마음을 짐작해 볼 수 있었다.

다시 우리 일행은 흑하강 물에 몸을 담가 보고, 애훈해관구지(愛輝海

애훈 귀성각

애훈해관 터

關舊址, -1928)를 답사하였다. 지금은 폐허화 된 곳이었다. 다시 흑하로 돌아와 국제상사가 있는 곳으로 갔다. 그곳에는 러시아제 물건과 북한 물건 등을 판매하였다. 흑하에서 배를 타고 블라고베시첸스크 쪽을 바라보았다.

배 위에서 바라보는 블라고베시첸스크는 크고 평화로운 도시였다. 주민들은 강가로 나와 더위를 피하여 수영을 즐기고 있었고, 흑하 강에는 중국과 러시아의 관광선들이 다니고 있었다. 그리고 가운데로 러시아와 중국의 군함(경비선) 등이 가끔 오가고 있어 국경으로써 삼엄함이 엿보였다. 아울러 러시아 쪽 초병들이 전망대에서 우리를 지켜보고 있었다.

흑하에서 사변이 있었던 자유 시에 가 보고 싶었으나 뜻을 이룰 수 없었다. 자유 시의 제야 강에서 흑하로 내려오는 강물 쪽을 향하여 연신 카메라 샤터를 누를 수밖에 없었다.

저녁 8시 59분 하얼빈 행 기차를 타고 다음 날 아침 8시 15분 하얼빈에 도착하였다. 피곤한 여정이어서 기차에서 오랜만에 숙면을 취하였다.

북만주 독립운동기지 - 오길밀 · 하동 · 위하

한족자치연합회 본부 오길밀향

7월 10일 아침 하얼빈에서는 원성희(元聖熙, 전 해림시장) 선생이 우리를 반갑게 맞이해 주었다. 북만주 일정을 논의한 후 바로 한족자치연합회 본부가 있던 오길밀향(烏吉密鄕)으로 향하였다.

한국독립당은 북만주지역에서 조직된 민족 진영의 독립운동단체였다. 따라서 이 단체에서는 독립운동을 전개하는 외에 이 지역의 공산주

오길밀향 전경

신숙(위), 홍진(아래)

의 단체들에 대항하고자 하였다. 이러한 목적을 효과적으로 수행하기 위하여 1930년 7월 당의 결성과 함께 표면적인 기관을 조직할 것을 결의하였다. 그들은 "조선 민족의 생활 안정, 자치체의 완성을 기할 것"을 표면의 목적으로 하는 합법적인 단체를 만들 것을 결의하였던 것이다. 그 결과 1931년 2월에 주하현(珠河縣) 오길밀하에서 한족자치연합회라는 단체가 성립되었다. 그리고 주요 간부를 선임하였는데, 책임 간부 최송오(崔松悟), 군사부 백운봉(白雲峰), 이청천, 박관해(朴觀海), 실업겸 재무부 신숙(申肅), 교육부 신명선(申明善), 조직 겸 선전부 이청산(李靑山), 집행위원 홍진(洪震) 등이었다.

이 한족자치연합회는 자치활동을 하는 지방주민회의 연합체였다. 한국독립당의 결성에 주요한 세력의 하나로 참여하였던 동빈현주민회와 그밖에 주하현주민회와 이성현주민회 등도 여기에 가담하였다. 그러나 한족자치연합회는 단순히 자치활동만을 하는 단체는 아니었다. 이청천, 박관해 등을 중심으로 군사활동도 전개하고자 하였던 것이다. 그러므로 한족자치연합회에서는 군사부, 실업부, 재무부, 교육부, 조직부 등을 두어 군사 및 자치활동을 효과적으로 수행하고자 하였다.

수분하(綏芬河)로 향하는 고속도로 길목 좌측에 오길밀이 있었다. 현재 조선인 20~30호가 거주하고 있으며, 옛날에는 산골이었는데 최근에는 고속도로가 나 쉽게 접근할 수 있었다. 중동선(中東線) 근처에 자리 잡고 있는 이곳에서는 신민부의 기관지 〈신민보〉가 발행되기도 하였다.

하동농장

다음에 우리가 간 곳은 하동농장(河東農場)이었다. 하동농장은 한족자치연합회가 있던 곳으로 대평원의 수전(水田) 단지였다. 이곳을 배경으로 한국독립당이 운영, 영위되었던 것이다. 이곳은 현재에도 조선족향으로 조선인들이 다수 살고 있었다.

1938년 일본이 대륙침략을 위해 경상도, 전라도 사람들을 국내에서 강제 이주시켜 만든 농장으로서, 연변대 부총장이었던 정판룡 등이 이곳 출신이었다. 하동농장의 광활한 수전을 바라보니 당시를 짐작할 수 있었다.

정판룡은 그의 저서 《고향 떠나 50년》(민족출판사, 1997)에서 하동에 대하여 자세히 묘사하고 있다.

하동농장 전경

하동은 주하 역에서 근 20리 가량 떨어진 곳에 있었다. 주하는 현소재지이고, 또 빈수선이 통하는 교통요지라고는 하지만 퍽 어둡고 더러운 도시였다. 집들은 영구와 달라 검은 기와에 시퍼런 벽돌 아니면 '투피(굽지 않은 상태의 흙벽돌)'을 쌓아 지은 집들이여서 사람들에게 음침하고 무시무시한 감을 주었다.

마의강(螞蟻河)이라고 하는 큰 강이 주하거리 남쪽을 에돌아 흐르고 있었다. '마의'란 중국어로 개미라는 뜻인데, 왜 이 강 이름을 마의 강이라고 하는지 아무도 몰랐다. 마의 강은 목단 강 지구 장광재령이라는 산골에서 발원하여 주하, 연수 등지를 거쳐 방정 근처에서 송화 강과 합류된다. 하동에 가자면 꼭 마의 강을 건너야 했다. 기실 하동이란 이름도 바로 마의 강 동쪽이라는 데서 나왔다.

마의 강 동쪽으로 물줄기를 따라 100여 리 가량 기름진 평야가 펼쳐저 있었다. 20년 초에 로령 땅 연해주(지금의 쏘련 연해주)에서 살던 일부 조선 조선 농민들이 전란을 피하여 이곳에 와 기름진 이 평야를 개척하고 수전을 풀기 시작하였다고 한다. 그 뒤 산동성, 하북성에서 온 중국 농민들도 이곳에다 밭을 일구었다. 그러나 30년대 중엽부터는 일본만척회사에서 강제로 이곳 땅을 징수하고 수전을 위주로 하는 개척 농장을 만들었다. 이것이 곧 하동농장이다.

그리하여 원래 이곳에서 살던 중국 농민들은 수전농사를 할 줄 모른다고 주위 산골로 내쫓고 그 대신 조선에서 많은 이민들을 데려다가 마의 강의 풍부한 물을 이용하여 수전을 풀게 하였다.

이런 역사적 원인으로 하여 부근의 중국 농민들은 조선 농민들을 적대시하였으며 이따금 충돌도 생겼다.

만척에서는 이곳에 이주해 온 조선 농민들을 30~40호를 단위로 마을을 세우고 계를 묶었다. 우리가 하동에 이사갔을 때만 해도 이러한 계가 20여 개나 되었다. 마을 이름들도 순서에 따라 1계, 2계라고 불렀다. 서쪽 첫 마을을 1계라 하고 동쪽 끝 마을을 22계라고 하였다. 1계에서 22계까지의 거리는 수십 리가 되는데 중간 위치에 있는 11계에 촌공소와 만척의 파출기구인 홍농회가 있었다. 그러니 11계가 있는 곳이 하동촌의 중심지인 셈이다. 이곳의 유일한 교육기관인 하동소학교도 여기에 있었다.

하동 조선족중학교

40년도부터 계라는 이름을 그만두고 마을마다 제멋대로 이름을 달게 하고 촌 아래 툰, 툰 아래 폐를 두었지만 이곳 사람들은 오늘까지도 습관적으로 "몇 계에 살았다"고 해야 잘 이해한다.

한국독립당 결성지 위하현

해림으로 가는 길 옆에 일면파진(一面坡鎭)이 위치하고 있으며, 마을이 산의 한 비탈(면)에 집중적으로 배치되어 있었다. 그래서 이곳을 일면파라고 하였구나 생각되었다. 이어서 위하진(葦河鎭)으로 향하였다. 이곳 김광택(金光澤)의 집에서 1930년 7월 한국독립당이 결성되었다. 이때 참가한 인물로는 생육사의 홍진, 이청천, 황학수(黃學秀), 이장녕, 신숙, 한족총연합회의 정신(鄭信), 민무(閔武), 남대관(南大觀), 동빈현주민회(同賓縣住民會)의 최호(崔灝), 박관해(朴觀海) 등을 들 수 있다.

한편 한국독립당의 결성과 함께 당강(黨綱)도 채택하였다. 그 내용을 보면, 1)민본정치의 실현, 2)노본경제(勞本經濟)의 조직, 3)인본의 건설

위하현 마을

김창환(위), 황학수(아래)

등이었다. 주요 간부를 보면 고문 여준, 윤복영(尹復榮), 김창환, 김동삼, 위원장 홍진(洪震), 부위원장 이진산(李振山), 황학수, 이장녕(李章寧), 김규식(金奎植) 등이었다.

위하진은 수양버들이 유난히 많은 동네였다. 한국독립당이 조직된 김광택 집은 찾아볼 수 없었다. 평지와 산으로 되어 있는 마을이었으며, 연락 거점은 평야지대, 독립단 본부는 산 속에 있었을 것으로 추정되었다.

해림 산시일대 김좌진 장군 관련 항일 유적

김좌진과 석두하자

석두하자는 해림으로 가는 큰 길에서 2㎞ 정도 들어가는 곳에 있었다. 신민부 군정파(軍政派) 본부가 있었고, 신민부 지도자인 김혁(金赫) 등이 체포되었던 곳이므로 역사적으로 중요한 지점이었다.

김혁(위), 유정근(아래)

신민부는 1927년 12월 25일 석두하자에서 개최된 총회에서 군정파와 민정파로 양분되었다. 분열의 발단은 그해 2월에 일본 경찰과 중국군 1개 중대의 습격으로 중앙집행위원회의 위원장인 김혁과 경리부 위원장인 유정근(俞政根), 본부 직

석두하자 역사

원인 김윤희(金允熙), 박경순(朴敬淳), 한경춘(韓慶春), 남중희(南重熙), 이정화(李正和), 남극(南極) 등이 체포된 데서 시작되었다.

군사부위원장 겸 총사령관인 김좌진은 보다 적극적인 무장 투쟁을 주장한 반면에 민사부위원장 최호는 우선 교육과 산업을 발전시켜야 한다고 주장하였다. 이러한 의견의 마찰로 신민부는 김좌진을 중심으로 한 군정파와 최호를 중심으로 한 민정파로 각각 분열되어 나름대로의 조직을 갖고 각기 자신들의 조직이 신민부임을 주장하였던 것이다.

석두하자 역은 러시아식 역 청사였으며, 그 주변에는 아직도 러시아식 공공건물들이 많이 남아 있어 과거 중동선 시절에 러시아 인들이 영향이 컸음을 짐작해 볼 수 있었다. 우리는 원성희 해림시장의 안내로 신민부 본부가 있었으며, 1930년 김좌진 사망 시까지 김좌진의 동생인 김동진과 그의 모친이 살았던 러시아식 집을 방문하였다. 그 집에는 4집이 살게 되어 있었으며, 1905년경에 지었다고 한다. 이 집에서 현재까지 30년 가까이 동포 정정룡(鄭正龍, 1929년생)과 염 씨 아주머니가 살고 있었다. 집 주소는 흑룡강성 상지시 아포력(亞布力) 임업국(林業局) 석두하자 경영소(經營所)라고 하였다.

집이 생각보다 튼튼하고 좋아 보여 과연 이 집이 신민부 본부였던 건물이었을까 하는 의구심이 들었다.

현재 석두하자 열차 역은 패쇄되었으며, 화물차만 다니고 있었다. 중동 철도에서 직선 거리로 철길을 새로이 냈기 때문이라고 한다. 석두하자 뒤에는 깊은 산들이 이어졌고, 그 너머에는 과거 신민부 사관학교가 있던 고령자(高嶺子)가 있는데 산길을 통해 가면 가까이 갈 수 있다고 하였다.

신민부 사령부가 밀강에서 석두하자로 간 이유는 1926년부터 공산주의자들(화요회 파)이 영안에 들어와 힘들었기 때문이라고 하며, 신민부가

신민부 본부가 있었던 곳으로 알려진 건물

본부를 처음에는 영안현 황기둔(黃旗屯)에 두었다가 흑룡궁(黑龍宮)으로, 1927년 4월에 석두하자에서 유수로 옮기고, 유수에서 다시 산시로 옮겼다고 한다.

해림시 · 한중우의공원

김종진

7월 11일 아침 일찍 해림 역사를 찾았다. 이곳에는 새로이 신청사가 들어섰다. 구 해림 역사는 역전 파출소로 변하였는데, 이 역전 앞에서 김종진(金宗鎭)이 1931년 10월에 암살당하였다. 김종진(1901~1931)은 충남 홍성 사람이다. 1919년 3 · 1 운동이 일어나자 3월 7일 홍성의 시위 군중을 지휘하다 구속되어 수개월 동안 옥고를 겪고 동년 6월에 미성년자라 하여 석방되었다.

1920년 4월 만주로 망명하여 형인 김연진(金淵鎭)과 연락하던 중 국내로 무기를 반입하다가 홍경식(洪景植)이 체포되자 동년 가을 다시 북경으로 피신하였다. 북경에서 상해임시정부 법무총장 신규식(申圭植)을 찾아가 그의 소개로 운남성 군관학교 교도대에 입대하였으며, 1925년 9월에 4년간의 교육을 마치고 졸업하였다. 그 후 1927년 10월 북만으로 가서 족형(族兄)인 김좌진을 방문하였다.

1929년 7월에는 재만조선 무정부주의자연맹을 조직하고 그 대표가 되었으며, 김좌진의 위탁으로 신민부 개편 작업에 착수하였다. 동년 8월에는 재만한족총연합회를 결성하고 조직부위원장 겸 농무부 위원장에 취임하였다.

12월 10일에는 북만해림에서 이을규(李乙奎), 김야운(金野雲), 이강훈(李康勳) 등과 함께 민립중학기성회(民立中學期成會)를 조직하여 집행위원으로 활동하였다. 1930년 봄에는 북경에서 개최된 재중국조선무정부주의자대표회의에 북만대표로 참석하였다. 그의 활동에 위협을 느낀 공산주의자들이 1931년 7월 11일 중동선 해림 역

구 해림 역사와 새로 단장한 역사

에서 그를 납치 살해하였다.

다음에는 신민부 신창학교가 있었던 해림 시 조선족 실험소학교를 방문하였다. 이 학교에는 1927년 10월 현재 교장은 권중인(權重仁)이며, 학생은 60명이었다. 이 학교에서 재만조선무정부주의자연맹 및 한족총연합회가 조직되기도 하였다.

이을규(위)
이강훈(아래)

재만조선 무정부주의자연맹은 1929년 7월 김종진과 이을규 등에 의하여 조직된 무정부주의 이념을 표방한 단체였다. 이 단체는 사회적으로 평등한 모든 사람들이 상호부조적 자유 합작에 의하여 인간의 존엄과 개인의 자유를 완전히 보장하는 무지배의 사회, 능력에 따라 일하고 필요한 만큼 소비할 수 있는

해림시 조선족 실험소학교

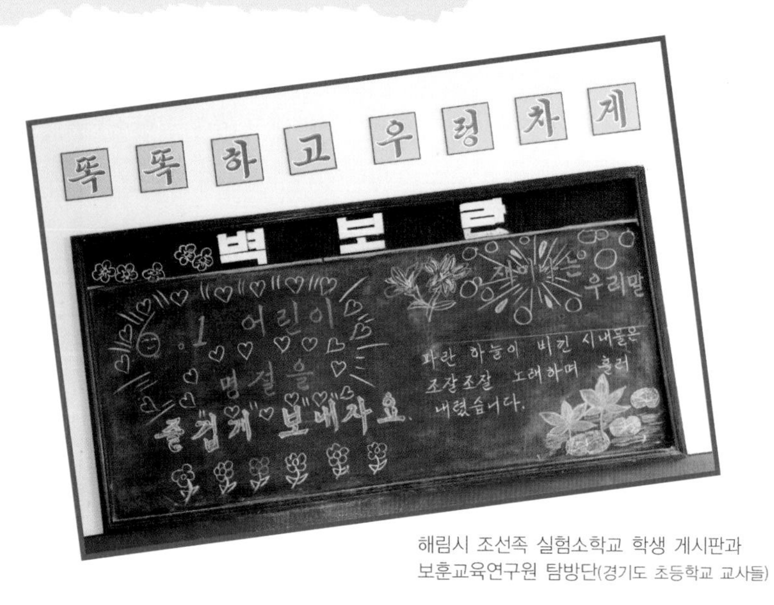

해림시 조선족 실험소학교 학생 게시판과
보훈교육연구원 탐방단(경기도 초등학교 교사들)

그러한 사회, 즉 무정부주의 사회의 구현을 추구하고 있다.

해림시로 들어가면 한중우의공원을 알려주는 이정표를 여러 곳에서 찾아볼 수 있다. 이곳은 2002년 6월 15일 김좌진 장군 기념사업회의 김을동 의원이 국가보훈처의 지원과 사비로 한중우의를 돈독히 하기 위해 2005년 10월 29일 완공한 것이다.

공원 안은 백야관, 문화관 등으로 구성되어 있다. 백야관에는 식당, 커피숍, 웨딩 드레스룸 등이 있어 공원의 유지 관리를 경제적으로 도와주고 있다. 문화관에서는 만주지역 항일 독립운동사를 통일적이고 민주적인 관점에서 전시한 내용들을 살펴볼 수 있다. 약 200평에 달하는 전시

한중우의공원 입구

관은 만주지역의 항일운동을 다룬 국내외에서 가장 큰 규모이다.

필자는 황민호, 조규태 교수 등과 함께 이 전시의 총 책임을 맡은바 있어 더욱 감회가 깊었다. 문화관 1층에는 숙박 시설, 강의실, 컴퓨터실 등 연수 시설이 이루어져 있어 국내에서 오는 학생과 교사들의 숙박과 독립운동 세미나들을 효율적으로 할 수 있게 해 주고 있다. 명실 공히 북만주의 대표적인 민족 교육기관이라고 할 수 있을 것 같다.

한중우의공원 기념관

항일 역사관

백야 문화관

한중우의공원 개원식

한중우의공원 기공식

慶祝白冶金佐鎭將軍舊址落成儀式

집

好好学习天天向上

백야 김좌진장군 옛자택 복원 기념공연

한중우의 전시관 제1관

신흥학우보(1914년)
新兴学友报(1914年)
이시영
李始榮
김창환
恭賀
新年
新興學友團
新興學校開學
경학사취지서
耕学社趣旨书

신민부의 조직과 활동
新民府的组建与活动

한족총연합회
韩族总联合会

한중우의 전시관 제4관

한국독립당과 한국독립군
1930년대 북만지역을 중심으로 홍진, 이청천 등을 중심으로 반만항일투쟁을
전개한 민족주의계열의 독립운동단체.
韩国独立党与韩国独立军
1930年代北满地区域作为舞台由洪震、青天等人为中心开展反满抗日斗争的
民族主义系统的独立运动团

국민부와 조선혁명당, 조선혁명군
남만지역을 중심으로 반만항일투쟁을 전개한 민족주의 계열의 독립운동단체.
国民府与朝鲜革命党、朝鲜革命军
南满地区为中心开展反满抗日斗争的民族主义系统的独立运动团

한중우의공원 김좌진 장군 특별관

광복회 원로지사에게 설명하는 필자(2007)

보훈교육연구원 답사 때 설명하는 필자(2007)

해림에서 산시로

해림에서 산시진 방향으로 30km 떨어진 곳에 대황구(大荒溝)가 있었다. 김좌진이 처음 수전을 개척한 곳으로, 현재는 옥수수 밭으로 변하였다. 무장 투쟁론자인 김좌진의 또 다른 모습을 보는 순간이었다. 현재 이곳의 행정구역은 동농촌(東農村) 부근이었다.

다음에는 김좌진의 묘소가 있던 곳을 답사하였다. 1930년 1월 김좌진이 사망 후 그의 시신을 집 뒷편에 임시로 두었다가 100일 만에 사회장을 거행하였는데, 당시 1,000여 명의 조문객이 방문하였다고 한다. 그 후 이 곳에 매장하여 김좌진 장군을 보필하던 팔노(八老)들이 보초를 세워 묘소

김좌진 장군이 처음 수전을 개척한 대황구

김좌진 장군의 묘가 있던 곳

를 보호하였으나 자경촌(현 신흥촌)으로 일본인 이민이 온 다는 소식이 있어 1934년 4월 21일 김좌진의 유해를 고향으로 반환하게 했다. 김좌진의 고향에서 본 부인인 오숙근 여사가 오고 산시에서 옛 전우와 부하들이 의논을 거친 후 유해는 1934년 부인 오숙근 여사가 박물장수로 가장해 모셔와 충남 홍성에 밀장했다가 1957년 부인이 타계하자 장군의 아들 김두한이 충남 보령 현재의 묘소에 합장하였다.

1945년 전후부터 묘가 있었던 곳에 현재 조선족들이 청명과 8월 등에 참배하고 있다고 한다. 묘소는 중동철로에서부터 약 700미터 떨어져 있었으며, 그 사이에 동산시가 위치하고 있었다. 원성희 씨는 이곳에 김좌진 및 북만지역에서 순국한 항일운동가들의 위령탑을 건설하고자 하였다.

산시

다음에 우리 일행은 산시로 향하여 산시 역과 마을을 보고 신민부 독립군 사령부와 한족총연합회 본부가 있던 곳을 가 보았다. 연병장이 있던 곳도 모두 집이 들어서 당시의 모습을 살펴볼 수 없었다. 이곳에는

산시 역

1927년부터 신민부 사령부가 있었으며, 1929년 8월부터는 한족총연합회 본부가 있었다고 한다. 주소는 임위가(林衛街) 19번지였다.

신민부 연락처 보광사(추정)

한족총연합회 본부가 있던 임위가 19번지 (추정)

김좌진 장군의 구지(舊址, 산시진 돈암촌)는 1999년 11월 김좌진 장군 기념사업회에서 설치한 곳이다. 이곳에는 김좌진 장군의 흉상과 더불어 팔노회의실, 사망 장소인 금성(金星)정미소, 김좌진 장군 거처 등이 설치되어 있었다. 김좌진 장군 거처에는 다음과 같은 설명이 붙어 있었다.

금성정미소 터(위)와
연자방아(아래)

〈김좌진 장군 자택〉

백야 김좌진 장군은 서기 1927년 7월 903명의 독립군과 1천여 명의 재향군인 및 가족들을 거느리고 이곳 산시에 이주한 후 서기 1928년 9월부터 이 자택에 살면서 홍진, 이청천, 황학수, 김종진 씨 등과 당시 형세와 대일 항일을 자주 논의하시면서 거주하셨던 곳이다.

서기 1930년 1월 24일 순국 전까지 이곳에 거주하셨다.

김좌진 장군 구거지 입구(위)와 그 안에 시설을 갖춘 장군의 거처(아래)

김좌진 장군 자택 옆에는 팔로회의실이라는 건물이 복원되어 있는데 이 건물에 대한 설명은 다음과 같다.

〈김좌진 장군 팔로회의실〉

금성정미소 설치를 뒤이어 1928년 10월 장군은 자택 서쪽에 '팔로회의실'을 세웠다. 신민부와 그 뒤를 이은 '한족연합회'에서는 백야 김좌진 장군을 보필해 오던 8명의 원로들이 계셨는 바, 그분들로는 정해식(鄭海植), 이동호(李東鎬), 이달문(李達文), 김기석(金基石), 이덕수(李德洙), 장사학(張師學), 김기철(金基哲), 장기덕(張基德) 씨였다. 이 회의실이 바로 그분들이 김좌진 장군을 모시고 자주 전략 전술을 의논하셨던 장소이다.

팔로회의실

금성정미소에서 특히 김좌진 장군의 암살이 있어서 마음이 저려왔다. 새로 복원한 금성정미소 앞에는 다음과 같은 설명이 붙어 있다.

> 백야 김좌진 장군은 부근 농민에게 편의제공과 '한족총연합회'의 자금난도 다소 해결하기 위한 목적으로 취지하에 자택 앞에 있는 동청철도의 창고를 빌려 이 정미소를 세웠다. 처음에는 연자방아를 사용하다가 서기 1928년 여름 하얼빈에 가서 봉천(심양)산 목탄 발동기 중고품을 구입했다. 서기 1930년 1월 24일 오전 9시경 이 정미소에서 박상실의 흉탄에 순국하시었다

금성정미소와 김좌진 장군 순국지

김좌진 장군 흉상

김좌진 장군의 암살과 관련하여 그의 후처인 나혜국(羅惠國)은 1932년 3월호 〈삼천리〉에 실린 '남편 김좌진의 초혼-미망인 나혜국 여사의 방문기' 라는 글에서 다음과 같이 당시 상황을 묘사하고 있다.

기　자 : 돌아가실 때에 그 광경을 목격하셨습니까?

나혜국 : 보지 못했어요. 아침에 송월산(宋月山氏, 친구) 씨와 함께 정미소(精米所, 우리가 경영하던)에 나가 보신다고 나가시더니 오후 2시나 되어서 그렇게 되었다는 말을 듣고 뛰어나갔더니 벌써 세상을 떠나셨드랍니다.

기　자 : 정미소와 댁의 거리가 멀었든가요?

나혜국 : 좀 멉니다. 그랬기 때문에 총소리도 못 들었습니다.

기　자 : 그래 그 현장에 사람이 송 씨밖에 없었나요?

나혜국 : 아니오. 사람은 많았습니다. 정미소에서 일하는 사람들도 있었고, 또 언제나 데리고 다니시는 보안대도 셋이나 있었어도 무기를 가지고 안

나갔기 때문에 대항도 못했지요. 그리고 총을 쏠 때 뒤에서 쏘았습니다. 왼쪽 등을 맞았는데, 탄환이 바른 쪽 가슴을 뚫고 나왔어요. 어찌나 강기(强氣) 있는 양반이었는지 총을 맞으시고도 몇 거름 뛰어가서 "누가 나를 쏘았느냐?"며 소리치시다가 그 자리에 쓰러지더랍니다.

구한말부터 1930년까지 국내, 만주, 노령 등에서 끊임없이 항일투쟁을 전개하였던 김좌진은 항일운동의 현장 흑룡강성 산시에서 1930년 1월 공산주의자 박상실에 의하여 암살당하였다.

그의 죽음에 대하여 여러 견해가 있다.[2] 그러나 분명한 것은 김좌진의 죽음이 이념의 장벽을 넘어 보다 객관적인 입장에서 조명되어야 한다는 것이다. 아마도 하얼빈 일본총영사관의 한족총연합회의 대종교적 민족주의 세력과 무정부주의 세력간의 분열 및 한족총연합회와 공산주의 세력간의 분열책으로 이루어진 것이 아닌가 추정된다. 이와 관련하여 우선 당시 김좌진 장군 장례위원회에서 1929년 음력 2월자로 낭독한 '고 김좌진 동지의 약력'에 따르면, 1929년 음력 12월 25일 오후 2시 중동선 산시 자택에서 고려공산당청년회 및 재중한총동맹원(在中韓總同盟員) 박상실(朴尙實, 金信俊)이 살해했다고 밝히고 있다.

아울러 재중국 조선무정부주의자연맹의 기관지 〈탈환(9호)〉에 실린 "산시사변의 진상"이란글에는 주모자는 지난번 북경에서 김천기(金天支)

2) 김좌진의 암살에 대한 대표적인 논고로서는 박창욱의 글을 들 수 있다. 박창욱, 《김좌진 장군의 신화를 깬다》, 〈역사비평〉 1994년 봄호. 그에 따르면 첫째 설은 김좌진이 사생활 문제로 정적에게 암살당하였다는 것, 둘째 설은 공산주의자들과의 모순으로 인해 암살당하였다는 것, 셋째 설은 일제에게 매수당한 자가 조선공산당 화요회 파에 잠입, 음모를 꾸며 암살하였다는 것, 넷째 설은 김좌진이 일제에 변절하였기 때문에 암살하였다는 등이다.

金佐鎭殺害眞犯은
「韓人青盟員」朴尙實로判明
王犯은脫走從犯金李逮捕
三十里를追擊
어떤놈이
총을노아?
一年八月六個月로
金李兩共犯을逮捕
忠南警察部員
突然히上京活動

新民府軍事委員長
金佐鎭被殺確實
中東線某處에서慘事
小兒時에兵書耽讀
門前에金將軍岩
애끗는父女別淚
取調하는四十五人中
十五六名送局될듯
四五人도再次引致

김좌진 장군 순국 관련 기사

와 함께 공산주의 간행물 〈혁명〉을 발행한 김봉환(金鳳煥, 일명 金一星)으로서 고려공산당 만주총국의 주요 간부라고 밝히고 있다. 그외에 이주홍(李周弘), 이철홍(李鐵洪), 김윤(金允) 등의 연루자가 있다고 밝히고 있다. 그리고 원래 그들의 계획은 김좌진을 암살해서 한족총연합회에 내분이 발생하였다고 선전하여 동회의 분열을 조장하고자 하였던 것이다. 그리하여 백치인 박상실을 매수 이용한 결과 김좌진을 암살하는 데 성공하였다. 이 사실은 공범 이주홍의 취조 결과 나타났다고 한다. 즉, 〈탈환〉에 따르면 김좌진을 암살한 행동대원은 박상실이지만 그 중심에는 김봉환과 이주홍 등의 사주가 있었다고 밝히고 있다.

그런데 김봉환은 하얼빈 일본영사관측과 연결되어 있는 인물로 알려져 있다. 즉, 일제는 북만주지역의 한인 독립운동 세력을 전멸시키기 위하여 화요회 파의 김봉환을 사주하였고, 김봉환은 박상실을 하수인으로 이용하였다고 볼 수 있다. 바로 일제는 화요회 파를 이용하여 김좌진을 암살함으로써 화요회 파와 한족총연합회 사이를 이간시키고 아울러 한족총연합회의 무정부주의자와 대종교적 민족주의자의 연결고리인 김좌진을 암살함으로써 양 파의 분열 또한 더욱 촉진시키는 이중효과를 올리고자 하였던 것이다.

즉, 일본 하얼빈 총영사관이 공산주의 세력과 한족총연합회 세력의 갈등을 조장하기 위한 계책에 화요회 파 공산당이 넘어간 것이 아닌가 추정된다.

그 결과 1930년 1월 김좌진이 암살당한 후 한족총연합회와 고려공산당과의 알력이 점차 노골화되어 쌍방 소위 암살대를 조직하여 파견하여 상호 적극적인 행동을 전개하였다. 한편으로는 중국 관헌을 이용하여 반대파의 체포에 노력하였으며, 혹은 격문을 배포하여 반대파의 죄악을 선전해서 자파의 세력을 유지 확장하고자 하였다. 특히 1930년 7월 5일 한족총연합회에서는 시세의 추이에 의해서 청년의 대부분이 공산주의 사상에 기울어지고 민족주의 세력의 기운이 점차 쇠퇴하자 국민부와 제휴하여 조선대독립당을 조직하기 위하여 1930년 5월 하순 산시에서 창립위원회를 개최하고 7월 5일 부로 조선대독립당주비회의 이름으로써 격문을 배포하기도 하였던 것이다.

김좌진은 1910년 국망 이후부터 1929년 한족총연합회를 조직하여 활동할 때까지 시종일관 무장 투쟁 노선을 견지하였다. 그의 무장 투쟁 노선은 시기에 따라, 지역에 따라, 자신이 처한 입장에 따라 현실화하는 변화 양상을 보여 주고 있다. 기본적으로는 독립군 양성, 무기 구입, 근거지 건설 등을 통하여 적절한 시기가 오면 무장 투쟁을 전개하려는 독립전쟁론을 추구하였다.

김좌진은 대종교적 민족주의와 대종교적 공화주의를 추구하였다. 그러나 1927년 신민부가 군정파와 민정파로 분열되면서 민심이 이반되자 무정부주의 이념을 적극적으로 모색하여 1929년에는 이를 수용 대종교적 무정부주의 사회를 건설하고자 하였다. 즉, 그는 민족성을 추구하면서 자유연합을 도모하였던 것이다.

김좌진 장군 순국지 참배

고령자 · 밀강촌 · 신안진

고령자로 향하였다. 1903년 중동철도공사가 끝나고 조선인들이 고령자참(高嶺子站)에 거주하고 있었는데, 김좌진이 이들을 현재 해림 시 종마장(種馬場)이 있는 곳으로 이주시키고 그곳을 고령자라고 하였다고 한다.

산시(山市)에서 15㎞ 정도 북방으로 이동하여 과거 신민부 독립군 사관학교가 있던 고령자 중촌(中村)에 도착하였다. 말없이 소들이 풀을 뜯고 있었으며, 현재 산시 고령자 우마종장(牛馬種場) 2대와 3대 사이에 위치하고 있었다. 전체 사방이 산으로 둘러쳐져 있어 요새지임을 직감할 수 있었다. 이곳에 있던 마을은 1945년 후에 없어졌다고 한다. 이곳 사관학교가 있던 고령자 중촌(中村)에는 100여 호, 상촌(上村)과 하촌(下村)에는 20호 미만이 있었다고 한다.

사관학교가 있던 고령자

고령자는 일명 고려촌이라고도 하며, 김좌진 장군이 이 일대의 수전을 처음으로 개척하였다고 한다. 현재에는 수전은 남아 있지 않고, 논둑 등만이 남아 있다. 산시 등에 살고 있는 한족들이 스스로 고령자에 설치할 표지석을 만들고 있다고 하니 감게 무량하였다. 최근 중국대사를 지낸 권병현 씨가 산시를 다녀가 동포들 및 한족들에게 큰 환영을 받았으며, 한 · 중 우호증진에 크게 기여하였다고 생각된다.

다음에는 신민부의 근거지인 밀강촌(密江村)으로 향하였다. 밀강촌 부근에는 고구려 토성이 남아 있다고 한다. 현재 200호 정도 살고 있는데 조선족이 95호이다. 한국에서 온 기업이 이곳에 위치하고 있으며, 조선 초가집들이 많이 보였다. 신민부 본부가 있던 이곳 밀강에는 당시에는 4개 촌락이 있었으며, 가장 큰 곳이 20호였다고 한다.

다음에는 신안조선족진(新安朝鮮族鎭)을 답사하였다. 신민부는 1925년 3월 창립된 이후 1926년 9월 영안에서 신안진으로 그 본부를 옮겼다. 신안진의 위치는 해림과 산시 두 지점의 중간이며, 신안진이 독립운동의 거점으로 발전하자 일제는 신안진에 각종 관공서와 경찰서를 설치하였다. 신안진 조선족진의 진정부는 현재 황지촌에 있다. 과거 북강촌

신민부 근거지가 있던 밀강촌

신안 마을

(北江村), 부흥촌(復興村), 영락촌 등으로 불리웠던 이곳은 넓은 신안벌을 배경으로 한 곳이다. 해랑강(海浪江) 남쪽에는 조선공산당이, 강북(江北)에는 독립군이 장악하고 있었다.

현재 마을 안에 있는 공소사(供銷社, 인민공사 시절 상품 유통처)에 길풍호(吉豊戶) 상점이 있었다고 하며, 이곳이 독립군의 연락 거점이었다고 한다. 신안촌 마을에서 산시로 돌아와 산시진 도남촌 차(車)서기집에서 저녁 식사를 하였다. 한국에서 특별히 손님이 왔다고 하여 여름철 건강에 좋다는 음식으로 대접을 받았다.

신안진 마을 독립군 연락소가 있던 곳(추정)

영안 대종교총본사 · 김소래 유적지

영안

7월 12일 아침 일찍 해림을 출발하여 영안으로 향하였다. 영안에서는 신민부가 조직되었기 때문이었다. 1924년 7월에 길림에서 개최된 전만주통일회의주비회(全滿洲統一會議籌備會)의 결과 남만주지역을 통괄하는 통일체인 정의부가 성립되었다. 이에 북만주지역의 독립운동단체들도 독립운동단체의 통합을 위하여 1925년 1월 목릉현(穆陵縣)에 모여 부여족통일회의(扶餘族統一會議)를 개최한 결과 동년 3월 10일에 영안현 영안성(寧安縣 寧安城) 내에 신민부를 조직하였던 것이다.

다음에는 영안 남관(南關)으로 향하였다. 대종교는 1922년 4월 대종

영안 입구

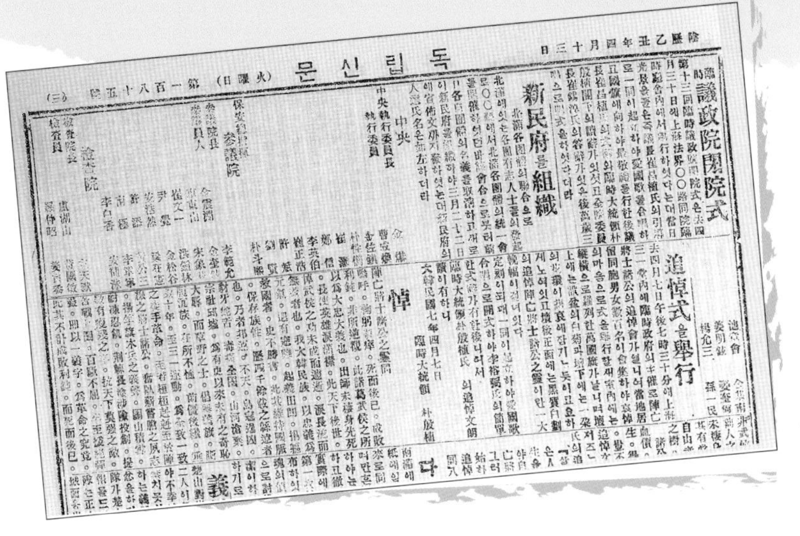

陰曆乙丑年四月十三日

독립신문

(火曜日) 第一百八十五號 (三)

臨時議政院閉院式

新民府를組織

北滿各團體의聯合으로

中央

保安總指揮

參議院

檢查院

追悼式을擧行

悼

신민부 조직 관련 기사가 실린 독립신문

교총본사를 영안현 남관으로 이전하여 각처에 시교당을 설치하였다. 교주인 김교헌(金敎獻)은 1922~1923년 동안 48개처의 시교당을 설립하고 포교활동에 전념하였다. 대표적인 것으로는 목단강에 단일시교당(丹一施敎堂), 밀산에 숙일시교당(肅一施敎堂), 철령하에 하일시교당(河一施敎堂), 해림에 장일시교당(帳一施敎堂) 등을 들 수 있다.

대종교 2대교주
김교헌

남관의 위치는 확인할 수 있었으나 정확한 본사자리는 확인할 수 없었다.

대종교총본사가 있던 영안 남단

영산촌

남관에서 우리 일행은 과거 소래 김중건(笑來 金中建)선생이 활동하던 팔도하자(八道河子, 현재 紅旗林場)로 향하였다. 이곳은 동경성(東京城)으로 가는 길에서 좌측으로 들어가 영산촌(英山村)을 지나 길림성과 흑룡강성의 경계 산악지대 입구에 위치하고 있었다.

우리 일행은 우선 영산촌의 노인정에 들러 김소래 유적지에 대하여 자문을 받았다. 그들은 영산촌은 1942년도에 설립되었으며, 집단 부락이었다고 알려주었다. 원래 이곳에는 조선인 30호가 살고 있었는데 만주사변 후 일본군들이 불태워 버렸다고 한다. 만주국 시절 마장(馬場, 말을 키우는 곳)이었던 이곳은 해방 후 항일운동가 박영산의 이름을 따서 영산촌이라고 하였다.

영산촌

《결전》(중국 조선민족발자취 총서 4, 민족출판사, 1991)에 실려 있는 석청송이 쓴 '영산촌(266~270)'에 다음과 같이 그 유래를 적고 있다.

> 영안현 석두향에는 영산촌이라는 마을이 있다. 원래 이 마을을 마장촌이라고 불렀다. 해방후 이 마을 주민들의 한결같은 요구에 따라 영안현 인민정부는 이 마을을 영산촌이라고 명명하였다. 이 마을을 영산촌이라고 명명한 것은 이 마을 일대에서 항일투쟁을 하던 박영산 열사를 영원히 기념하기 위해서였다.
> 박영산은 항일연군 제5군의 지하공작원이었다. 1939년부터 그는 경위원 2명(한족 조동무와 조선족 이동무)을 거느리고 영안현 경박호 일대에서 정찰활동을 하였다. 그는 당시 방신구촌에 살고 있는 이필이라는 농민의 집에 거처하면서 지하공작을 하였다. 그러다가 1941년 겨울 박영산은 소련으로 넘어갔다. 마침 이 시기에 일본제국주의는 항일연군과 인민대중과의 연계를 끊어 버리고 보다 많은 일본 이주민을 받아들여 저들의 통치를 강화하기 위하여 원래 항일연군과 관계가 밀접하던 당지 주민들을 다른 곳으로 강박 이주시켰다. 그리하여 경박일대의 방신구(지금의 경풍), 남호두, 만구, 학원 등지의 조선족 농민들은 마창(지금의 영산촌)으로 이주하지 않으면 안 되었다. 이필 동무도 그때 함께 이사를 하였다.
> 1942년 초 여름에 박영산은 다시 조직의 지시를 받고 경박일대에 돌아 왔다. 그는 조선족농민들이 일제의 강압에 의하여 마창으로 이주했다는 속식을 듣고 이필을 찾아 마창으로 왔다. (중략)
> 마창으로 온 박영산은 석두~와용구간 의 일본군 탱크부대의 군사시설을 탐지하여 사진을 찍고, 석두의 일본군 수비대, 헌병대, 와룡 경찰서와 백성들에 대한 일본군 만행 등 정보를 수집하여 보고하는 임무를 수행하였다. 그러던 중 1944년 7월 석두헌병대와 와룡경찰서에 체포되어 1945년 8월초까지 영안 감옥에 투옥되었다. 소련 군대와 동북항일연군이 일본관동군을 무찌르며 영안으로 들이 닥치자 일본인들은 도망치기 전날 감옥에서 박영산을 살해하였던 것이다.

김소래의 홍기림장

영산촌에서 홍기림장까지는 40여 리였다. 홍기림장은 1952~1953년에 생겼으며, 소래 선생이 사망한 후 홍기림장에 살던 그의 제자들은 모두 영안 등지로 이동하였다고 한다.

영산촌 거주 남청룡(南靑龍, 1928년생)의 안내를 받아 우리 일행은 홍기림장으로 향하였다. 비포장 도로를 따라 1시간 가까이 가니 홍기림장이 나왔다. 입구 근처에 동경성 임업국이라는 간판이 있는 곳으로 조금 가니 개울이 나오고, 개울을 건너 옥수수 밭을 지나니 산비탈이 나왔다. 이곳이 바로 소래 선생이 살던 집터였다.

소래 선생과 그의 제자들은 뒷산에 올라가 체조도 하고, 멀리 입구까지 보이는 산에 올라가 일본군이나 밀정이 오는가를 살폈다고 한다. 아울러 매일 뒷산에 올라가 돌을 하나씩 갖고 내려와 마당에 쌓아 두어 돌무덤이 있었다고 한다.

김소래 활동지

소래 김중건은 1914년 만주로 망명하여 20여 년간 원종(元宗)을 선포하고 종교를 통한 이상국가 건설과 독립운동을 전개하였다. 3 · 1운동 이후에는 특히 대진단(大震團)을 조직하여 활동하였다.

김중건

소래 선생은 1928년 원종의 근거지를 북간도에서 북만으로 옮기고, 노야령 북록 팔도하자에 황무지를 개척하여 어복촌(魚腹村)을 세웠다. 이 마을은 농사를 하면서 사상을 학습하는 주의촌(主義村)이었다. 소래의 '농촌주의 구체안'에 의하여 공작분유제도(公作分有制度)로 농사를 실시하였다. 농사를 포함한 모든 노동은 동대(動隊)를 편성하여 공동으로 수행하고, 분배는 배급카드 제도를 실시하였다. 공동체 안에는 청년단, 소년단, 장년단, 부녀단 등이 있어 함께 교육을 받고 군사훈련에 임했다. 1931년 만주사변이 일어났을 때, 소래는 한국독립군을 위해 군비와 물자를 공급할 수 있었다. 병력도 50여 명이나 파견하였던 것이다.

한국독립군 부대에 파견된 군대는 길림구국군 왕덕림(王德林) 부대와 손을 잡고 동녕현성(東寧縣城)전투에서 항일전을 전개하였다. 구국군이 일제에 밀려 중 · 소 국경으로 퇴각하자 소래 부대는 노흑산(老黑山)으로 철수하였다.

소래는 공산주의와 함께할 수 없다는 생각을 가지고 있었기 때문에 결국 살해되었고 어복촌은 불탔으며, 농우(儂友)들은 강제 해산되었다. 비타협적 민족주의 노선으로 독립운동 전선에서 일생을 보냈던 소래는 1933년 3월 24일 민생단원으로 지목되어 억울한 죽임을 당하였던 것이다.(서굉일, 〈소래 김중건과 항일민족운동〉, 《개혁의 이론과 독립운동》3, 순국선열 소래 김중건 선생 기념사업회, 2000, 86~87면)

대종교 유적과 한국독립군의 동경성전투

동경현성 역를 지나 발해진(渤海鎭)에 도착하여 점심 식사를 하고 발해 농장 사무소가 있던 곳으로 향하였다. 발해농장은 백산(白山) 안희제(安熙濟)가 설립한 한인 농장이다.

안희제는 부산에서 백산상회를 경영하며 독립운동을 전개한 대표적인 독립운동가이다. 그는 1933년에 동경성에 정착하여 발해농장을 경영하면서 대종교의 독립운동을 지원하였다. 그러나 백산은 1942년 일제의 대종교 말살정책인 임오교변(壬午敎變)으로 투옥되어 1943년 8월 3일 병보석으로 석방된 지 3시간 반만에 동경성 영제병원에서 서거하였다. 안희제의 거처이며, 발해농장 사무실이었던 자리가 지금도 절반 가

발해농장 사무소

대종교총본사가 있던 터

량 남아 있다.

다음에 영안시 조선족 사업촉진회 건물 골목에 위치하고 있는 상경로 동일가도 7호의 대종교총본사와 3·1학교 위치를 확인하였다. 대종교는 단군을 받드는 대표적인 항일 종교였다. 대종교총본사는 밀산현(密山縣) 당벽진(當壁鎭)에서 1934년 영안현 동경성으로 그 본사를 이전하였다. 총본사에서는 동경성을 중심으로 왕성한 포교활동과 더불어 3·1학원을 세우고 동포들의 민족의식 고취에 기여하였다. 그리고 1942년에는 대종학원을 포함한 천진전 건물을 발해궁전 옛터 앞에 지으려 하던 중 임오교변으로 그 뜻을 이루지 못하였다. 한편 3·1학교의 원장은 대종교 3세 교주 윤세복이 담당하였다. 이 학교는 그 후 일제의 요구로 명칭을 3·1학원에서 1936년에 대종학원으로 개칭하였다.

대종학원에는 초등부, 중등부, 여자야간부 등이 설치되어 있었다. 교과 내용에서는 정규 학교과정 외에 특별히 한국사와 대종교의 경전 과

동경성전투가 있던 발해성(추정)

목이 중시되었다. 대종학원은 일제의 탄압에 의해 초등부는 1941년 봄에, 중등부와 여자 야간부는 1942년 봄에 폐교되고 말았다.

다음에 천진전, 대종교 총본사 등을 설치하고자 했던 발해성 앞과 동경현성 전투가 있던 발해성을 답사하였다. 1933년 6월 7일 한 · 중 연합군은 3개 방향에서 동경성을 공격하였는데 당일 저녁 공격을 개시하여 3시간 가량 격전을 치른 끝에 서문 공격을 담당한 한국독립군이 먼저 성문을 격파하고 성 안에 진입할 수 있었다. 적은 전세가 불리함을 깨닫고 북문으로 도주하였으나 복병에 의해 거의 전멸되었으며, 만주국 여장(旅長) 마도재(馬道才)는 부하 수 명을 데리고 겨우 도망하였고, 나머지 대부분은 항복하였다.

일본군을 추도하기
위해 세운 충혼비

한 · 중 연합군은 동경성에 입성하여 주민을 위무하는 한편, 전장을 정리하였으며, 많은 전리품을 노획하였다. 특히 다량의 식량은 연합군의 활동에 커다란 도움이 되었다. 그러나 한 · 중 연합군은 영안현성을 점령하지 못할 경우 동경성을 계속 수비하기가 어렵고 후속 보급이 곤

발해성 터에 오른 학생들

란한데다가 적의 대부대가 역습을 감행해 올 것이 확실시됨으로 동경성에서 철수하여 왕청(汪清)과 동녕현(東寧縣) 사이의 산림지대로 이동하였다.

동경성전투가 전개되었던 발해성 앞에는 전투 시 사망한 일본군을 추도하기 위해서 만든 충혼탑이 있었으나 1950년대 중반경 주원래의 지시로 없앴다고 한다. 그러나 아직도 그 흔적이 남아 있어 당시의 전투를 기억하게 한다.

이어서 발해의 유물 석등이 있는 흥륭사(興隆寺)를 보고 그 안에 있는

간략한 발해 유물을 전시해 놓은 것들을 보았다. 흥륭사를 보고 난 후 우리 일행은 발해농장의 보(堡)가 있던 아보 수력발전소로 향하였다. 조그마한 발전소였다. 목단 강물로 보로 만들었는데 현재의 것은 예전의 것을 크게 확장한 것이라고 한다.

넓은 발해농장의 수전과 둑(보)를 보니 백산 안희제의 큰 뜻을 보는 듯하였다. 저녁에 목단강에 있는 평양식당에서 식사를 하였다. 북한 접대원들이 '반갑습니다'와 '우리의 소원은 통일'을 불러 주었다. 새삼 변화하는 남북관계를 느끼는 듯하였다.

발해진과 목단강

2003년 9월 20일 오전 8시 30분에 경박호호텔을 떠나 경박호 입구에 있는 폭포를 관람하고 발해진으로 향하였다. 발해진으로 가는 길에는 넓은 평원이 펼쳐져 있었다. 이런 대평원을 배경으로 발해가 단기간에 융성해졌을 것으로 생각되었다. 발해진에 도착하여 상경용천부로 향

경박호 입구

경박호 폭포와
아치형 교각

목단강으로 가는 길

하였다. 성벽 입구의 비석에는 '발해국 상경용천부유지' 라고 적혀 있었다. 발해의 성벽을 바라보는 감회는 남달랐다. 그러나 발해의 성벽은 예전에 본 것과 달리 시멘트로 돌 사이를 발라 보는 이의 마음을 아프게 하였다.

성벽 앞에는 성을 보호하기 위한 해자의 흔적이 역역하였다. 성 안으로 들어가니 이름 모를 꽃들이 만발하였다. 궁궐지에는 주춧돌들이 남아 역사를 회상케 하였다. 궁궐 뒤에도 새롭게 조성하는 궁궐터의 모습을 바라볼 수 있었다. 성벽 밖으로 나오니 과거 일본군 충혼비가 있던 곳에 그 돌을 사용하여 '발해국 상경용천부유지' 라고 써 있었다. 유지 앞 넓은 벌판에는 벼의 황금물결이 출렁이고 있었다. 잃어버린 역사, 발해의 유적들이 보다 효율적으로 관리되었으면 하는 마음 간절하였다.

발해진을 떠나 영안을 거쳐 목단강 시에 도착하였다. 시내는 무척 커 보였고, 비행장도 있었다. 김동수(중국 흑룡강성 당교위 교수)는 중국에서는 해방 후 목단강에 처음으로 비행대대를 만들었다는 점과 이 지역에 조선인들이 많이 살고 있다고 알려주었다.

목단강 다리를 지나니 '팔녀투강기념비'가 나타났다. 목단 강가에 있는 공원에 위치한 이 기념비는 그 규모가 대단하였다. 목단강에서 순국한 8여자는 1938년 주보중 장군이 이끄는 제2로군 소속이었다.

우수훈 강과 목단강이 교차하는 현재 지점으로부터 170km 떨어진 곳에서 8명의 여성이 일제의 공격을 받아 희생당하였다고 한다. 8명 가운데 2명은 조선인이며, 이름은 안순복, 이봉선이라고 한다. 안순복은 동북항일연군 제5군 1사 부녀단 소속이며, 피복창창장으로 일하였다.

목단강 시내 전경

이봉선은 동북항일연군 제5군 1사 부녀단 전사였다.

이들은 조선인임을 상징하기 위하여 조선식 치마를 입고 있었다. 이 8여인의 순국은 1948년에 영화로 제작되어 중국 전체 인민들에게 널리 알려지게 되었다고 한다. 1984년에 있었던 8녀투강비 준공식에는 주덕 사령관의 부인이 직접 참석하였다고 김동수는 자랑스러운 듯이 말하였다.

팔녀투강비 옛모습, 팔녀투강현장

팔녀투강비(정면)

팔녀투강비 조선족 여인들(후면)

발해 유적 입구(위) 발해 상경용천부유지(아래)

발해 강역도(위)와 발해 궁궐 복원도(아래)

발해 궁궐지

발해성 터 우물

발해 석등

발해 주춧돌

발해 궁궐 터 인근의 말들

액하감옥

7월 13일 해림을 떠나 목단강 시의 목단강 다리를 지나니 철령하(鐵嶺河)가 나왔다. 이곳에 과거 임오교변 시 윤세복 등 대종교 지도자들이 투옥되었던 액하감옥이 있었다. 1942년 일제는 태평양전쟁을 전개하기

대종교지도자들이 다수 순국한 액하감옥 터

위하여 식민지 내부의 항일 세력을 제거하고자 하였다. 그리하여 1942년 11월 19일 북만주와 국내에서 윤세복, 이정(李楨), 안희제 등 대종교 간부들을 검거하였다.

일제는 영안현 경무과에 특별 취조본부를 설치하고 고문과 악형을 행하였다. 제1차 심문 후에는 목단강성 경무과에서 2차로 3개월간 심문하였다. 조사 과정에서 고문과 악형 때문에 결국 21명 중 10명은 사망하고, 나머지 8명은 실형을 선고받았다. 사망자는 안희제, 강이구, 김서종(金書鍾), 나정연(羅正練), 나정문(羅正紋), 이정(李禎), 권상익(權相益), 오근태(吳根泰), 이재유(李在囿), 이창언(李昌彦) 등이다.

현재 액하감옥은 목단강 다리를 지나 1km 지점인 철령하 환성로(環城路)에 위치하고 있다. 액하감옥은 1960년대에 없어지고 군인 가족들이 사는 곳으로 변해 있었다.

그리고 이곳 액하는 대한국민의회 산하의 김하석(金夏錫) 등이 러시아 백위군인 호르바트군의 지원을 받아 편성된 한인 부대가 주둔했던 곳으로도 널리 알려져 있다. 대한국민의회 군무부장 김하석이 조선을 독립시켜 주겠다는 백위대 장군 호르바트의 약속에 호응하여 사관 양성과 군사 기술 습득이란 명분을 내세워 한인 장정들을 모집하여 600여 명의 한인들이 모였다. 그러나 1919년 중반 이 계획은 실패하고 모든 한인들은 흩어졌다.

마도석 · 마교하

밀산으로 가는 길에 우선 신민부 김혁의 근거지였던 마도석(磨刀石)을 지났다. 김혁(1875~1939)은 경기도 용인 사람으로 대한제국 육군정위로 근무하던 중 군대 해산을 맞게 되었으며, 3 · 1운동에 참가한 후 일경의

마도석 전경

눈을 피해 만주로 망명하였다. 1922년 8월 30일 통의부의 군사부감으로 선출되어 군사부장 양규열(梁圭烈), 사령장 김창환(金昌煥) 등과 함께 무장 투쟁에 적극적으로 참가하였다.

1921년 자유 시 참변을 겪은 후 1924년 초에 북만으로 돌아와 대한독립군정서를 조직하고 참모로 활동하였다. 1925년 김좌진과 함께 신민부를 조직하였다. 또한 신민부에서 군인의 질적 향상을 위하여 성동사관학교(城東士官學校)를 설립하자 교장으로 임명되어 활동하였다. 1927년 2월 중동선 석두하자에서 일경에게 체포되어 1929년 6월 신의주 지방법원에서 10년형을 선고받고 옥고를 치렀다. 정부에서는 그의 공훈을 기리기 위하여 1962년 건국훈장 국민장을 추서하였다.

큰 길에서 1km 떨어진 마도석에는 산 밑에 조선족들이 살고 있는 큰

마교하 전경

마을이 있었다.

목릉(穆陵) 팔면통(八面通)으로 꺽어지는 위치에 마교하(馬橋河)가 위치하고 있었다. 1922년 8월 김좌진과 이범윤은 북로군정서, 신민단 등 여러 세력을 결집하여 이곳에서 대한독립군단을 정비하였다. 대한독립군단은 1922년 말 목릉현 마교하에서 한인의 무장활동을 견제하는 중국 지방 관헌에게 무장 해제를 당하였으며, 그 후 주요 간부들이 영안현 영고탑(寧古塔)으로 모여 재기를 도모하였다.

대한독립군단의 주요 간부는 김좌진, 김규식, 박두희, 신희경(申希慶), 이범석(李範錫), 이범윤 등이었다. 마을 입구에 강이 흐르고, 다리가 있으며, 마교하에서 팔면통까지는 28km였다.

목릉 팔면통 · 밀산

독립운동가들의 집결지 팔면통

현재 목릉현 소재지인 팔면통은 교통이 편리한 곳이었으므로 옛날부터 중요 지점이였다. 특히 중동선 철도가 통과하는 지역이며, 러시아 군대의 영향력이 미치는 곳이다. 그러므로 일찍부터 한인독립운동가들이 이곳에 모여 활동하였다. 안중근 가족과 안정근(安定根), 안공근(安恭根) 형제, 이갑(李甲) 등이 대표적이다.

1909년 10월 26일 안중근이 이등박문을 포살하자 통감부에서는 즉시 진남포에 거주하고 있는 그의 동생 안정근과 안공근을 연행하여 진남포경찰서에서 취조하였다. 그러나 이들은 무혐의로 1달여만에 풀려났

팔면통 역사

다. 석방된 뒤 이들 형제는 1910년 3월 26일 안중근의 사형이 집행될 때까지 형의 옥바라지를 하였다.

이갑

귀국 후 안정근과 안공근은 1910년 봄 원산을 거쳐 연해주로 이주하였다. 의거 직전에 안중근의 가족들은 러시아로 이주하였는데 일제의 간섭으로 국내에서의 생활이 어려웠기 때문이었다. 이들은 러시아에서 일제의 추적을 피하여 안전한 거처를 마련하고자 노력하였으며, 결국 안청호의 도움으로 1911년 4월 목릉에 정착하게 되어 살게 되었다.

안중근의 가족과 형제들이 목릉에 살던 시절의 상황에 대하여 추정 이갑의 딸 이정희는 다음과 같이 묘사하고 있다.

> 물린은 그리 큰 도시가 아니었다. 높은 산이 하나 있고, 물린 강이 소리 없이 흐른다. 그 강에서 비교적 가까운 곳에 안정근 씨 댁이 있었다. 거기는 물린에서도 다소 외딴 곳이었다. 이갑은 안정근 집에서 1년, 새로 이사한 집에서 1년 동안 살았다. 이갑의 집에는 이강, 유동열, 이동휘, 이광수 등이 내방하였다. 이제 우리는 물린강에서 좀 더 떨어진 곳에 집을 한 채 얻어 이사하게 되었다. 안정근 씨 댁에서 불과 5분 거리 정도였다.
> 새로 이사한 집은 조용하였다. 통나무를 우물 정(井) 자로 올려 쌓고 지붕을 만들어 지은 집이었다. 이런 건물은 그 지방에서 흔히 볼 수 있는 건축 양식이었다. 집 안에는 뻬체카를 설치해서 따뜻하게 지낼 수 있었다.(이정희, 《아버님 추정 이갑》, 인물연구소, 1981, 216~217면)

목릉 팔면통은 1925년에는 신민부를 조직하기 위한 부여족 통일회의가 개최된 곳이기도 하다. 즉, 북만주지역의 독립운동 세력들은 1925년에 접어들면서 길림성(현재는 흑룡강성) 목릉현에서 부여족통일회의를

이갑 등이 살았던 곳으로 추정되는 마을

개최하고, 독립군단의 통합과 항일운동의 방략을 논의한 결과 동년 3월 15일 신민부를 조직하였다. 이 회의에는 김혁, 조성환(曺成煥), 정신(鄭信), 김좌진, 남성극(南成極), 최호, 박두희, 유현(劉賢) 등이 참여하였다.

우리 일행은 우선 팔면통 역으로 향하였다. 역에는 신 청사가 들어서 옛 모습을 살펴볼 수 없었다. 구 역(驛)은 화장실로 변하였으며, 그 근처에 옛날 러시아식 건물들이 그대로 남아 있어 과거의 모습을 읽어볼 수 있었다.

기차역에서 2㎞ 떨어진 지점에 강이 있고, 산 밑에 집들이 있었다. 이갑 선생이 살았다는 통나무집은 찾아볼 길이 없었다. 그리고 일제시대 목릉의 공안국 자리는 주인만 바뀐 채 지금도 공안국으로 이용되고 있었다.

독립운동의 근거지 밀산으로

우리 일행은 분지인 아담한 도시 팔면통을 뒤로하고 석탄의 산지인 계서(鷄西)를 지나 계동현(鷄東縣)에서 점심 식사를 하였다. 계동 조선족 중학교에 연변대 유병호 교수의 친구가 교장 선생으로 있었기 때문이었다. 그분은 50대 후반 정도 되어 보였다. 문화혁명 당시 학업에 종사할 수 없었으므로, 늦게 학교를 다녔기 때문이라고 하였다.

계동 조선족 학교는 학생수가 500~600명이며, 특히 계림(鷄林) 조선족향의 경우 한족이 1명도 살지 않는 조선인 마을이라고 한다. 조선족 식당에서 맛있게 식사를 하고, 밀산 당벽진으로 향하였다. 가는 길은 비포장이었다. 밀산시를 통과하면 길이 멀기 때문에 밀산 시를 못미처 당벽진으로 향하였다. 당벽진에 도착하니 군인들이 러시아에서 밀수되는 아편 등을 조사하였다.

당벽진 해관(海關)을 보고, 이어서 당벽진 옆에 있는 흥개호(興凱湖)를 바라볼 수 있었다. 물은 깨끗하지 않았으나 바다 같은 호수였다. 겨울에 이 호수를 건너 항일 독립운동가들이 당벽진으로 이동하였던 것이다.

홍개호

흥개호에서 조금 올라가니 당벽진이 나타났다. 이곳에서 1920년 10월 일본군의 간도 출병 이후 만주의 독립군들이 러시아로 이동하기 전에 독립운동단체를 통합하여 대한독립군단을 조직하였다. 대한독립군단의 총재에 서일(徐一), 부총재 홍범도(洪範圖)와 김좌진, 총사령 김규식, 참모총장 이장녕, 이청천 등이었다. 대한독립군단에 속하는 독립군은 3,500명으로써 3개 대대로 편성되었다.

이곳에 있던 조선인 마을은 1934년경 일본인들이 국경 수비 관계로 철수시키고, 개척단을 투입하였다고 한다. 현재에는 유원지로 이용되고 있었다.

당벽진에는 넓은 평원이 펼쳐져 있었다. 그리고 평원 뒤에는 산들이 있었다. 이 산들 어디에선가 북로군정서 총재인 서일이 자결하였던 것이다. 1921년 8월 26일 서일은 토비들의 불의의 습격으로 독립군 병사들이 다수 희생되는 사건이 있자, 이에 책임을 통감한 그는 동년 8월 27일 아침 마을 뒷산에서 자결하였다.

당벽진에는 한때 대종교 총본사가 있었다. 1928년 1월 영안현 해림참

당벽진 입구

백포자 마을

(海林站)에서 대종교 제6회 교의회가 소집되었다. 이때 포교 금지가 해제될 때까지 당분간 총본사를 밀산 당벽진으로 이동하여 교리, 내부 행정 등을 정비하는 시간을 가지려고 하였다. 그러나 현재 대종교총본사가 어디 위치하고 있었는지 그 위치를 비정할 수 없었다.

다음에는 백포자로 향하였다. 과거 대한독립군단이 있던 백포자는 백포자향 백포자 5대였다. 과거에는 이곳에 늪이 있었다고 한다. 백포자에서는 백포자 인민정부 북쪽에 봉밀산이 멀리 보였다. 바로 이곳 봉밀산에 무관학교가 있었던 것이다. 그리고 그 근처 한흥동(韓興洞)에 독립운동 기지가 있었던 것이다. 즉, 한흥동은 1909년 여름부터 항카호 북쪽

봉밀산

밀산 역

이승희

의 중국령 밀산부 봉밀산 일대에 한인들을 집단이주시켜 만든 마을이다. 특히 이승희(李承熙)는 봉밀산 아래 1,487,600여 m² (45만 평)의 토지를 사들여 한흥동 마을의 기초를 만들었다. 또한 한인자제 교육을 위해 한민학교를 설치하였다.

밀산을 거쳐 계서시에서 숙박하였다. 역전 근처에서 한국 식사를 하고 호텔을 잡는 데 애로가 많았다.

수분하 · 동녕현 삼차구

중국과 러시아의 국경 무역 도시 수분하

7월 14일 오전 8시 계서를 출발하여 러시아와의 국경지대인 수분하에 도착하였다. 도시 입구부터 러시아의 냄새가 무척 나는 듯하였다. 간판에는 중국어와 러시아어가 병기되어 있었다. 해관에 가 보니 러시아인들이 많이 있었으며, 상점 등에서도 러시아 제품 등을 주로 판매하였다. 수분하 해관, 역전 등을 살펴보고 다음 목적지인 동녕현 삼차구(三岔口)로 향하였다.

동녕현까지는 수분하에서 44㎞였으며 계속 산들이 이어졌다. 동녕현에 도착하니 산들이 끊어지고 평지가 이어졌다. 러시아쪽 역시 평지였다. 동녕현성에는 동녕하(東寧河)가 흐르고 있었다. 동녕현성에서 동녕

수분하 해관

삼차구 해관

현성 전투가 있었던 삼차구까지는 11km였으며, 도중에 논들이 펼쳐져 있었다.

삼차구는 1992 · 1993년도에 러시아로 많은 한인들이 장사하러 다니면서 번성하였다. 그러나 이곳은 버스로 러시아로 이동할 뿐만 아니라 짐도 많이 갖고 나가지 못하고, 심사도 엄격하여 해관의 기능이 많이 저하되었다고 한다. 그러므로 주로 수분하 해관이 이용되고 있다고 한다. 수분하는 기차로 러시아로 이동할 수 있으므로 짐을 많이 가지고 다닐 수 있기 때문이었다. 삼차구에는 과거에는 러시아식 집들이 많이 있었다고 하나 지금은 거의 보이지 않았다.

북만주 최초의 한인 마을 고안촌

2003년 9월 21일 7시 30경 아침 식사를 한 후 8시 30분경 중국과 러시아의 국경지대에 일본인이 파놓은 국경 요새로 향하였다. 동녕현 건강가를 출발하여 암관가를 지나 삼차구, 고안촌을 지나니 마을 앞에 흐르는 개울 앞으로 콘크리트 목침들이 보였다. 그 너머가 바로 러시아 땅이다. 고안촌은 북만주지역에서 한인들이 최초로 조성한 마을로 역사적으로 의미 깊은 곳이다. 마을 주변에는 황금물결이 출렁이고 있었다. 현재 이 마을은 순수한 조선인 마을로 한족은 없고, 조선인만 200호가 모여 산다고 이 마을에 살고 있는 이영한(1933년생)은 말하였다.

이 씨는 강 건너는 러시아의 복다쓰게 마을이라고 알려주었으며, 본인은 경상도 출신으로 요녕성 단동시 봉황성에 살다가 1954년에 이곳으로 이주하였다고 한다. 그는 고안촌에는 함경도 인이 대부분 거주자라고 하였다. 마을의 집들은 빨간 벽돌집으로 바둑판처럼 잘 정돈되어 있었다. 이를 통하여 이 마을은 만주사변 이후 일본군들이 의도적으로 재배치한 것임을 짐작해 볼 수 있었다. 마을 안으로 조금 들어가니 고안촌 판공실이 보였고, 이곳이 고안촌임을 증명해주고 있어 더욱 기쁜 마음이었다.

3·1운동이 전개된 고안촌

훈산 일본군 요새와 동녕현성 전투 지점을 찾아서

2003년 9월 21일 고안촌을 지나 산으로 올라가니 훈산 요새가 나타났다. 이 요새는 일본군이 소련의 공격에 대비하여 만든 군사근거지이다. 중소 국경지대에는 이런 요새들이 10여 곳 더 있다고 한다. 1930년대 일본과 소련의 군사적 대치 상황과 긴장감을 느낄 수 있었다. 주변에 있는 승홍산(勝洪山) 요새는 1934년 봄에 건축하여 1937년에 완공되었다고 한다. 면적 7만 7천m^2, 지하 6천m 정도이다.

훈산 요새는 현재 중국인들의 애국심을 고취시키기 위한 애국 및 국

한국독립군이 공격했던 동녕현성 동문의 모습

동녕현성전투가 있던 곳(좌)과 삼차구 마을(우)

방교육 기지로서 활용되고 있었다. 훈산 요새의 입구는 평지에서 100m 정도 올라가니 나타났다. 입구를 지나 갱도로 들어가니 군관침실, 지휘소 등 다양한 건축물이 나타났다. 지하 방카 안에는 사진 등 유물들이 전시되어 있었는데 그중 주목되는 것은 1940년대 김일성 주석과 중국군 채세영이 함께 찍은 사진이다.

우리 일행은 훈산 요새지를 뒤로 하고 동녕현성 전투가 전개되었던 삼차구로 향하였다. 전투에 대한 설명과 위치 비정과 관련하여 한국측과 중국, 북한측의 견해가 다르기 때문에 이 지점은 더욱 주목되었다.

한국측에서는 동녕현성전투에 대하여,

> 1933년 9월 한국독립군이 만주에서 승리를 쟁취한 마지막 전투가 있었던 곳이다.
> 동녕현성은 1930년대 초 왕덕림(王德林)이 이끄는 구 국군의 중요한 활동 중심지였으며, 1931년 만주사변 이전까지만 해도 한인 민족주의자들의 활동지역이

훈산 요새 입구

기도 하였다. 뿐만 아니라 소련과 인접한 곳이었으므로 정치 군사적인 측면에서 만주국이나 일제, 그리고 유격대 모두에게 요충지였다. 때문에 당시 동녕현성에는 일본군 및 만주군을 합쳐 약 2,000여 명의 병력과 함께 장갑차와 같은 현대화된 무기들도 집결해 있었다. 역설적으로 군수물자가 풍부하게 있던 동녕현성은 여러 정치 성향의 항일 무장부대로부터 주목을 받기에 충분한 곳이기도 하였다.

1931년 만주사변후 1933년 9월 6일 한국독립군 이청천은 오의성(吳義成)의 중국 구 국군과 연합하여 동녕현성을 공격하였다. 동녕은 일제의 중요한 군사적 거점이었다. 이 전투는 2일간 계속되었고, 일제에 큰 피해를 주었다. 그러나 한 · 중 연합부대의 손실도 컸다.

라고 하여 한국독립군이 만주에서 승리를 쟁취한 마지막 전투로 보고 있다. 이에 대하여 북측에서는《역사사전》에서는,

1933년 9월 김일성 주석의 총 지휘 밑에 항일유격대가 반일부대와 연합하여 동녕현성에 진격했다는 전투. 김일성 주석이 1933년 6월 위험을 무릅쓰고 반일부대사령부와 담판을 진행하여 중국 공산당 반일부대와의 공동전선을 성과적으로 실현한 후, 그것을 더욱 발전시키기 위하여 그들과의 연합작전의 공격 대상으로 동녕현성을 정하고 이를 공격하여 일본군 약 2백 명과 위만군 3백여 명을 살상하였고 수많은 군수품을 노획하였다고 한다.

또한 이 전투의 승리는 '김일성주석이 제시한 반제공동전선노선의 정당성과 생활력을 널리 시위하였으며 일제와의 투쟁에서 심히 동요하던 반일부대들을 고무추동하고 그들과의 공동전선을 공고 발전시켰고, 또한 이 전투를 통하여 전투에서 항상 주도권을 틀어쥐고 백전백승하는 김일성 주석의 탁월한 영군술을 보여주었으며 일제의 소위 (무적황군)의 신화를 깨뜨려 버리고 조·중 인민들에게 승리의 신심을 더욱 굳게 안겨주었다'고 하고 있다(《력사사전 I》, 1971, 538~540쪽).

라고 하여 김일성 주석의 업적을 높이 평가하고 있다.

우리는 동녕현성 전투가 있던 지점으로 향하였다. 김일성은 그의 회고록《세기와 더불어》(3)(조선로동당출판사, 1992, 199~200면)에서 당시의 전투 지점 등에 대하여 다음과 같이 묘사하고 있다.

동녕현성전투는 1933년 9월 6일 밤에 시작되어 9월 7일 낮에 끝났다. 우리가 항일전쟁을 하면서 한 전투를 이틀씩이나 끈 실례는 별로 없었다고 한다.

동녕현성을 치는 데서 우리가 력점을 찍은 주공 방향은 서문 밖의 룽선에 2층으로 축성되어 있는 서산포대였다. 이 포대에는 여러 정의 중기관총과 경기관총들이 배치되어 있었다. 포대와 일제 침략군 부대 본부 사이에는 깊은 교통호와 지하 비밀통로가 굴설되어 있어 필요하다면 예비대가 계속적으로 투입되어

공격을 견제할 수 있게 되어 있었다. 구 국군이 언제인가 동녕현성을 공격하다가 실패한 것도 이 서산 포대 때문이었다.

필자는 2000년 여름 답사에서 동녕현성 전투가 있었던 동녕현성 서문은 삼차구 입구 도로에 있었으며, 서포대는 그 바로 언덕에 있었다고 하였다. 이러한 주장은 2003년 국사편찬위원회와 중국 흑룡강성 사회과학원, 북측 학자들이 공동으로 참여한 답사에서도 그렇게 규정하였다.

그런데 2003년에 필자와 남북, 중국측 학자들이 참여한 가운데 이루어진 답사에서는 기존의 포대는 중소분쟁 당시 건설한 포대이며 일본군 포대가 아님이 밝혀졌다. 이번에 정확한 위치를 비정하기 위하여 중국의 김우종와 북측의 이철 등이 일요일임에도 불구하고 삼차구인민위원회, 당사 자료실 등의 간부들에게 자문을 구하여 밝혀냈다.

서포대

이에 따르면, 일본군이 진주해 있던 서문 포대는 1945년 소련군이 진군했을 때 1차로 폭파시켰다. 그러나 당시에는 벽이 일부가 남아 있었으며, 포대에는 기관총 사격 흔적이 남아 있었다고 한다. 1959년에 북측 조사단이 김우종과 함께 조사했을 때에도 벽의 일부가 있었다고 한다.

현장은 서문이 있던 곳에서 남방으로 100m 지점이며, 현재에는 옥수수밭 밑에 위치하고 있었다. 또한 현재에도 시멘트와 돌자국이 남아 있어 포대가 있었음을 반증해 주었다. 그러나 동녕현성 전투에 참여한 중국측 부대 인원, 김일성 등 유격대원 수, 이청천 등 한국독립군의 수, 일본군 수비대 수 등 전투에 대한 내용과 관련하여 나라마다 이견을 제시하였다.

앞으로 공동답사와 공동연구를 통하여 역사의 진실이 보다 밝혀지길 기대해 본다.

노흑산을 지나 연길로

고안촌 답사를 마치고 연길(延吉)로 향하였다. 우선 산길을 따라 노흑산에 도착하였다. 이곳은 우수리스크 등지를 통하여 동녕 → 노흑산 → 나자구(羅子溝)로 통하는 한인 무기 구입로였다. 이곳 노흑산은 깊은 산골에 있는 마을이었다.

노흑산을 지나 점차 산 길을 접어들어 왕청 나자구로 향하였다. 왕청까지는 153km였고, 중간에 72고개 산길이 있었다. 말이 72개 고갯길이지 비가 부슬부슬 내리는 날 이 고개를 지나는 것은 보통일이 아니었다. 나자구를 거쳐 동녕으로 향하는 사람들이 토비들의 습격을 많이 당하였다고 한다.

72고갯길을 지나니 넓은 평야가 전개되었다. 바로 나자구였다. 첫 번

노흑산으로 가는 길(좌), 노흑산을 지나 나자구로 가는 72 고갯길(우)

째 마을이 태평구(太平溝)였다. 이곳은 바로 이동휘(李東輝) 등이 나자구 무관학교를 설립하였던 뜻 깊은 마을이었다.

시간 관계로 먼발치에서 바라보고 나자구에서 저녁 식사를 하고 연길로 향하였다. 폭우가 내리고 번개, 천둥이 쳤다. 길가에 나무가 쓰러져 이를 치우며 연길로 향하였다. 어둠 속에 계속되는 산 속의 비포장길에서의 폭우는 바로 '사투' 그 자체였다. 새벽 1시경 간신히 연길 백산호텔에 도착할 수 있었다.

치치하얼에서의 학술회의

하얼빈 도착

2006년 10월 12일 12시 30분 인천국제공항을 출발, 2시간 정도 비행하여 현지 시간 1시 40분에 하얼빈 공항에 도착하였다. 공항에는 원인산, 양옥다 등 흑룡강성 사회과학원 연구원들이 마중 나와 우리 일행을 따뜻하게 맞이하여 주었다. 이번 하얼빈 행은 흑룡강성 사회과학원과 국사편찬위원회, 그리고 북측의 사회과학자협회 등이 해마다 공동으로 개최하는 학술회의의 연장선상에서 이루어지는 것이었다.

하얼빈의 모습은 필자가 3년전인 2003년 9월 학술회의 참여차 왔을 때와는 많은 변화가 있어 보였다. 우선 집들이 화려하고 현란해진 느낌을 받을 수 있었다. 아울러 색깔도 밝은 것들을 중심으로 칠해져 있어 하얼빈의 발전하는 모습을 느낄 수 있었다.

숙소인 우의빈관에서 평소 친분이 있었던 흑룡강성 사회과학원 전 주임 연구원인 김우종 선생과 역사학 연구소 소장인 장종해 선생 등을 만나 무척 반가웠다. 숙소를 나와 숭실대 황민호 교수와 함께 송화 강변을 거닐어 보았다. 송화 강은 몇 년 전에 비해 물이 많이 줄어든 상황이었다. 그리고 하얼빈 시 인민반홍승리기념탑(人民反洪勝利紀念塔) 주변에는 러시아 상점들이 다수 있었다. 아울러 러시아식 호텔인 글로리아가 자리잡고 있었으며, 그 옆에는 Parkson이라는 대형 백화점이 새로 들어서 있었다. 백화점 안을 들여다보니 크고 웅장하고 화려하며, 외국 상품들도 다수 진열되어 있어 발전하는 중국의 모습을 새삼 실감할 수 있었다.

저녁 5시 30분에 우의빈관에서 중국측 환영 만찬이 있었다. 북방의 밤이라 그런지 날씨는 영하의 기온이었고 벌써 주변은 암흑이었다. 흑룡강성 사회과학원장 전위(曲偉)와 당위서기 예서금의 환영사가 있었고, 우리측에서는 국사편찬위원회 유영렬 위원장의 답사가 있었다. 중국 음식은 해물 중심으로 나왔으며, 우리 학술단에 대하여 중국측은 각별히 융숭한 대접을 하여 주었다.

이번 학술회의에는 국사편찬위원회에서 유영렬 위원장을 비롯하여 이근택, 장득진 실장, 김광운 연구관, 양정필 연구사, 임천환, 배경석 선생님 등이, 학계에서는 유준기, 안병욱, 박찬승, 황민호 교수와 필자 등이, 교육인적자원부에서 박준 서기관이 참여하였다.

유준기 교수는 암투병중임에도 불구하고 참여하여 후학들에게 많은 가르침을 주었고 주변 사람들을 놀라게 하였다. 아울러 박준 서기관은 항일투쟁사와 더불어 역사 전반에 깊은 관심과 예정을 보여 주었다. 한국측, 중국측 학자들과 학담을 나누며, 하얼빈에서의 첫날밤을 보냈다.

치치하얼과 한인 의사 김필순, 그리고 아편

13일 오전 7시 40분 숙소인 우의빈관을 출발하여 치치하얼로 향하였다. 그곳은 하얼빈에서 북서쪽으로 약 290km 정도 떨어져 있으며, 4시간 정도 버스로 소요된다고 장동해 역사학연구소 소장은 알려주었다. 치치하얼은 과거 한인들의 독립운동기지이기도 하였고, 조선인들이 관동군으로 끌려가 소련군의 포로로 있던 곳이기도 하며, 또한 이주 한인들이 아편 장사 등을 하며 생활을 영위하기도 한 인연이 깊은 곳이라고 할 수 있다.

우선 치치하얼은 1910년대 후반 세브란스 1회 졸업생인 김필순이 병원을 설치하는 한편 독립운동 자금을 마련화기 위하여 농장을 설치한 곳으로 널리 알려져 있다. 그는 의사로서 독립운동에 참여한 인물로 특히 주목된다. 현재 남아 있는 안창호의 편지 속에 자주 등장하고 있으며, 그의 손녀 김윤옥(김필순의 장남인 김덕봉의 막내 딸)이 쓴 필사본 전기도 있다. 국가보훈처에서 발행한 《독립운공자공훈록》에 따르면, 김필순(金弼淳, 金弼順, 1878. 6. 25~1919. 9. 1)의 항일 경력은 다음과 같다.

> 황해도 장연(長淵) 사람이다. 만주에서 독립운동을 전개하였다.
>
> 1908년 세브란스 의학전문학교를 제1회로 졸업하였다. 재학중에 황성기독교청년회와 상동교회를 번갈아 왕래하면서 구국운동가로 활동하였다. 도산 안창호(安昌浩)와 결의형제를 맺고 1907년 신민회가 조직될 때, 그 회원이 되었다. 한편 1900년대 세브란스병원에 재직하면서 자신의 집을 독립운동가들의 협의 장소로 제공하였다.
>
> 1910년을 전후하여 해외에 독립운동 기지를 건설하고자 하는 움직임이 독립운동가들 사이에 활발히 전개되었다. 이에 따라 전국민은 무장 세력의 양성과 군비를 갖추면서 독립운동의 기회를 기다려야 한다는 전제 아래 독립운동 기지를 건설하게 되었다.
>
> 그리하여 김필순은 1911년 중국으로 망명하여 이동녕(李東寧) · 전병현(全秉鉉) 등과 함께 서간도 지역의 독립운동기지 개척에 힘썼다. 그후 치치하얼에 수십만 평의 토지를 매입하고 이곳에 100여 호의 한인들을 이주시켜 무관학교를 설립하고 독립운동의 후방 기지로 개척하고자 하였다. 그는 의료업을 하면서 독립운동에 종사하던 중, 1919년 9월 1일 일본인 조수가 주는 우유를 먹고 순국하였다.
>
> 정부에서는 고인의 공훈을 기리어 1997년에 건국훈장 애족장을 추서하였다.

김필순에 대하여는 연세대 의대 박형우 교수가 쓴 《대의 김필순》(〈醫史學〉13호, 1998)에 자세히 서술되어 있다. 치치하얼을 답사하며 김필순의 집이 있던 치치하얼 북관악 가호동 3호를 찾아보고 싶었으나 시간상 여의치 못하였다.

또한 치치하얼은 만주사변 이후 한인들의 아편 문제와 밀접한 관련을 맺고 있는 지역이기도 하다. 부산외대 박강 교수는 그의 논문 《만주국의 아편마약 밀매대책과 재만 한인》(한중인문학연구 19집(2006.12)에서 다음과 같이 언급하고 있다.

> 치치하얼 한인의 경우도 만주사변 직후 경제적 어려움이 가중되면서 대다수가 아편 등 부정업에 종사하게 되었다. 일본군이 이 지역에 입성한 후 한인의 궁핍한 상황을 감안하여 단속을 관대히 하는 경향이 있자 한인 부정업자들이 속속 이 지역에 모여들어 공공연히 연관을 개설하였으며 그에 따라 그 수가 종전에 비해 두드러지게 증가하였다.
>
> 이로써 만주사변 직후 이 지역 거주 한인 451명, 120호 가운데 자택 내 연관 개설자는 무려 100호에 달해 거의 대다수를 차지하였다. 게다가 남은 12호는 아편 밀매에 종사하고 있었다.[3]
>
> 아편 전매제도가 실시되면서 이 지역에서도 한인을 포함한 아편 소매인이 지정되었는데 이 지역의 소매인으로 지정된 10명 가운데 귀화 한인은 불과 3명에 불과하였다. 120명으로 조직된 조합을 운영해 한인의 생활을 지탱하기는 어려운 상황이었다.

---

3) 「昭和7年1月3日 在哈爾賓大橋總領事로부터 犬養外務大臣앞 電報」, 『滿洲國の部』, S42501-107.

이기백 교수와 치치하얼 : 최초의 한국사 개설서 작성

치치하얼은 학처럼 한평생을 학자로서 살다 가신 은사 이기백 선생님께서 1945년 8월 해방 이후 일본군으로서 소련군의 포로로 생활하셨던 곳이기도 하여 더욱 감회가 남다른 곳이었다. 이기백 교수는 한국사 시민강좌 제4집(1989)에 실은 연구생활의 회고 《학문적 고투의 연속》에서 당시를 다음과 같이 회고하고 있다.

> 군대에 끌려간 것이 1945년 6월 20일이었는데, 8월 15일에 해방이 되었으니 군대생활은 2개월도 못한 셈이다. 그러나 해방된 뒤 5개월 동안 소련군의 포로수용소에서 포로생활을 하다가 다음 해인 1946년 1월 20일에야 압록강을 건너서 집으로 돌아왔다. 그러니까 입대해서 귀향한 날까지가 꼭 7개월이었던 셈이다.

이기백 교수는 《한국사학사학보》 1집(2000)에 실린 '나의 한국사연구'에서 치치하얼에서의 포로생활 중 일생에서 처음으로 한국사개설을 집필하였음을 밝히고 있다. 따라서 치치하얼은 이기백 교수의 사학사에 있어서 중요한 한 부분을 차지하고 있다고 볼 수 있다.

이기백 교수는 징병 1기로서 해방 직전에 군대에 끌려가서 만주에 있다가 전쟁이 끝난 뒤에 소련군의 포로로 포로수용소에 있었다. 당시의 상황을 이기백 교수는 다음과 같이 회고하고 있다.

> 조그만 포로수용소에 있다가 치치하루의 큰 곳으로 가서 계속 있었는데 포로수용소의 한 울타리 안에 한국, 중국, 몽고, 일본 이렇게 네 민족이 민족별로 집단적으로 있었습니다. 일본 포로들은 의기소침해서 세수도 안하니까 얼굴도 시커멓고 옷에는 때가 묻고, 그렇게 있었습니다. 제일 원기 왕성한 포로들은

저희들이었어요. 그중에 간도 출신의 두 청년이 있었는데 이 두 친구가 어찌 활동적이던지, 이제 우리가 고향에 돌아가게 되면 해방된 독립국가의 국민이 되는데, 독립국가의 국민으로 활동하려면 뭔가 사전에 지식이 있어야 되지 않겠는가 하면서 교양강좌를 했어요. 그 친구들이 주동이 되어 교양강좌를 하면서 제가 역사 공부를 했다는 걸 아니까 저더러 한국사 강의를 하라는 겁니다. 요새 이렇게 나와 이야기하지만 당시 저는 사람들 앞에 나서서 얘기할 용기가 없었습니다. 나 못한다고 했더니 그러면 글로 써라, 글로 쓰면 자기네가 대신할 테니까 쓰라고 그래요. 그래서 쓴 게 우리나라 역사개설입니다. 그 역사개설은 머릿속에 있는 신채호 선생과 함석헌 선생 두 분의 글을 정리한 것이었는데, 글쎄 길이가 어느 정도 됐을까요? 200자 원고지 100장 가량 되었을 것으로 생각되는데 제가 쓴 최초의 개설서입니다.

그 친구들이 그것으로 강의를 했습니다. 한 친구는 기독교 교회의 청년부에서 활동하던 분이에요. 또 한 친구는 확실하게 얘기는 안 하지만 조금 좌경이었습니다. 그렇게 봤습니다. 그 두 친구는 제가 쓴 걸 보더니 우리나라 역사를 이렇게 조리있게 정리한 것을 지금까지 본 적이 없다고 하더군요. 그게 당연할 수밖에 없었던 것이 신채호 선생이나 함석헌 선생의 논리가 아주 정연했고, 또 그대로 따라 쓴 것이니까 흐트러짐이 없었지요. 그런 일이 있었습니다. 그걸 가지고 오고 싶었습니다. 그런데 이 친구들이 너는 집에 가면 책이 있으니까 더 공부할 수 있고, 더 자세히 쓸 수 있으니까 그걸 자기들에게 달라고 해서 잃고 말았습니다.

필자는 1998년도 이기백 선생님의 글을 읽고 치치하얼에서의 포로생활에 대하여 문의한 적이 있었다. 무엇보다도 만주와 러시아에 관심을 기울이고 있던 필자에게 은사께서 치치하얼에 계셨다는 것은 반갑고도 놀라운 일이었기 때문이었다.

당시 시간이 제한되어 있어 좀 더 많은 이야기를 나누지 못한 것이 못내 아쉽다. 특히 학의 고향이라고 알려진 치치하얼에서 선생님도 바라보았을 창공을 나는 학들을 바라보며 선생님에 대한 추모와 더불어 학자로서의 길을 거듭 되돌아보게 되었다. "학자는 모두 동지"라고 말씀하신 선생님의 말씀이 귀에 쟁쟁하다.

치치하얼 답사 : 두루미의 낙원, 박물관

치치하얼로 가는 도중 중국의 대표적인 석유 생산기지인 대경유전까지는 시멘트 포장길이었으나 대경에서 치치하얼까지는 아스팔트로 잘 포장되어 있었다. 가는 길에는 넓은 평원에 갈대들과 자작나무와 가끔 양들이 보일 뿐이었다.

치치하얼 시에 대한 소개를 브리테니커백과사전에서 찾아보면 다음과 같다.

齊齊哈爾 : 중국 헤이룽장 성[黑龍江省] 서부에 있는 도시.

지구급(地區級) 시로 넌장[嫩江] 지구의 행정중심지이다. 둥베이[東北] 평원의 일부인 비옥한 넌장 강 중류 평원에 있다. 이 지역은 본래 유목민인 퉁구스 족과 다구르 족 목축민이 살던 곳이다. 그들은 이곳을 부쿠이[卜奎]라고 불렀는데 이는 다구르어로 '변경'이라는 뜻이다. 중국인이 이 지역에 정착한 시기는 몽골족 통치하인 1333년이라고 전해진다. 그러나 이곳은 17세기까지만 해도 작은 마을에 지나지 않았다. 당시 헤이룽장 지역은 이미 중요해져 있었다. 이는 러시아가 태평양으로 진출하려고 했을 뿐만 아니라 헤이룽장 강 유역을 둘러싸고 러시아와 중국 사이에 이해관계가 증대하고 있었기 때문이다. 뒤에 몽골족과 만주족 사이에 발생한 전쟁으로 인해 그 중요성은 더욱 커졌다.

치치하얼은 주민 수가 여전히 적었지만 수비대의 주요 주둔지이자 헤이룽장 성의 교통 중심지가 되었다. 1684년 현재 위치에서 북동쪽으로 20㎞ 정도 떨어진 곳에 헤이룽장 군(軍) 정부가 세워졌으나 1699년 지금의 치치하얼 마을로 옮겨졌다. 그후 군수 창고 · 막사 · 병기고가 모두 이 마을에 들어섰으며, 중국인과 만주족을 막론하고 유죄 판결을 받은 수많은 죄수들이 이 지역으로 추방되었다.
이 관례는 1865년까지 계속되었다. 헤이룽장 군 정부는 죄수들 중 일부를 국영농장의 노역에 동원했다. 그들 중에는 숙련 노동자와 기술자도 상당수 포함되어 있었기 때문에 결과적으로 이 지역의 개발에 크게 기여한 셈이 되었다.

19세기에 치치하얼은 도박과 문란한 성(性) 풍조로 유명한 변경 마을이었다. 그럼에도 불구하고 중국의 영향을 집중적으로 받았다. 1744년 만주족 수비병들을 위한 학교가 세워졌으며, 1796년에는 중국인들을 위한 학교가 문을 열었다. 중국인의 정착을 금지한 봉금령(封禁令)이 내렸음에도 아랑곳없이 많은 중국인들이 이주해 왔으며, 얼마 되지 않아 이들 중국인의 수효가 만주족을 압도했다. 그결과 18세기말에 이르러서는 거의 모든 도시 주민들이 중국어를 사용하게 되었다. 1860년대에 중국 정부는 헤이룽장 강 북쪽 영토를 러시아에 할양한 후 이 지역을 중국인 이주민들에게 점차 더 많이 개방했다. 1896년 이주 사무국을 설치하여 새로 이주해 온 주민들을 관리했으며, 자위 능력을 갖춘 시민병들을 조직하고자 했다.
당시 치치하얼은 상당히 큰 도시로 성장했으며 19세기말에는 몇 개의 공장이 들어섰다. 1903년 중국 동부철도가 완성되면서 이 도시는 교통 중심지가 되었다. 1908년 지린 성[吉林省] 창춘[長春]까지 철로가 건설되었으며, 1920년대말과 1930년대에는 철로가 사방으로 뻗어나가 헤이룽장 북부지역까지 연장되었다. 1932년까지 이 도시에는 수공업이 상당히 집중적으로 발달해 있었다. 1931(또는 1932)~45년에는 일본이 이 지역을 점령했다. 이당시 치치하얼은 주요 군사기지가 되었으며, 경제적으로도 매우 중요해졌다. 이 시기에 치치하얼로 이주해 온 사람들은 중국인보다 오히려 일본인이 많았다. 제2차 세계대전이 끝날 무렵 일본인 거주민들이 대부분 본국으로 귀환한 후에도 치치하얼은 여전히 대도시였다. 중기, 철도 장비, 철도 차량, 공작기계, 디젤 기관, 크레인 및 그밖의 제품을 생산하는 엔지니어링 산업의 발달로 인해 거대하고 중요한 공업도시가 되었다. 다싱안링 산맥[大興安嶺山脈]에서 나는 목재를 이용하는 대규모 목공소와 제재소도 있다. 1954년에 세워진 대형 제지공장에서는 신문용지가 생산된다. 식품가공도 중요한 산업으로, 분유와 그밖의 유제품(년장 강 평원은 낙농지구임)이 생산된다. 이 지역에서 생산되는 사탕무를 이용해 설탕 정제도 이루어지고 있다. 인구 1,040,500(1989).

현재 치치하얼은 흑룡강성의 제2의 도시로서, 교통 및 중공업 지대로 널리 알려져 있다. 35개 민족이 어우러져 살고 있으며, 인구는 560여만 명이다. 녹색 식품의 고향으로 널리 알려져 있으며, 한국의 고양시와 자매결연을 맺고 있다 한다.

치치하얼은 넓은 도로들이 인상적이었다. 우리 일행은 용사공원 옆에 있는 호빈반점에 투숙하였다. 이 호텔에서 3일 동안 머물며 학술회의 및 답사를 진행할 예정이다. 기온은 영하 4~5도 정도 되어 추위에 떨어야 했다.

점심 식사 후 치치하얼의 상징인 두루미(학)를 견학하기 위하여 찰룽자연보호구로 향하였다. 이곳은 시의 남동쪽 30km에 위치하고 있었다. 학이 가장 많이 모이는 시기는 5월말부터 6월 중순 사이인데 먹이를 찾는 모습은 일년 내내 볼 수 있다. 홍콩의 2배나 되는 습지에 살고 있는 두루미들을 보며, 대륙의 광활함을 느껴볼 수 있었다.

이어서 우리 일행은 치치하얼 박물관으로 향하여 이 지역의 현대사와 고대 문화를 살펴볼 수 있었다. 항일투쟁 부분에는 동북항일연군 제2로군 참모장 최용권, 동북항일연군 제3로군 참모장 허형식 등 한국출신 인물들도 전시되어 있어 보는 이의 마음을 훈훈하게 하였다. 다만 허

형식을 '허녕(許寧)' 으로 잘못 기술하고 있어 이에 대하여 시정하여 줄 것을 요청하였다

항일역사문제 제6차 국제학술연토회

10월 14일 오전 9시부터 호빈반점 3층 회의실에서 '항일역사문제 제6차 국제학술연토회' 가 개최되었다. 이 회의는 한국의 국사편찬위원회와 중국 흑룡강성 사회과학원이 공동으로 개최하는 것이었다. 본 학술회의에는 북측도 참여 예정이었으나 북측의 핵실험 등으로 인하여 참석하지 못해 아쉬움을 더하였다.

학술회의에서 발표된 주요 논문은 다음과 같다.

▶ **황민호**(숭실대), 만주지역 친일언론 〈재만조선인통신〉의 발행과 사상 통제의 경향
▶ **양정필**(국사편찬위원회), 한말 일제의 개성지방 산업 침탈과 삼포민의 대응
▶ **박환**(수원대). 러시아 연해주 지역 한인독립운동 연구동향과 과제
▶ **심배림**(흑룡강성 사회과학원 연구원), 중국 동북지방에서의 조선(한국)애국자들의 항일투쟁의 기본적 특점에 대한 초보적 탐구
▶ **원인산**(흑룡강성 사회과학원 전 연구원), 동북항일전쟁의 력사적 의의
▶ **왕희량**(흑룡강성 사회과학원 역사연구소), 황국사관의 재생으로부터 정치군사대국으로 나가기까지-동시에 일본 정치우경화의 궤도에 대해 평함

오전에는 한국측에서 황민호 교수, 중국측에서 왕희량 교수의 발표가 있었다. 황교수는 만주지역의 친일 언론지인 〈재만조선인통신〉의 발행과 사상 통제에 대하여 발표하여 주변 학자들로부터 많은 주목을 받았다. 황민호 교수가 새로이 국립중앙도서관에서 발굴한 이 자료는

1936년 4월에 흥아협회가 창립되면서 간행되었던 친일 간행물이다. 이 간행물의 주요 논객으로는 서범석, 최남선, 최린, 간도협조회의 김동한, 간도성장인 이범익, 봉천 일본 총영사관 부영사 최탁 등을 들 수 있다.

이중 서범석(徐範錫, 1902. 10. 19~1986. 4. 2)은 서울 출생으로 양정고등보통학교 졸업하였다. 1919년 3·1운동에 참가한 후 1921년 중국으로 건너가, 북경 중국대학 정경과를 수료했다. 1924~1931년 〈조선일보〉 〈시대일보〉 〈동아일보〉 등 언론계에서 기자로 활동하는 한편, 만주 펑톈[奉天]에 광동학교(光東學校)를 창설하였다.

발표하는 필자

광복 후에는 정계에 진출, 1950년 2대 민의원으로 시작, 4·5·6·7·8대에 당선, 6선의원이 되었다. 2대는 무소속으로, 4·5대는 민주당 소속으로 당선, 1959년 민주당 상임위원회 부의장, 1960년 민주당 구 파 동지회에 가입, 국회내무위원장을 맡았으나, 그해 신·구파간의 파쟁으로 구파가 따로 신민당을 창당하자, 이때 전당대회 부의장이 되었다. 6대는 5·16군사정변 후 새로 창당된 민정당 소속으로 당선되었으나, 1965년 민주당·민정당 통합으로 창당된 민중당 소속이 되고, 원내총무와 지도위원을 역임했다.

7·8대는 1967년 신한당과 민중당의 통합으로 탄생된 신민당 소속으로 당선되었으며, 1969~1973년 지도위원을 끝으로 정계에서 은퇴하였다. 1950~1960년대의 정치적 어려움 속에서도 끝까지 야당의 자리를 지키면서 원로 정치인으로서 활약하였다고 한국에서 간행된 사전에서는 설명하고 있다.

이범익(李範益, 1883~?)은 부친은 이원하(李瑗夏)이고, 처는 홍승오(洪承五)의 딸 홍순자(洪順子)이다. 충북 단양 출신으로 어려서 한학을 수학하고, 1903년 외국어 학교 일어 보통과를 졸업하고, 외국어 학교의 교관, 일본 육군성 육군 통역, 보광학교 교사, 경성박람회 고문과 심사관 등을 거쳐 농공상 서기관이 되었다. 이때 농상공부 대신인 매국노 송병준의 비서관이 되어 함께 일본을 방문하기도 하였다. 그 후 춘천·김해·예천·달성·칠곡 등의 군수를 지냈다. 1923 년에 일제 조선총독부 사무관을 거쳐 황해도 내무부장과 경상남도 참사관, 강원현의 현장, 충청남도 도지사 등을 역임했다.

1932년 11월부터 한국 국민을 노예로 만들기 위해 전개한 자력갱생운동인 정신작흥운동(精神作興運動)에 강원도 도지사가 되어 이 운동에 적극적으로 협조하여 황국신민화정책에 박차를 가했다. 1935년에 중추원 참의원과 동양척식회사의 감사직을 거쳐, 1937년 7월에 만주의 초대 간도(間島) 성장으로 임명되었다.

간도 성장으로 취임 후 만주제국 정부와 친밀한 관계를 유지하고 치안유지를 강화하여 항일 무장 세력과 그 가족들에 대한 포위 토벌과 박해를 감행하였다. 1938년 9월 15일 일제 조선총독부에 조선청년들로 결성된 특설 부대를 간도에 조직할 것을 제의하여 간도성 특별 부대를 설치하였다.

이와 함께 관동군사령부 및 만주국군과 합동으로 간도 일대의 항일 무장 역량에 대한 포위 토벌을 진행하였다. 더불어 만주제국 조선척식 회사에 의뢰하여 만주지역으로의 우리 민족 이민 활동을 적극 전개하였다. 또 성내에 있는 산림과 광산자원에 대해 전면적인 조사를 진행하고 자원 보유량에 대한 적극적인 조사를 벌이고, 탄광의 채굴, 농업합작사를 증설하여 농촌경제에 대한 공제를 강화하는 등 일제에게 자원 약탈의 조건을 제공하였다.

한편 그는 각종 언론기관과 간도성 협화회 조직을 이용하여 일본-만주 친선, 일본-조선 일체 등을 선전하여 우리 민족을 기만하고 사상 통제를 강화하였다. 그리고 학교에 일본인 교원을 증원하고 일본어 수업을 보급하고 왜곡된 교과서도 편찬하였다.

이러한 제도는 학생들에게 노예화 교육을 강화하여 우민교육의 목적을 달성하려고 시도한 일제 식민 정책의 일환이었고, 그는 대표적인 꼭두각시 인물이었다. 1940년 5월에 만주제국 참의부 참의로 취임하였지만 광복 후에 간도 부성장 윤태동(尹泰東)과 함께 소련군에 의해 중앙아시아로 강제 이주되었다.

중국측 왕희량 연구원은 제2차세계대전 패전 이후 일본의 우경화에 대하여 집중적으로 밝혔다. 점심 시간에 호텔 옆에 있는 용사공원을 산보하였다. 공원 내에는 인공호수와 도관(道觀), 동물원 등 다양한 볼거리와 산책로 들이 있었다. 점심 후 다시 학술회의가 계속되었다.

중국측 신배림 연구원은 초기 한인 민족운동가들의 특징으로 민족주의자나 사회주의자 모두 민족지상, 국가지상을 추구하였다고 주장하였다. 또한 장기적으로 무장 투쟁을 진행, 만주를 근거지로 각종 형식의 투쟁 진행, 국제적 반일 연합전선의 형성을 들 수 있다고 하였다.

이에 대하여 한양대 박찬승 교수는 국가지상, 민족지상은 파시즘적 성격을 말하는 것이므로 이러한 지적에 대하여 조심할 필요가 있음을 언급하였다. 즉, 철기 이범석이 중국 국민당 청년단의 이념을 받아들여 민족청년당을 만들었다고 하고, 한인 독립운동가들은 개인지상, 민주지상의 생각을 갖고 있었다고 하였다.

카톨릭대학교 안병욱 교수는 동아시아 역사에 대한 관심이 필요함을 역설하였으며, 아울러 동북아 연합공동체를 만들 필요가 있으며, 개별 국가주의를 넘어 국제적 연대주의로 나갈 필요가 있음을 강조하였다.

중국측 김우종 선생은 만주지역 민족주의 계열의 한인 민족운동에 대하여 그동안 중국측에서 등한시하였음에 대하여 반성하였다. 앞으로 한국측과의 자료 교환과 학자 교환을 통하여 이 부분에 대하여 보완하고 싶다고 피력하였다. 아울러 발해사 등 고대사 부분도 공동 연구를 해야 함을 강조하였다.

나아가 그는 허심탄회한 마음으로 중국과 한국, 한국과 중국의 발전과 아시아의 평화 발전을 위해 공동으로 노력하자고 강조하였다. 국사편찬위원회 유영렬 위원장 역시 한중 학술 교류의 중요성을 강조하며, 앞으로 서로가 점진적으로 학술 교류를 늘려갈 것을 언급하였다.

이날 학술회의는 아침 일찍부터 밤 늦게까지 진지하게 지속되었으며, 학술회의에서 언급된 한중 학술 교류 방안 및 '국가지상 민족지상'에 관한 내용은 중국에 머무는 동안 계속 화두로서 진지한 토론들이 진행되었다.

특히 1930년대 만주 인맥과 그들의 젊은 시절 체험이 1970년대 말까지 한국 사회에 끼친 파장에 대한 박찬승, 안병욱 교수의 지적은 많은 이들이 공감할 수 있는 부분이었다.

마점산과 강교전투

10월 15일 오전 8시 호텔을 출발하여 치치하얼 시 앙앙계구에 있는 강교항전기념관(江橋抗戰紀念館)을 방문하였다. 강교전투는 1931년 10월, 11월에 3차례에 걸쳐 눈강(嫩江)에서 일본군과 흑룡강성 총사령인 마점산(馬占山) 부대와 벌인 전투로서, 1931년 만주사변 이후 일본군에 대항하여 중국군이 본격적으로 항전한 최초의 전투로서 높이 평가받고 있다.

만주사변은 주지하는 바와 같이 일본이 1931년 9월 18일 류탸오거우 사건[柳條溝事件 : 만철폭파사건]을 조작해 일으킨 만주침략전쟁이다. 일본 군부와 우익은 일찍부터 만주의 이권을 차지하려는 야욕을 가지고 있었다. 이를 위해 일본 관동군 참모 이타가키 세이시로[板垣征四郎], 이시하

강교전투지

강교항전기념관

라 간지[石原莞爾] 등이 앞장서 만주침략계획을 모의했다. 이들은 류탸오거우에서 스스로 만철 선로를 폭파하고 이를 중국측 소행으로 몰아, 만철 연선에서 북만주로 일거에 군사행동을 개시했다.

관동군은 세계 공황으로 열강의 간섭이 어려웠을 뿐만 아니라 장쉐량[張學良]이 베이징[北京]에, 또 봉천 군벌의 주력이 장성선(長城線) 이남에 집결해 잔류 수비대가 동삼성에 분산되었던 '절호의 기회'를 포착해, 1931년 9월 18일 이후 만주 점령작전을 시작했다. 관동군은 5일 만에 랴오둥[遼東]·지린[吉林] 성의 거의 전 지역을 장악하고, 이 지역 군벌들에 압력을 가해 두 성의 독립을 선언하게 했다. 다음 일본의 목표는 흑룡강성이었다. 이때 마점산은 일본군에 최초로 저항하였던 것이다.

마점산의 자는 수방(秀芳)이다. 본래는 마적(馬賊) 출신이지만 후에 둥베이[東北 : 만주]의 강무학당(講武學堂)을 졸업한 뒤 영장(營長)을 거쳐 헤

강교항전기념비

강교항전기념판

이룽장성[黑龍江省] 주석(主席)이 되었다. 만주사변이 일어나자 일본군에 항복하여 헤이룽장성 성장(省長) 겸 군정부 총장(軍政部總長)을 지냈다.

그러나 곧 일본군에 반항하여 한때 소련에 망명하였다가, 중 · 일전쟁 때는 반만항일군(反滿抗日軍)을 일으켜 일본과 싸웠다. 제2차 세계대전 후 군사위원이 되었다.

강교기념관 입구에는 마점산이 민국 30년에 쓴 '환아하산(還我河山)'이란 글이 써 있었다. 이 기념관에는 1931년 만주사변에 대한 내용과 마점산부대가 이끈 강교전투 그리고 이후의 중국 인민들의 항전에 대하

마점산 장군

여 소개하고 있었다. 비록 작은 기념관이었지만 잘 정리되어 있었다. 다만 당시 자료에 동해를 일본해로 기록하고 있어 유영렬 위원장이 박물관에 시정을 촉구하였다.

박물관을 나와 강교전투의 현장을 가 보기로 하였다. 가는 길에 태래현이 나타났다. 이곳은 용강, 감남 등지와 함께 일제가 1936~1938년 무렵 대규모 조선인 개척단을 꾸렸던 곳이다. 태래현 대흥진을 지나니 눈강이 나타났다.

당시는 나무다리였는데 현재는 쇠로 된 부교(浮橋)가 놓여져 있었다. 부교를 지나니 현재의 기차철교와 더불어 과거 일본군이 만든 콘크리트 교각 일부와 일본군 토치카 등이 남아 있었다. 그리고 그곳에 강교전투 유적지임을 알려주는 안내판이 서 있었다. 그곳에서 김우종 선생이 만주사변과 마점산의 항일전투에 대하여 설명하였다. 노학자의 열정적이고 일목요연한 설명에 깊은 감명을 받았다.

그곳에서 언덕으로 조금 이동하니 2004년 8월 15일 치치하얼 인민정부가 만든 '강교항전유지(江橋抗戰遺址)'가 있었다. 넓은 운동장에 마점산 장군(1885~1950) 동상과 항일투쟁기념비가 서 있었다. 마점산의 경우 항일투쟁전상에서는 중요한 인물이지만, 공산주의자는 아니다. 사상을 떠나 항일투쟁을 전개한 인물을 포용하는 용단을 보니, 중국인들의 포용성을 느낄 수 있었다.

강교지역에서 사적지를 관리하는 왕동승 노인(70세)은 이곳에서는 눈강이 내려다 보이며, 마점산 군대의 동향을 전체적으로 파악할 수 있었으므로 일본군 군영이 있었다고 알려 주었다. 또한 일본군이 만든 지하시설이 있었으나 현재 그 용도와 위치를 파악하고 있지 못하다고 언급하였다.

치치하얼에 돌아온 후 화평광장에 가 보았다. 2005년 6월에 완공된 이 광장에는 항일전 관련 부도와 기념탑 그리고 강택민인 쓴 물망국치(勿忘國恥), 그리고 항일전 참여자들의 명단 등이 기록되어 있었다. 치치하얼 시민들은 만주사변 이후 최초로 전개한 항일전투를 전개한 지역이라는 자부심에 차 있는 모습들이었다.

북측 학자들과의 북만주지역 학술회의와 공동답사

하얼빈 도착과 북측 학자들과의 첫 대면

2003년 9월 16일 중국 흑룡강성 경박호에서 개최되는 남북한과 중국, 일본 학자들이 참여하는 국제학술회의에 참가하기 위하여 하얼빈으로 향하였다.

이번 학술회의는 흑룡강성 사회과학원 명예소장으로 계시는 김우종 선생의 노력에 의하여 이루어졌다. 아울러 국사편찬위원회의 정병욱 선생의 노력 또한 회의가 이루어지는 데 일익을 담당하였다. 남측 대표는 국사편찬위원회 이만열 위원장을 단장으로 서중석(성균관대), 정태헌(고려대), 장세윤(성균관대), 김용곤, 권구훈, 하혜정(국편) 등과 필자 등이었다.

오전 12시 30분 인천공항을 출발하여 현지 시각 13:50분에 하얼빈공항에 도착하였다. 비행 시간은 2시간 정도 소요되었다. 하얼빈공항에는 사회과학원 원인산 선생이 우리 일행을 반가히 맞아주었다. 하얼빈공항은 깨끗하게 새로 단장되어 있었으며, 시내로 나가는 길 역시 새로 길을 만들어 편리하게 되어 있었다. 중국의 곳곳을 방문할 때마다 새로이 변해 가는 중국의 모습을 느낄 수 있었다.

우리 일행은 우의가(友誼街)에 있는 하얼빈 우의궁에 여장을 풀었다. 이 호텔은 송화 강변에 위치하고 있었으며, 1950년대 우의의 입장에서 구 소련이 지어 준 호텔이라고 한다. 북측 대표단은 이미 2일전에 도착하였다고 한다. 호텔에서 우리 일행은 주최자인 김우종 선생을 만났다. 부친의 친구이기도 한 그는 아버님의 안부를 물으며 반갑게 대해 주었다.

호텔에 여장을 푼 필자는 권구훈 박사와 함께 룸메이트가 되었다. 《간도파출소연구》로 박사학위를 받은 권 선생은 일제의 한인 탄압기구에 대한 전문가였다. 저녁 식사 전에 시간적 여유가 있어 잠깐 호텔 뒤에 있는 송화 강변에 나가 보았다. 하얼빈이 송화 강변에 있는 도시임을 역력히 살펴볼 수 있었다. 강변의 여러 곳에서 홍수로 인한 피해를 느낄 수 있었고, 이를 극복한 중국 인민의 공적을 기리는 시설물들이 서 있었다. 아울러 스탈린의 공적을 기념하기 위하여 '스탈린광장' 도 있었다. 강변에 나와 한가로이 춤을 추며 지내는 노인들의 모습, 어머니의 손을 잡고 가는 초등학생의 영어공부 소리를 들으며, 중국의 여러 모습을 보고 느낄 수 있었다.

저녁 6시 30분 경 호텔 1층 식당에서 중국, 북측과 함께 첫 대면식과 더불어 식사를 하고 환담을 나누었다. 북측에서는 이철(이광, 조선사회과학자협회 부위원장), 송동원(조선사회과학원 혁명역사연구소 소장), 김석준(조선김일성고급당학교 교수) 등외 2명이 참석하였다. 이철은 북측에서 1949년부터 민간차원에서 항일 유적지를 조사하였으며, 정부 차원에서는 1959년도부터 시작하였다고 하였다. 유적지 600여 곳 가운데 300여 곳에 대한 사진을 보관하고 있다고 말하였다. 앞으로 중국 측에 부탁하여 나머지 사진을 입수할 예정이라고 하였다. 아울러 1959년도에 동녕현 서산포대를 김우종 등과 함께 답사 조사하였고, 경박호 남호두의 경우도 김우종가 함께 처음으로 확인하였다고 하였다. 이철은 우리와 일정을 달리하여 개인적으로 남호두 회의 장소에 갈 예정임을 밝혔다.

김석준 교수는 하바로브스크 국제 88여단 옆에 있는 2개의 묘소는 남측의 주장과는 달리 김일성 전 주석과는 관련이 없다고 하였다. 이 묘소들은 빨치산으로서 아무르강에서 통나무를 운반하다가 익사한 인물들의 것이며, 한족인지 조선족인지 알 수 없다고 하였다.

저녁 식사 후 남측 우리 일행은 과거 러시아 조차지였던 하얼빈의 러시아식 모습을 찾기 위하여 중앙대가에 있는 러시아 거리로 향하였다. 100여 년의 전통이 있는 이 거리에는 차량통행이 금지되어 있었으며, 길의 양편에는 러시아식 건물들이 즐비하게 늘어서 있어 러시아에 온 것 같은 착각이 들었다. 특히 바닥의 돌들을 사각모양으로 잘라 놓아 특이한 느낌을 주었다. 상점들에서는 러시아식 물건들을 팔고 있었다. 성 니꼴라이 성당의 웅장한 모습은 하얼빈의 러시아 인들을 상상하게 해주었다. 길가에 앉아 생맥주를 마시며, 오랜 전통을 가진 러시아 음식점에 들러 아이스크림을 먹으며 하얼빈의 깊은 밤을 보냈다.

경박호로 향하는 길의 항일운동 기지들

2003년 9월 17일 아침 6시경 일어나 송화 강변을 1시간 정도 산책을 하였다. 중국 인민들의 산보와 운동하는 모습을 바라보며, 중국인의 건강 비결과 발전하는 모습의 일단을 느낄 수 있었다. 호텔에서 나와서 스탈린 광장을 지나 반홍수(反洪水)기념탑을 지나 철로 가까이 가 보았다.

그곳에는 지난 2000년 답사시 투숙했던 글로리아 호텔이 있었다. 호텔 앞에는 아침장이 서서 중국인들의 생동하는 모습을 볼 수 있었다.

7시에 아침 식사를 뷔페에서 하고 8시에 하얼빈으로 출발하여 아성시로 향하였다. 지난번 방문 시에는 편도 1차선이었던 것이 2차선으로 공사를 진행하고 있었다. 하얼빈을 출발하여 아성 시를 거쳐 가는 길에 상지 시 구강(九江)에 들렀다. 이곳에는 득막리(得莫利)라고 하는 물고기가 유명하다고 한다.

동네 처녀들이 손님들을 불렀다. 농촌의 맑고 고운 처자들의 모습이 보기 좋았다. 다음으로는 위하진을 보았다. 대한민국 임시정부 국무령을 역임한 홍진이 1930년 한국독립당을 결성한 장소였다. 시골치고는 상당히 큰 규모였다. 아포력(亞布力)을 지나니 석두하자진 간판이 나타났다. 멀리 마을 뒤로 산맥들이 보였다. 석두하자 너머는 고령자로 김좌진 장군 등이 무관학교를 설립하여 운영하였던 곳이다. 석두하자를 지나 어지(魚地) 조선족향을 지나니 계속 깊은 산 속이었다. 산봉우리를 올라가는 길에 양봉하는 사람들이 많이 보였고, 그 봉우리를 호봉이라고 한다고 한다. 산 정상을 내려서니 횡도하자가 보였다. 횡도하자를 지나 해림 시내를 거쳐 영안-동경-경박호에 도착하였다.

경박호빈관에 도착하니 연변대학 민족연구원 원장인 최문식, 비서장 차금옥, 전 민족연구원 원장 최홍빈 등이 나와 우리를 환대해 주었다. 북측의 김준석에 따르면 최홍빈은 항일 연대장 김주연의 조카라고 한다. 저녁 식사를 일찍 하고 내일 있을 학술회의 준비에 몰두하였다.

남북 및 중국 학자들과의 항일독립운동 학술회의

9월 18일부터 19일까지 양일간 흑룡강성 영안 시 경박호 호텔에서 한국의 국사편찬위원회와 흑룡강성 사회과학원이 공동 주최하는 '중국동북지역 각국인민의 생활과 항일투쟁' 학술회의에 참여하였다. 이 회의는 남북, 중국뿐만 아니라 일본 측에서도 참여한 의미 있는 학술회의였다.

주요 발표자와 발표 주제는 다음과 같다.

▶ **서중석**(성균관대), 항일 독립운동과 중국 동북지역

- **정태헌**(고려대), 1930.40년대 조선총독부의 경제정책과 만주 이민
- **박환**(수원대), 흑룡강성지역 항일운동과 항일 유적
- **리철**(조선사회과학자협회), 단결과 협력은 동북아시아의 평화와 번영의 필수적 요구
- **송동원**(사회과학원 소장), 동북아시아 인민들의 항일 투쟁사가 보여 준 력사의 교훈
- **김석준**(김일성고급당학교), 일제의 패망 직후 동북아시아의 안전과 평화를 보장하기 위한 조선 인민의 국제적 지원
- **리정혁**(조선사회과학자협회), 조 · 중 인민의 반일 공동전선의 실현은 동북아시아 인민들의 항일 투쟁에서 빛나는 모범
- **藤永壯**(대판산업대), 일제하 중국 동북지역의 공창제도와 조선인 여성
- **常好禮**(흑룡강성 사회과학원), 항일전쟁 14년 계시록
- **辛培林**(흑룡강성 사회과학원), 일본제국주의가 중국 동북지역에서 실시한 분활하여 다스리는 민족통치책을 논함
- **金東珠**(흑룡강성 사회과학원), 동북아지구역의 합작과 발전 문제
- **王希亮**(흑룡강성 사회과학원), 80년대 이래 일본의 전쟁 책임 첨예화 원인에 대한 초보적 탐구

첫날 발표회에는 남측에서는 서중석, 박환, 정태헌 교수 등이 참여하였다. 서중석은 '항일 독립운동과 중국 동북지방'을, 박환은 '흑룡강성 조선인 항일 유적과 항일운동'을, 정태헌은 '1930, 40년대 조선총독부의 경제정책과 만주 이민'을 각각 발표하였다.

서중석 교수는 논문에서 항일독립운동선상에서 중국 동북지방이 갖는 역사적 의미와 중요성에 대하여 언급하였다. 특히 동북지역이 가지는 지리적 조건, 이주민의 존재, 민족주의 사학자들의 동북지방에 대한 인식 등에 대하여 천착하면서 당시 망명자들의 문제의식 등에 대하여 심도있게 규명하였다. 정태헌 교수는 이번 발표를 통하여 독립운동사의 기초가 되는 만주 이민의 사회경제적 측면을 밝히는 데 큰 도움을 주었

다. 박환 교수는 민족주의계열을 중심으로 흑룡강 지역에 산재한 항일 유적에 대하여 발표하였다. 이 가운데 북측이 주장하는 남호두회의와 동녕현성 전투에 대하여 남측, 북측, 중국측 사이에 견해가 달라 활발한 논의가 전개되었다.

남호두회의는 1936년 2월 26일부터 3월 3일까지 개최된 회의이다. 북측에서는 이 회의에서 김일성 주석이 1930년대 중엽의 국제정세를 분석하고 항일 무장 투쟁을 보다 활성화하기 위하여 구체적인 방안을 제시하였다고 밝히고, 그 역사적 의미를 강조하였다. 또한 이 회의를 계기로 일찍이 카륜회의에서 밝힌 주체적인 혁명노선과 방침이 더 잘 관철되게 되었으며, 무장 투쟁과 반일 민족통일전선운동, 당 창건 준비사업에서 새로운 발전이 이룩되게 되었다고 보고 있다.

이에 대하여 중국측 학자들은 북측의 김일성 주석이 주관한 회의인지에 대하여는 알 수 없다. 다만 1932년 2월 동북인민혁명군 제2군, 제5군 연석회의를 남호두회의라고 하며, 이 회의 기록들이 현재 남아 있다고 밝혔다. 이에 대하여 김우종은 중국측 학자의 이러한 주장을 반박하였다. 1959년 6월 조선의 항일전적지 답사반과 함께 동행하며, 남호두회의 사적지를 조사하였다. 이때 생존해 있던 운동가들과 함께 회의 지점을 확인하였다고 한다. 당시 그 지역에는 마적들이 남아 있어 무장 부대와 함께 길을 닦으며 이 지역을 조사했다고 밝혔다.

당시 북측 단장은 박영순이었으며, 회의시 보초를 섰던 이두창의 증언에 따라 위치를 확인했고, 금속탐지기를 이용하여 세숫대야 등 여러 유물들을 수집하였음도 아울러 증언하였다. 남호두 회의와 관련하여서는 김일성의 회고록에 상세히 기록되어 있다고 한다.

남호두회의 유적지 답사

19일 오전에 학술회의를 마치고 학술적 논쟁이 있었던 남호두회의 장소를 답사하기로 하였다. 오후 1시에 경박호 호텔을 출발하여 3시경에 남호두 마을 어귀에 도착하였다. 우리 일행은 어귀에서 동방홍임장으로 향하였다. 길이 평탄하지 않아 차로 이동하는데 많은 애로사항이 있었다.

동방홍임장에서 산을 하나 넘으니 평지가 나왔고, 다시 숲을 지나니 평지가 또 나타났다. 그곳에는 호박밭이 펼쳐져 있었고 집이 한 채 있었다. 그곳을 조금 지나 숲을 지나 좌측으로 20미터쯤 산 속으로 들어가니 남호두회의 장소가 나타났다.

그곳에는 큰 비석과 함께 앞에는 귀틀집이 있던 흔적이 보였다. 그리고 안내판도 서 있었다.

안내는 반일 유격대 회장 손성희(孫成喜)의 손자인 손덕보(孫德寶, 한족)가 맡았다. 그는 자신의 부친인 손명인(孫明仁)이 비를 세우는 데 중심적인 역할을 하였다고 일러주었다. 김우종에 따르면, 1959년 당시에는 동방홍임장은 없었으며, 남호두 마을에는 집에 6~7호정도 있었다고 한다.

비석에는 '1936년 2월 조선인민혁명군 김일성 사령관이 이곳에서 중국공산주의자들과 반일공동투쟁을 강화할 때 대한 조선적인 문제를 토의 결정하였다. 김일성 동지의 전우가족 송덕산/손명인 천구백구십칠년 십일월 십일일' 이라고 적혀 있었다.

이번 답사는 남북한, 중국측 등 간에 공동으로 이루어진 답사라는 측면에서 큰 의미가 있다고 생각되었다.

남호두회의 장소

치치하얼의 상징 – '학'

4장

동만주지역

연길 · 왕청지역 항일 유적지
봉오동 · 삼둔자 · 정동학교
화보로 떠나는 두만강 답사
항일운동의 요람 용정
김약연 · 윤동주 등의 얼이 서린 명동촌
화룡시-대종교 유적 및 청산리전투 현장
연길시 항일 유적
왕청 · 나자구지역
훈춘 밀강 · 대황구
이도백하 가는 길-동불사 · 천보산 · 명월구
송강과 내두산으로
백두산
화보로 떠나는 백두산 답사
갑산 · 서성 · 장암동

동만주지역에서 항일 유적지가 집중되어 있는 곳은 연변 조선족자치주이다. 이곳은 중국 내 조선족이 집중적으로 거주하고 있는 지역이다.

중국 길림성의 동남북에 위치하고 있으며, 동쪽으로는 러시아의 연해주 하산지구와 이어져 있고, 남쪽으로는 두만강을 사이에 두고 북한의 함경북도와 마주하고 있다. 서쪽으로는 길림성의 교하, 화전, 무송현 등과 접해 있고 북쪽으로는 흑룡강성의 동녕, 영안, 해림, 오상현 등과 접해 있다.

자치주 내의 국경선의 총길이는 755.2km이다. 자치주의 전 면적은 4만 2,700㎢ 길림성 총면적의 약 4분의 1을 차지한다.

연변지역은 1860년대부터 조선족이 이주한 지역으로서 그 후 조선족의 삶의 터전으로서 항일 독립운동의 근거지로서 그 일익을 담당하였다. 해방 후에는 중국의 동북 해방전쟁의 근거지의 하나가 되었으며 연변에 살고 있는 조선족들은 이 전쟁에 적극 참여하여 동북과 전 중국을 공산화하는 데 이바지하였다.

1949년 10월 1일 중화인민공화국이 창건된 후 1952년 9월 3일 '중화인민공화국 민족 구역 자치 실시 요강'에 근거하여 길림성 연변 조선족 자치구를 창립하고 민족 구역 자치를 실시하였다. 1956년에는 새로운 자치 조례에 의하여 자치구를 자치주로 변경하였다. 이로서 중국 내의 조선족의 처우는 그 이전 시대에 비하여 달라졌다고 할 수 있다.

1950년 한반도에서 발생한 전쟁에 조선족들은 북한 측의 일원으로 참가하였으며, 1967년부터 1977년까지의 문화 대혁명기에는 중국의 한족으로부터 탄압을 당하였다. 그 후 임표, 강청 등 소위 4인방이 제거된 1978년 12월에 개최된 당의 11기 3차 전원회의 이후 등소평이 등장함에 따라 조선족은 중국의 새로운 소수 민족 정책에 따라 생활하고 있다.

자치주에는 연길, 도문, 훈춘, 화룡, 돈화, 용정 등 6개의 시 왕청, 안도 등 2개현이 있다. 자치주에는 조선족, 한족, 만주족, 회족, 몽고족 등 16개 민족이 살고 있다. 그중 조선족의 인구는 75만 4,567명으로서 자치주 총 인구의 40.32%를 차지하고 있다. 자치주 내의 조선족의 집중 거주지는 연길시, 도문시, 훈춘시, 화룡시 등지이다.

자치주의 기후는 중온대습윤 계절풍 기후에 속한다. 이 기후의 주요한 특성은 계절풍이 뚜렷하여 봄은 건조하고 바람이 많이 불며 여름은 덥고 비가 많이 오며 가을은 서늘하며 비가 적게 온다. 겨울은 춥고 길다. 그러나 연변은 동부에 바다가 가까이 있고 서부와 북부의 높은 산들이 천연적인 병풍을 이루고 있어 성 내의 같은 위도, 같은 해발 높이의 지역에 비하여 겨울 기온이 보다 높고 여름 기온이 보다 낮다.

연길, 왕청지역 항일 유적지

7월 15일 오전에 연변대학 손동식(孫東植) 총장을 만나 면담을 하였고, 민족 연구원 원장 최문식, 민족연구소 소장 손춘일 교수 등을 만나 항일 독립운동 사적지에 대하여 토론의 기회를 가졌다.

의란구와 백초구

7월 16일 아침에 연길시 의란구(依蘭溝)로 향하였다. 연길시는 연변 조선족자치주 인민정부의 소재지이며, 자치주의 정치, 경제, 문화의 중심지이다. 연길시는 과거에 '남강(南崗)', '연집강(煙集崗)'이라고 불렸으며, 1875년 이전까지만 해도 이곳은 산짐승들이 출몰하는 삼림지대였다.

1881년(淸, 光緖 7년)에 청 정부가 이곳에 초간구(招墾局)을 설치한 이

대한국민회군이 주둔했던 의란구

후로 사람들이 점차 모여들게 되었으며, 그때부터 국자가(局子街)라고 부르게 되었다. 1909년 연길부가 되었으며, 1913년에는 연길현이 되었다. 1931년 만주사변 이후에는 일본제국주의 통치의 중심이 되었으며, 1943년 4월에 연길은 간도시가 되었다. 1952년에 연변 조선족자치주를 창립할 때 연길은 주 직속 시로 되었다.

안무

의란구는 과거 왕청지역이었으나 지금은 연길 춘흥에 속하였다. 이곳에 안무(安武)가 이끄는 대한국민회군이 있었다. 대한국민군 사령부의 주요 임원은 사령장관 안무, 부관 최익룡(崔翊龍), 제1중대장 조권식(曺權植), 제2중대장 임병극(林炳極)이었다. 대한국민군의 병력은 1920년 8월 현재 450명, 무장은 군총 600정, 탄약 7,000발, 권총 160정, 수류탄 120개 등이었다. 후에 홍범도의 대한독립군과 최진동(崔振東)의 대한군무도독부와 연합하여 항일전을 전개하였다. 한편 의란구는 5 · 30 간도 폭동이 처음 일어났던 곳이기도 하다. 의란구는 큰 길에서 깊은 산골짜기로 들어가는 곳에 있었다.

백초구 마을 전경

다음에는 백초구진(百草溝鎭)으로 향하였다. 백초구는 3 · 1운동 시 만세운동이 전개된 곳이었다. 1919년 3월 26일 1,200명의 한인이 모여 만세를 전개하였다. 이때 김석구, 계화(桂和), 구자선(具子善) 등이 연설하였다. 대회를 끝낸 뒤 시위행진을 하였지만, 시내에서 중국 군경에게 제지당하고 말았다. 이 대회에는 중국 학생도 다수 참가하였고, 왕청현 공서의 경찰국장과 서기도 초빙되어 참석하고 연설하였다. 한편 4월 13일에는 정성옥(鄭成玉)의 주도하에 한인 5,000명이 만세운동을 전개하였다.

마침 일요일 장날이라 많은 사람들이 나와 있었다. 3 · 1운동 당시에도 이렇게 많았을까 하는 생각이 들었다. 백초구 입구에서 과거 백초구 영사관 분관이 있던 곳으로 향하였다. 큰길에서 가까이 있는 이곳은 현재 백초구진 정부 사택으로 이용되고 있었다. 그리고 그 옆집은 영사관 분관 경찰이 있던 곳이라고 한다.

백초구는 과거 왕청현 정부 소재지였다. 1935년 2월 도문(圖們) 왕청간 철도가 개설된 뒤 현 정부가 백초구에서 대두천(大肚川)으로 이전하였다. 일본은 1909년 11월 조선통감부 간도파출소를 철수하고 간도 일본영사관을 설치하였다. 이어 백초구, 국자가, 두도구, 훈춘 등 지방에 영

백초구 일본영사관 분관이 있던 곳

북로군정서 사령부 십리평

백초구를 지나 우리 일행은 북로군정서 사령부와 사관 양성소가 있던 십리평(현재 長榮村)으로 향하였다. 이곳에 북로군정서 사령부와 사관 연성소가 있었다.

북로군정서는 중광단(重光團) 시절부터 근거지로 삼아 온 왕청현 춘명

북로군정서 사관 연성소가 있던 십리평

북로군정서 사령부가 있던 십리평 입구(현재 장영촌)

향(春明鄕) 덕원리(德源里)에 총재부를 두고 서대파(西大坡)에 군사령부를 설치한 후 군사들의 훈련에 전력을 기울이고 있었다. 한편 북로군정서에서는 항일전의 효율적인 수행을 위하여 서북간도 및 노령의 여러 항일 단체와도 항상 제휴하고자 노력하였으며, 임시정부와의 연계하에 독립전쟁을 수행하려고 하였다.

1920년 7월 서간도로부터 이청천, 김동삼 등이 인솔하는 서로군정서군이 안도현(安圖縣) 삼인반(三人班)으로 이동해 온 것도 북로군정서와의 연계 항전을 도모하기 위해서였다. 이밖에도 북로군정서에서는 한인의 지방 행정에도 관심을 두어서 관할 촌락마다 소학교와 강습소를 설치하여 한인들의 민족 의식 고취와 산업 진흥에도 노력하였다.

한편 1920년 2월 초에 북로군정서에서는 사관 양성소를 설치하여, 김좌진이 사관 연성소 소장을 겸임하고, 생도들에게 6개월 동안 사관

북로군정서 졸업식

교육을 실시하였다. 1920년 9월 9일 십리평의 삼림에서 제1회 사관연성소 졸업식을 거행하였으며, 이때 298명의 사관이 배출되었다.

서대파를 지나 십리평에 못 미쳐 왕청하(汪淸河)를 따라가니 장영촌에 도착하였다. 장영촌은 길가에 위치하고 있었고, 마을 뒤에는 왕청하가 흐르고 있었고, 왕청하 뒤에 훈춘(琿春) 대황구(大荒溝)로 통하는 산골자기 입구가 있었다. 바로 이 골짜기에 북로군정서 사령부가 있었으며, 산골짜기는 약 15km 정도 된다고 한다. 마을 뒤편인 옥수수밭 등에 북로군정서 연병장이 있었다고 한다. 현재 장영촌에는 130여 호가 살고 있으며, 그 가운데 조선족은 3~4호 정도 있다고 한다.

청산리전투 승전 기념

대감자 · 삼도구 · 석현 · 합수평

서대파에서 동광진(東光鎭)을 지나 도문 쪽으로 향하니 대감자(大坎子)가 나왔다. 이곳은 3 · 1운동의 전개지이며, 대한광복단의 본부가 있었던 곳으로 현재에도 왕청 쪽에서도 도문 쪽에서도 교통이 불편한 오지였다.

대감자에서는 1919년 4월 29일 서춘환(徐春煥)의 주도하에 한인 2,000명이 만세 시위를 전개하기도 하였다. 그리고 대한광복단은 이범윤을 단장으로 추대하고 김성극(金星極)과 김성륜(金聖倫)이 공교회(孔敎會) 인물들을 중심으로 조직한 단체였다. 대체로 이범윤은 상징적인 인물에 불과했던 것으로 보이며, 이념상으로는 대한제국의 복벽을 주장하고 있었다. 대한광복단의 세력 범위는 그렇게 넓지 않았으나 1920년 8월 현재 병력 200명에 탄약 1만 1천 발, 권총 30정의 전력을 보유하고 있었다. 실질적인 지도자인 김성륜이 중부대판(中部大辦)의 직함을 가지고 있었으며, 최초의 발기인인 김성극은 고문이 되었다.

강, 산, 계곡이 있는 이 마을에서는 담배농사를 많이 하고 있어 길가

대한광복단 본부가 있던 대감자

대한의민단 본부가 있던 삼도구 입구

에 건조실들이 다수 보였다. 조선족 소학교도 있었다. 평화로이 소들이 풀을 뜯고 있어 옛일을 반추하는 듯하였다.

도문으로 가는 길에 가야허가 흐르고, 도문에서 목단강으로 가는 철길을 지나가니 150호 정도 되는 마을이 큰길에서 조금 들어가니 나타났다. 이곳이 대한의민단 본부가 있던 삼도구(三道溝)이다. 대한의민단은 1920년 4~5월경 연길현 숭례향(崇禮鄉) 묘구(廟溝)에서 천주교 신도와 항일 의병을 중심으로 조직된 독립군단이다. 단장 방우룡(方雨龍), 부단장 김연군(金演君)이었다. 지방 조직은 단본부 밑에 5개소에 지방회를 두었으며, 1920년 8월 당시 병력은 300명이었다. 모두 조선족이 살고 있는 이 마을에 한족이 3호 살고 있었다. 큰 길에서 만태성(萬台城) 수고(水庫)가는 방향에 위치하고 있었다.

다음에 석현진(舊名, 石재, 石峴)으로 향하였다. 대한국민회 본부가 있던 곳으로 큰길 옆에 있는 마을이다. 만주국 시절부터 큰 종이공장이 있었다.

대한국민회 북부지방 총회는 가야허와 부르하통하가 합류하는 지점인 합수평(合水坪)에 위치하고 있었다. 도문에서 가야하교를 지나 바로

대한국민 본부가 있던 석현

대한국민회 북부지방 총회가 있던 합수평

좌측에 10여 호 있는 마을이다. 대한국민회는 중앙, 동부, 서부, 남부, 북부 지방총회를 두어 단체를 효율적으로 운영하고자 하였다. 북부 지방총회의 본부는 연길현 하마탕과 합수평에 위치하고 있었다. 제1부 회장은 박시원(朴施源)이었고, 제2부 회장은 정성옥(鄭成玉)이었다.

봉오동 · 삼둔자 · 정동학교

봉오동전투

7월 17일 오전에 우천 관계로 연변 박물관 허영길(許永吉) 선생의 소개로 연변 혁명박물관을 방문하였다. 이곳은 현재 재정 문제로 비가 세고 전기가 차단되었다. 혁명박물관에는 연길 감옥, 통감부 파출소 등에 대한 새로운 자료들이 많이 전시되었다. 앞으로 이들 자료들에 대한 검토가 필요하다고 생각된다.

혁명박물관을 관람하고 나니 비가 그쳐 우리 일행은 봉오동(鳳梧洞)으로 향하였다. 봉오동은 행정구역상 도문 시에 속해 있다. 봉오동 반일

봉오동전투 기념비

봉오동 반일 전적지

전적지(反日戰迹地)의 입구에는 비로 다리가 무너져 차량 통행이 제한되었다. 저수지 좀 못 미처 봉오동 반일 전적지 기념비가 서 있었다. 1993년 6월 9일 중공도문시위 통전부(統戰部), 도문시 박물관, 도문시 수도공사 등에서 이 비를 만들었다.

최진동(위)
홍범도(아래)

저수지 위로 올라가자 멀리 봉오동 하촌(下村)이 보였다. 봉오동전투가 전개되었던 그곳에 가 보지 못하는 것이 못내 아쉬웠다. 저수지 위에는 1989년 1월 18일에 세운 봉오동 반일 전적지(反日戰迹地) 푯말이 있었다.

함경남도 나남에 본부를 두고 있던 일본군 19사단은 삼둔자에서의 패배에 분개하여 군대를 파견, 독립군을 섬멸하도록 명령하였다. 이에 안천(安川) 소좌가 이끄는 일본군은 왕청현 봉오동 지역까지 독립군을 추격해 왔다. 보고에 접한 대한북로독군부 부장 최진동과 홍범도는 이들을 섬멸하기로 결정하고 봉오동의 주민들을 대피하도록 하였다. 그리고 제1중대는 봉오골 윗마을 서북단에, 제2중대는 동

봉오동전투 기념비를 방문한 학생들

산(東山)에, 제3중대는 북산에, 제4중대는 서산 남단에 매복하여 기다리게 하였다. 그리고 홍범도 자신은 본부 병력 및 잔여 중대를 인솔하고 서북 고지에서 탄약과 식료를 공급하면서 만일의 경우에 퇴로를 확보하도록 하였다.

사령 부장 홍범도는 북로도독부의 전 독립군에게 일본군의 본대가

봉오동전투가 있던 봉오동골

독립군의 포위망에 완전히 들어올 때까지 미동도 하지 말고 매복해 있다가 사령 부장의 발포 신호에 따라 일제히 총공격을 가하도록 명령하였다. 또한 홍범도는 이화일(李化日)에게 약간의 병력을 주어 고려령(高麗嶺) 북쪽 1,200m 고지와 그 북쪽 마을에 대기하고 있다가 일본군이 나타나면 교전하는 체 하면서 일본군을 포위망 안으로 유인해 오도록 하였다. 홍범도의 계획에 따라 작전이 전개되어 6월 7일 일본군은 대패하였다.

봉오동골을 가로막아 세운 댐

獨立新聞 (四) 一千九百二十年

北墾島에在한我獨立軍의戰鬪情報

十一月十二日軍務部發表

三屯子附近의戰

一、戰鬪前彼我의形勢

二、戰鬪經過의狀況

三、彼我의損害

鳳梧洞附近의戰

一、戰鬪前彼我의形勢

獨立新聞 大韓民國二年六月二十二日 (二)

獨立軍勝捷

鳳梧洞에서敵을大破

敵은潰亂死傷一百二十

六月七日接戰에關한

我軍의公報

二十餘의死傷者를出케하고敵의潰走함을乘하야直時追擊戰에移하야目下戰鬪中에在

我軍江陽洞進擊

此戰鬪에我의死者一

독립신문에 실린 봉오동전투 기사

상해 임시정부의 군무부에 의하면 봉오동전투에서 일본군은 전사 157명, 중상 200여 명, 경상 100여 명을 내었다고 한다. 한편 독립군 측의 피해는 전사 4명, 중상 2명의 경미한 것이었다. 숫자에 대하여는 앞으로 정밀한 검토가 요망된다. 봉오동전투의 승리는 당시 국내외에 있는 모든 동포들에게 독립에 대한 강한 자신감을 심어 주었다는 데 무엇보다도 큰 역사적 의의가 있다고 하겠다.

봉오동골에서 도문으로 향하였다. 도문시는 두만강 북안, 즉 가야하가 두만강과 만나는 곳에 자리 잡고 있다. 도문 시는 철교, 인도교로 북한의 남양(南陽)과 통하고 있으며 중국 동북 동부의 주요한 국경 도시의 하나로 중국 도문 해관(海關)이 설치되어 있다. 이 시의 사면은 산으로 둘러싸여 있고 남강(南岡)산맥이 남북으로 가로놓여 있으며, 경내는 대부분 구릉지대이다. 1982년의 통계에 의하면 전 시 인구는 9,3197명(그 중 조선족이 58.85%)이다.

도문의 역사는 50여 년밖에 안 된다. 1932년 이전에는 백십여 호의 인가밖에 없었다. 1932년과 1935년을 전후하여 장도선(장춘-도문)과 목도선(목단강-도문)이 부설된 후 도문은 점차 도시의 규모를 갖추게 되고 만주와 한국을 연결하는 중간 기점이 되었다.

현재 도문은 장도, 목도 두 철도와 훈춘-도문, 연길-도문 두 도로의 교차점에 자리 잡고 있으며, 또한 북한으로 통하는 중요한 역으로서 그 기능을 다하고 있다. 그러므로 중국에서는 여기에 국경위생 검역소, 동식물 검역소와 환경보호 검측소, 길림성 대외무역공사 도문 분공사를 두고 있다.

우천 관계로 도로 사정이 좋지 않아 차량 통행에 큰 지장이 있었다. 도문에 도착하니 북한의 남양으로 건너가는 다리가 보였다. 도문 쪽에 한국 관광객들이 모여 북한 쪽을 바라보고 있었다. 도문에서 바라보는 두만강에는 물이 거의 없어 보였다.

북한과 중국을 잇는 도문다리

도문강 다리(도문–남양)

圖們江畔
중조변경기념
中朝边境留影

中國圖們口岸
江澤民
中華人民共和國圖
查站監制
1995 9. 1.

도문해관(상)과 이곳을 찾은 선생님들(아래)

북한의 남양과 도문을 연결하는 철교

두만강 공원 참대 유람선 선착장(위)과 참대 유람선을 즐기는 선생님들(아래)

도문강
赏异国风情
坐竹排漂流

삼둔자전투

도문에서 조금 월청향(月晴鄕) 방향으로 가니 도문과 북한의 남양(南陽)을 연결하는 철도가 나왔다. 중국 쪽에서 국경을 지키는 중국 경비경의 눈초리가 매서웠다. 철도 길을 지나 10분 정도 두만강을 따라 내려가니 맞은편에 북한의 강양 역이 보였다. 김일성의 초상화가 분명히 보이는 곳이었다. 강양 역 반대편으로 조금 내려가니 월청향 간평(間坪)이 나타났다. 이곳에는 조선족들만이 살고 있었으며, 23~24호 정도 되었다.

1920년 6월 4일 새벽 5시 독립군 1개 소대가 화룡현 월신강 삼둔자를 출발하여 두만강을 건너서 함경북도 종성군(鍾城郡) 강양동(江陽洞)으

삼둔자전투가 있던 간평 마을 옛 입구 푯말(우)과 현재의 표지판 모습

로 진입, 일본군 헌병군조 후꾸가와(福江)가 인솔한 헌병순찰대를 격파하고 귀환한 소규모의 전투가 있었다. 이에 남양 수비대장 니이미(新美) 중위가 인솔하는 일본군 1개 중대가 두만강을 건너 독립군을 추격하다가 삼둔자에 이르러서는 무고한 재만동포들을 학살하며 독립군을 계속 추적하였다. 독립군은 삼둔자 서남방에 매복하여 기다리고 있다가 이들을 섬멸·승전하였는데, 이것이 삼둔자전투이다.

현재 삼둔자는 간평이라고 부르며, 마을 바로 앞에는 두만강이 흐르고 마을 뒤는 산으로 둘러싸여 있어 당시 전투 상황을 짐작케 한다.

삼둔자에는 전투가 있었던 골짜기가 있었다. 마을 바로 도로 앞에 있는 골짜기는 치밭떼기라고 하였으며, 이 골짜기를 지나가면 림봉이란 마을이 나오며 도문으로 통한다고 한다. 아울러 간평 마을에서 두만강 쪽으로 조금 올라가면 범지꼴이 있었다. 이곳을 오솔길로 넘어가면 도문 농촌이 보인다고 한다.

삼둔자전투가 있던 곳

유병호 교수는 범지꼴에서 전투가 벌어졌을 것이라고 한다. 독립군들이 재만한인들의 위협을 피하기 위하여 마을 뒤에서 전투를 하지는 않았을 것이라는 것이다. 마을 주민의 증언에 따르면 옛날에는 지금 나 있는 도로가 없었다고 한다. 앞으로 삼둔자 전투 지점에 대한 검토가 요망된다.

예전의 삼둔자 마을과(위) 새로 정비된 삼둔자 마을(아래)

정동중학

개산둔(開山屯) 광소촌(光昭村) 정동(正東) 중학을 찾아 나섰다. 이 학교는 이 지역의 유지인 강백규, 강희헌 등이 이주한인 자제의 교육을 위하여 자동의 농가 한 채를 구입하여 1908년 10월 정동의숙(正東義塾)을 개숙함으로서 시작되었다. 개교 당시 학생은 20명이었으며, 숙장에 강백규, 숙감에 강희헌, 학감에 유한풍을 비롯하여 교원으로는 최봉철(崔鳳哲)이 부임함으로써 모두 4명의 교직원이 근무하였다.

1912년에는 김성래(金成來) 등의 지원하에 교실 6칸 교무실 3칸으로 교사를 확장하고 교명을 정동학교로 바꾸는 동시에 신학 5년제를 실시하여 면목을 일신하였다. 이때 교장으로 부임한 김윤승은 1920년까지 재임하면서 학교의 발전에 크게 기여하였다. 1913년 정동학교의 교직원은 교장 김윤승 이하 5명이었으며, 학생수는 80명이었다. 수업내용은 국어와 역사를 비롯하여 산수, 지리, 이과, 체육 등 애국심의 고취와 신학문의 수용을 위한 내용을 주로 하였다. 1914년 8월에는 여학생부를 설치하고 25명의 여학생을 모집한 뒤 박에스켈을 여교사로 초빙하기도 하였다.

1917년에는 중학부를 증설하고 이듬해에는 중학부 교사를 신축하였으며, 교사 7명을 새로 초빙함으로써 교육의 질을 높여 갔다. 중학부에서는 국어, 역사, 지리, 대수, 기하, 영어, 물리, 화학, 생물, 체육, 음악 등의 다양한 과목을 가르쳐 경신참변으로 폐교될 때까지 내실 있는 민족 교육기관으로서 높은 명성을 얻었다. 해방 후 정동중학이란 이름의 학교가 다시 세워졌으나 최근에 폐교되었다.

우리 일행은 개산툰 아송 펄프공장 뒤에 자리 잡고 있는 자동(子洞)으로 향하였다. 자동으로 들어가는 길은 도로 수리를 제대로 하지 않아 길이 좋지 않았다. 펄프공장을 지나 자동 2대에 도착하였다. 자동에는 2대까지 있어 조선인이 약 1,000명 정도 살고 있다고 한다. 그런데 학생 수가 적어서 정동중학은 폐쇄되고 학생들은 개산툰에 있는 용정시 아송 2중(남산중학교)에 다니고 있다. 이곳 펄프공장은 석현의 공장과 함께 일제가 만든 대표적인 곳이다.

함북 종성에서 선구(船口, 과거에는 이곳에 海關이 있었다.)로 이주한 한인들이 자동에 거주하면서 학교를 설치하였다. 그 학교가 바로 정동학교였다. 학계에서는 지금까지 회령을 거쳐 삼합 → 오랑캐령 → 명동(明東)으로 이동하는 한인들에 주목한 바 있다. 앞으로 종성을 통하여 이주한 한인과 한인사회에 대하여 관심을 기울일 필요가 있다고 생각된다.

정동중학 터

항일운동의 요람, 용정

용정시

용정은 해란강 하류 충적평원의 중심에 자리 잡고 있으며, 1870~1880년대부터 조선족들이 이주하여 정착한 곳으로서 '용두레촌' 또는 육도구라고 불렀다. 러일전쟁 이후에는 연변지구에 침투하는 일본제국주의의 거점이 되었다. 1907년 일제는 무장군경들을 불법적으로 이곳에 주둔시키고 통감부 간도파출소를 설치하였으며, 1909년에는 간도협약을 체결하고 파출소를 총영사관으로 개편하였던 것이다.

용정은 항일독립운동의 중심지 역할도 담당하였다. 민족학교인 서전서숙, 동흥, 대성학교 등 사립중학교가 이곳에 세워졌으며, 3 · 13 만세시위가 이곳에서 처음으로 전개되기도 하였던 것이다.

독립운동 당시 용정 일대에서 불려진 용정경치가에는 이곳의 경관과 주민들의 항일 의식이 단적으로 드러난다고 할 수 있다.

압록강, 두만강을 넘어오니
간도성 용정이로다
굽이굽이 감도는 해란 강변에
층암절벽 기암이요 일송정이라
울뚝불뚝 북만산 공동묘지는

의란진
석현진
장안진
연길시
용정시
합성리
장재
명동
개산툰진
삼합진
북한
三道湾镇
石门镇
八道镇
太阳镇
老头沟镇
铜佛寺镇
朝阳川镇
细鳞河
东盛涌镇
德新
智新镇
勇新
白金
富裕
烟集
兴安
长安镇
延吉市
溪河站
榆树川站
延边种羊场
天佛指山
1265
1347
凤道岭
760

외국사람 모여사는 영국더기라
울울창창 우거진 진학공원은
각색화초 만발한 호랑세계라
양복많고 면포많은 십자거리는
각종물화 사고파는 큰 장거리라
중앙해성 일광동아 작은 학교는
학문교육 전수하는 소학교되고
룡고은진 광명녀고 크나큰 집은
중등인물 키워내는 요람이로다
장하도다 멀리뵈는 저 대포산은
가작없는 장한기세 자랑하고요
북쪽켠에 우뚝솟은 저 모아산은
주야장철 우리룡정 굽어보누나
왜놈들이 꾸려놓은 이령사관은
무고한 우리국민 탄압하누나
(신락선 구술, 이봉춘 정리)

동흥중학과 일송정

7월 18일 아침 일찍 용정으로 향하였다. 용정에서 우리의 안내는 최근갑(崔根甲) 선생이 맡아 주었다. 처음 우리 일행은 동흥(東興)중학교로 향하였다.

이 학교는 1920년 최익룡 등의 천도교인이 주도로 설립하였다. 설립 시 교사는 3명, 학생은 4개 반에 113명이었다. 학생들은 주로 용정과 북간도 각지를 비롯, 러시아의 연해주 · 국내 및 남만 · 북만 등지에서 유학 온 천도교인과 일반인이었고, 교수과목은 조선어 · 대수 · 산수 ·

동흥중학교가 있던 용정시 3중

물리 · 화학 · 영어 · 생리 · 지리 · 역사 · 한문 · 도화 · 작문 등이었다. 1920년대 초 북간도지역에 공산주의가 전파되면서, 새로운 사상을 수용한 학생들과 학교 당국 사이에 종교 분리 문제를 둘러싸고 대립하였다.

광복 이후 동흥중학을 다시 열었으며, 1946년 9월 16일 용정의 동흥 · 대성 · 은진 · 명신 · 영신 · 근화 등 6개 중학교를 통합하여 길림성 용정중학교로 개칭하였다. 이 학교는 현재 용정시 3중으로 변하였고, 동흥학교는 용정시 3중 본관 건물 앞에 있었다.

동흥학교 터에서 용정의 상징인 비암산(琵岩山)으로 향하였다. 비암산 정상에는 소나무 한 그루가 있었고, 또한 선구자의 노래로 유명한 일송정이 있었다. 가곡 '선구자'는 윤해영 작사, 조두남 작곡이다. 작사자

비암산 일송정 전경

윤해영에 대해서는 알려진 바 없으나 원래 선구자는 용정을 배경으로 한 독립운동가를 노래한 것으로 알려져 있다. 이 곡은 1963년 12월 30일 서울 시민회관에서 바리톤 김학근이 노래를 독창하여 유명해졌다.

선구자 노래의 모델로 알려진 일송 김동삼(1878~1937)은 경상북도 안동 출신으로서 일찍이 국내에서 애국 계몽운동을 하다가 1911년 만주로 망명하여 경학사, 서로군정서, 정의부 등에서 활동하였다. 1931년 만주 하얼빈에서 일경에 체포되어 신의주와 서울 등지에서 10년형을 받고 옥고를 치르다가 1937년 3월 3일 옥사하였다.

비암산 정상에서는 아울러 용주사(龍珠寺)의 터가 멀리 아래로 내려다 보였다. 일송정 언덕에는 일송정 기념비가 있었고, 그 앞에는 선구자의

문학가 강경애기념비

노래, 고향의 봄 등의 가사가 새겨진 바위들이 서 있었다. 아울러 일송정에서 내려오는 길에 연변대 권철, 정판룡 교수 등이 세운 여성작가 강경애 기념비가 서 있었다.

강경애의 남편은 동흥중학교의 교사였다고 한다. 오후에 용정 북시장(北市場) 안에 있는 강경애가 살던 집을 가 보았다. 지금은 흔적을 찾아 볼 수 없었다.

용정 우물 · 간도 파출소 · 일본총영사관

해란강 용문교를 지나 용정지명 기원지정천(龍井地名起源之井泉)으로 향하였다. 지금은 거룡우호(巨龍友好)공원에 위치하고 있었다. 이곳에는 용두레 우물이 있는데, 그 유래는 다음과 같다.

용정 시내 전경

1879년 전후에 장인석(張仁錫) · 박인언(朴仁彦) 씨의 두 농가가 육도구 부근(지금의 용정)에서 정착하여 농사를 짓게 되었다. 이때 우물 터를 발견하였다. 음료수를 해결하기 위하여 부근의 한족 농민들과 함께 우물을 잘 장리하고 용두레를 설치하여 깨끗하고 시원한 물을 마시게 되었다. 이때부터 육도구를 용정이라고 했다. 1934년에 이 지명 기원의 우물을 기념하기 위하여 우물을 수건하고 주위에 돌 기둥을 쌓고 돌 비석을 세우고 비술나무도 한 그루 세우고 '용정지명기원의 우물'이라고 글씨를 새겨 넣었다. 지금도 한 그루의 비술나무는 우물가에 있다.

다음에는 간도 파출소 자리로 향하였다. 간도 파출소는 용정고급중학 안 동쪽에 위치해 있었다. 그러나 이 간도 파출소는 불이 나서 지금의 인민정부 자리로 옮겼다고 한다.

용정시 인민정부 안에는 1926년부터 영사관 건물로 쓰였던 일본총영사관 건물이 있었다. 일본은 1909년 1월 2일에 용정에 영사관을 설치하고 연길 · 화룡 · 훈춘 · 왕청 · 안도 등 5개현을 관할하였다. 이곳은 일본 외무 대신의 지휘를 받아 간도 침략을 주도하던 거점이며, 한인의 독립운동을 감시 · 탄압하던 중심부로 이 건물에서 많은 한인 독립운동가들이 고문을 당하였다.

총영사관이 설치된 초기에는 총영사 대리 1명, 부관 1명, 서기 1명, 경찰서장 1명, 경찰 16명 등이 배치되었고, 1920년 경찰부가 설치되어 300여 명의 경찰이 증원되었다.

1922년 11월 27일 화재로 총영사관 건물이 전소되자 일제는 3년에

용정지명 기원지 우물

용정우물이 있던 곳

통감부 간도 파출소

간도 파출소가 있던 용정고급중학교

걸쳐 재건하였다. 현재 본관, 영사관저와 수위실 등 3개의 건물이 잔존하여, 지금도 인민정부로 사용되고 있다. 지하실은 당시 감옥으로 사용되었다고 한다.

용정 감옥에 투옥되었던 독립운동가들은 청진, 서대문 감옥으로 이감되었다. 총영사관 사택은 용정시 라디오, 텔레비전 방송 관리국으로 이용되고 있었으며, 부영사 사택과 감옥은 용정시 공안국에서 이용하고 있었다. 서문에는 경호인들이 있던 건물이 있다.

일본총영사관이 있던 용정시 인민정부

제창병원 · 동산교회 · 은진학교

용정시 인민정부 뒤쪽 과거 영국덕이에 제창병원, 동산(東山)교회(카나다 장로교), 명신여학교 등이 있었다. 제창병원은 용정시 안민가(安民街) 대학위(大學委) 1조 22호에 위치하고 있었다. 이 병원은 1914년 캐나다 연합교회 선교사 바커(A.H.barker) 부부가 용정촌 동산에 설립한 병원으로 독립운동가의 정치적 피난처로서 중요한 역할을 담당하였다. 특히 이 병원 지하실은 북간도의 독립선언서와 독립신문이 인쇄된 곳이며, 3 · 13만세운동 당시에는 일본군의 저격으로 쓰러진 애국 동포 시체 안치소 및 부상자에 대한 치료소로도 이용되었다.

한편 이 병원에서는 실비 진료와 더불어 가난한 사람에 대해서는 무

제창병원이 있던 곳

제창병원의 옛 모습과 의료진들

동산교회 예배당 터

료 치료를 실시하였으며, 순회 진료도 시행하여 오지에 있는 한인촌을 찾아다니면서 환자들을 치료해 주었다.

명신여학교는 텔레비전대학으로 변하였다. 그리고 장로교 동산교회 예배당 자리는 용정 시 안민가 대학위 1조 22호 맞은편에 위치하고 있었다.

은진중학 제도실 및 기숙사 자리에 은진중학구지(舊址) 표지석이 서

명신여학교가 있던 곳

있었다. 은진중학교는 카나다 장로파 교회 선교사 바커 등이 1920년 2월 4일에 개교한 학교였다. "하느님의 은혜로 진리를 배운다"는 뜻으로, 교명을 은진중학이라고 하였다. 1921년에는 새로운 교사가 영국조계지 내에 낙성되면서 교세가 급속히 확장하였다. 1946년 9월 16일 용정의 다른 5개 중학교들과 통합되어 길림성 용정중학교가 되었다.

은진중학 표지석은 1998년 9월 7일 용정은진중학교 동문회에서 건립하였다. 은진중학(1920. 2~1946. 9)의 본관은 용정 시 제4중학 맞은편 인민무장경찰병원 내에 있었다. 그러므로 은진중학 구지 표지석을 기숙사 및 제도실이 있는 곳에 설치하였다고 한다.

은진중학 기념비

서전서숙 · 서전대야

이상설

만주지역에 최초로 만들어진 민족학교인 서전서숙으로 향하였다. 서전서숙은 1906년 이상설이 중심이 되어 용정을 독립운동기지로 육성해 가는 과정에서 설치되었다. 이상설을 중심으로, 이동녕, 정순만, 여준, 박정서 등의 독립운동자들이 일치단결하여 노력한 결과 1907년경에 학교가 개숙될 수 있었다.

서전서숙은 처음에는 학생들을 갑을 반으로 나누어 가르쳤는데 갑반은 고등반 을반은 초등반이었으며, 갑은 20세 전후의 청년들이 등록하였다. 이상설은 《산술신서(算術新書)》 상 · 하권을 저술하여 갑반의 산술을 가르쳤으며, 황달영(黃達永)은 역사와 지리를, 김우용(金

서전서숙

瑞甸書塾遺跡地

서전서숙 기념비

瑞甸書塾
옛터
瑞甸书塾
一九0六年十月爱国志士李相卨
은 이곳에 延边最初의 朝鲜族
近代学校요 民族教育의 摇篮인
瑞甸书塾을 开塾하였다

禹鏞)은 산술, 여준은 한문, 정치학, 법률 등을 가르쳤다.

그러나 서전서숙이 실제로 중점을 둔 교육 내용은 철저한 항일 민족 교육이었기 때문에 서숙은 독립군 양성소의 성격을 갖고 있었다고 할 수 있다. 그러나 서전서숙은 이상설이 1908년 4월 헤이그 만국평화회의에 참석하기 위해 블라디보스톡으로 떠나게 되자 학교가 재정난에 부딪치고 이 지역에 통감부 간도 파출소가 설치되어 감시와 방해가 강화되자 1908년에 문을 닫게 되었다.

서전서숙은 현재 용정실험소학교에 위치하고 있으며, 1995년 4월 15일 용정실험소학교와 용정항일역사연구회가 기념비를 건립하였다.

서전서숙의 위치에 대하여는 두 가지 설이 있다. 하나는 학교 내에 있는 간도 보통학교 자리이며, 또 하나는 용정실험소학교 본관 우측 나무가 있는 곳이라고 한다.

이상설정

다음에는 3 · 13만세운동이 전개되었던 서전대야를 찾았다. 북간도 지역의 3 · 1운동은 이곳에서 3월 13일에 전개되었다. 그러므로 이 지역의 3 · 1운동을 흔히 3 · 13만세운동이라고 한다. 이날 정오, 천주교회당의 종소리를 신호로 하여 용정 북쪽에 위치한 서전대야에는 1만 명 가량의 한국인이 모여들었다.

독립축하식은 김영학(金永學)의 '독립선언포고문' 의 낭독으로 시작되었고, 축하회를 마친 군중은 '대한독립' 이라고 쓴 큰 기를 앞세우고 만세 시위행진에 들어갔다. 그러나 이 계획을 사전에 탐지한 일본은 중국 관헌과 교섭하여 중국 군대로 하여금 만세운동을 저지하도록 하였다.

군중의 위세를 꺽을 수 없었던 중국군은 발포를 감행하여 18명이 현장에서 사망하고 30여 명이 부상한 체 해산되었다. 순사자들의 장례식은 1,500명이 참석한 가운데 거행되었으며 조국이 광복되는 날 고국에

서전대야

그 유골을 모셔 갈 것을 약속하였다. 현재 용정 시 교외에 있는 허청리(墟淸里 : 合成里) 묘소에는 현지 주민들의 노력에 의하여 이들의 죽음을 추모하는 비가 서 있다. 한편 용정에서의 만세운동을 계기로 북간도 전역으로 만세운동이 확산되었다.

3 · 1운동이 전개된 서전대야 기념비는 현재 용정 시 제1유치원 내에 설치되어 있으며 광화서로 1번지이다. 예전에 이곳은 간도 보통학교 실습지였다고 한다. 서전대야 유적지는 현 위치에서 50m 바깥 쪽이 정확한 지점이지만 편의상 이곳에 설치하였다고 한다. 유치원 옆에는 천주교 성당에서 일하는 독일 신부들이 사는 사택이 있었는데, 현재는 시립병원 사택으로 이용되고 있다고 한다.

서전대야 기념비

그리고 서전대야 유적지 기념비 앞에서 볼 수 있는 용정 시 소방서에 천주교 성당 종이 걸려 있었다고 한다. 천주교 성당은 문화혁명 시절까지는 있었다 한다.

윤동주기념관

윤동주 시비, 사립 대성중학교를 답사하였다. 대성중학교는 대성유교의 공교회(孔敎會)에서 세운 학교이다. 대성유교의 석화준(石華俊)과 청림교(靑林敎)의 임창

세(任昌世)가 중학교 건립을 계획하고, 대성유교 공교회의 회원인 강훈(姜勛) 등이 연길 도윤 도빈(陶彬)의 허락하에 용정촌 제4구에 2층 벽돌 목조건물로 교사를 짓고 1921년 7월 11일에 정식으로 대성중학교 개학식을 거행하였다. 대성중학교는 점차 한인 공산주의자들이 학교의 주도권을 잡아가면서 수많은 항일 공산주의자들을 배출하였다.

옛 건물은 현재 이 학교의 이름인 용정중학교의 역사기념관으로 사용되어 왔으나 1996년에 이를 헐어 내고 옛 모습으로 복원하여 기념관으로 사용하고 있었다. 이곳에는 항일운동과 관계되는 많은 자료들이 전시되어 있으며, 특히 윤동주기념관 코너가 설립되어 그의 항일운동과 순수했던 삶을 되돌아 볼 수 있다.

윤동주는 본관이 파평이고 북간도 명동촌에서 출생하였다. 14세(1931)에 명동소학교를 졸업하였다. 이어 용정에 있는 은진중학교에 입학하였으나 학교를 옮겨 1936년 광명학원 중학부를 졸업하였다. 1941

대성중학교

6학교 연합 기념비

년 연희전문학부 문과를 졸업하고, 이듬해 일본으로 건너가 릿교(立敎)대학 영문과에 입학하였고, 같은 해 가을에 동지사(同志社)대학 영문과로 전학하였다.

외사촌 형인 송몽규(宋夢奎)와 함께 민족 정기 고취를 위한 문학활동을 벌이다가 1943년 7월 귀향 직전에 일경에 검거되어 2년형을 선고받았다. 옥고를 치르던 중 광복을 앞둔 1945년 2월 28세의 젊은 나이로 일본 후쿠오카 형무소에서 서거하였다. 그의 사망에 대해서는 일제 큐우슈우(九州) 제국대학의 인체실험용이었다는 의문이 제기되고 있다.

윤동주의 대표적인 시집은 《하늘과 바람과 별과 시》이다. 이 시집은 윤동주가 연희전문을 졸업하던 해인 1941년 발간하려 하였으나 실패하고 자필로 3부를 남긴 것을 광복 후에 정병욱, 윤일주 등에 의하여 다른 유고와 함께 간행된 것이다. 1968년 연세대학교에 그의 시비(詩碑)가 세워졌다.

윤동주 시비와 이곳을 방문한 사적지 탐방연구원들

3·13 반일의사릉과 소설가 강경애 집터

대성학교 건물 옆에 신축중인 이상설 기념관을 둘러보고 이어서 3·13 반일의사릉으로 향하였다. 3월 13일 만세운동 시 맹부덕(孟富德)의 발포 명령으로 순식간에 많은 군중들이 쓰러졌다. 현장에서 13명이 희생되었으며, 부상자는 30여 명이 넘었다.

이날 시위운동으로 순국된 17명의 명단은 다음과 같다. 공덕흡(孔德洽), 현봉률(玄鳳律), 김승록(金承祿), 김태균(金泰均), 장학관(張學觀), 김종묵(金鍾默), 이효섭(李堯燮), 김병영(金炳榮), 박상진(朴尙鎭), 채창헌(蔡昌憲), 박문호(朴文浩), 최익선(崔益善), 정시익(鄭時益), 현상로(玄相魯), 김흥식(金興植), 이유주(李裕周), 차정룡(車正龍) 등이다.

이상설기념관

3 · 13운동 희생자들은 3월 17일 5천여 명의 군중들의 애도 속에 용정 남쪽 10리 되는 허청리(虛淸里) 8의 양지 바른 언덕 위에 안장되었다. 현재 세워져 있는 기념탑은 가로 60㎝, 높이 190㎝, 두께 20㎝의 크기이다.

용정에 살고 있는 최근갑 선생이 3 · 13 순국열사 13인의 합동 묘소를 찾아냈다. 이 묘역은 근래까지 그대로 방치되어 오다가 용정유지들이 주축이 되어 1990년에 목비를 세우고 부근을 정화하기 시작하였다. 이후 허청리에 소재한 13의사의 묘소에서 해마다 성대한 추모제를 거행, 1993년 5월에는 화강암으로 3 · 13 반일의사능이라고 새긴 묘비를 세웠고, 1996년에는 대대적인 공사를 벌여 동 묘역을 성역화

3 · 13 반일의사릉 전경

하였다. 기념비를 중앙에 두고 전열에 9기, 후열에 4기를 배열하였다.

3 · 13 반일의사릉을 답사한 후 용정시 당서기 조선족 주청림(朱青林)과 용정시 통전부장 조선족 황옥금 등과 점심 식사를 하며 환담하였다.

식사 후 용정시 북시장 거리 킹마켓, 또는 용정시 공상국 건너편에 있는 소설가 강경애 집터를 답사하였다. 강경애(1907~1943) 황해도 송화 출신으로 어릴 때 부친을 여읜 뒤 모친의 개가로 일곱 살에 장연으로 이주하였다. 1925년 형부의 도움으로 평양 숭의여학교에 입학하여 공부하였으나 중퇴하고 동덕여학교에 입학하여 약 1년 동안 수학하였다.

이 무렵 문학적인 재질을 높이 평가한 양주동(梁柱東)과 동거했으나

용정시 북시장 안에 있는 강경애 집터

곧 헤어졌다. 1932년 장하일(張河一)과 결혼하고 간도에 살면서 작품활동을 계속하였다. 한때 간도 조선일보지국장을 역임하기도 했으나 차츰 나빠진 건강으로 1942년 남편과 함께 귀국하여 요양하던 중 죽었다.

1931년 조선일보에 단편소설 《파금(破琴)》을, 그리고 같은 해 장편소설 어머니와 딸을 〈혜성(彗星)〉과 〈제일선(第一線)〉에 발표하면서 문단에 대표하였다. 이후 단편소설 《부자》(1933), 《지하촌》(1936) 등과 장편소설 《인간문제》(1934) 등을 발표하면서 사실주의적 작품경향에 바탕을 둔 사회성 짙은 작품을 발표하여 독자적인 문학세계를 구축하였다.

그밖에 중요 작품으로는 단편 《축구전(蹴球戰)》(1933), 《원고료 이백원》(1935), 《해고(解雇)》(1935), 《산남(山男)》(1936) 등이 있다.

강경애 집은 예전에는 초가집이었으며 당시 대성학교 기숙사 맡은 편에 있었다고 한다. 이어서 1926년에 건축된 기독교 성결교회 자리에 가 보았다.

용정시 기독교 성결교회

간도 15만 원 의거지

명동 쪽으로 향하여 최봉설(崔鳳卨) 등이 추진한 간도 15만 원 사건지를 답사하였다. 버드나무 숲 아래가 현장이라고 한다. 그곳에서 직진하면 과거에는 마을이 있었다고 한다. 그리고 간도 15만 원 의거 비석 앞으로 도로가 있었다고 이곳 전문가인 최근갑 선생은 전하였다.

1919년 겨울 임국정(林國貞)과 최봉설 등은 철혈광복단을 조직하고 군자금 마련에 헌신하던 중 회령에서 용정으로 조선은행권 15만 원이 우송된다는 정보를 입수하고 이를 요격, 군자금으로 사용하기로 하였다. 1920년 1월 4일 동량어구(東良於口)의 숲 속에 매복해 있던 임국정과 최봉설은 현금 수송 마차를 습격하여 15만 원의 현금을 확보하였다.

15만 원 의거비

15만 원을 소지한 이들은 국자가, 와룡동, 의란구를 거쳐 러시아 블라디보스톡 신한촌으로 갔다. 그리고 이곳에서 무기 구입을 위해 활동을 하던 중 최봉설을 제외하고 체포되었다.

현재 연변 사학계에는 15만

15만 원 의거비 뒤쪽에 새겨진 의거 내용

15만 원 의거비가 새롭게 정비되기 전(좌)과 정비 후(우)의 모습

원 탈취사건 지점에 대하여 여러 가지 설이 있는데, 일반적으로 동량어구라고 한다. 그리고 일제의 《현대사자료》에서는 승지촌이라 하고, 최봉설의 회고록에는 부처골이라 하고 있다.

그러나 《외무성경찰사》에서는 승지촌으로부터 약 1정보 떨어진 도로에서 5~6간(1간은 6자, 10간은 1정보이다) 떨어진 횡도(橫道)에서 두 곳의 피 흔적이 발견되었고, 그로부터 서북방 약 50간의 논밭에서 구식총의 총체를 발견하였다고 기록되어 있다. 이로부터 판단하면, 15만 원 사건의 현장은 동량어구로부터 승지촌(勝地村) 사이로 추정되며, 승지촌에서 남쪽으로 약 1정보 떨어진 강변도로에서 발생하였음을 알 수 있다고 연변대학 민족연구소 김춘선 선생은 주장하고 있다.(《외무성경찰사》, 29권, 김춘선, '15만 원 탈취 사건의 연구', 《룡정 3·13 반일운동 80돐기념 문집》, 연변인민출판사, 1999, 246면, 주16번.)

현재의 기념비는 사건이 일어났던 동량어구 맞은편 언덕 위에 설치되어 있다. 기념비는 높이 162㎝, 가로 125㎝의 자연석으로 만들어졌다.

이어서 연변 조선족 자치주 주장이었던 '주덕해 동지 옛 집터'가 있는

간도 15만 원 사건이 일어난 동량어구

주덕해의 옛 집터

승지촌을 방문하였다. 주덕해(朱德海)의 본명은 오기섭이다. 그는 1911년 3월 5일 가난한 농민 집안에서 출생하였으며, 1929년 9월에 용정 일대에서 혁명활동에 참가하였다. 1930년 8월에 공산주의청년동맹에 가입하였고, 1931년 5월에 중국 공산당에 가입하였다.

1930년부터 1936년 사이에 흑룡강성 영안, 밀산, 벌리 일대에서 항일운동을 전개하였고, 1937년에는 모스크바 동방노동대학에 유학하였다. 1939년에 연안으로 돌아온 후 팔로군 359려 련지도원으로 일하였고, 1943년에는 연안조선혁명군정학교 총무처장으로 활동하였다. 1945년에는 하얼빈에서 조선 의용군 제3지대 정위로서 활동한 인물이다.

한편 간도 15만 원 의거지 옆에는 '간도 5 · 30폭동기념비'가 서 있어 만주지역 한인 공산주의 운동을 추억하게 하였다. 2008년 7월에는 한참 주변이 공사중이라 보기 민망할 정도였다.

김약연 · 윤동주 등의 얼이 서린 명동촌

김약연

만주지역의 대표적인 항일운동가인 김약연(金躍淵, 1868~1942)의 묘소가 있는 장재촌(長財村)으로 향하였다. 마을 입구에 작가 김창걸 문학비가 서 있었다. 개울을 지나 마을 입구 쪽 산비탈에 김약연과 그의 처 안연(安淵)과 아들 김정근(金楨勤)의 묘소가 나란히 회령을 바라보고 있었다.

김약연의 묘소에는 '규암선생지묘' 라고 되어 있었다. 예전에는 김약연이란 이름이 있었는데 현재는 없어졌다고 한다. 2006년 7월 이곳을 방문하니 묘소는 잘 단장되어 있었으며, 묘비에는 '규암전주김공약연지묘' 라고 되어 있었다.

김약연과 부인, 아들의 묘소

장재촌 전경

김약연은 부인 안연 사이에 3남 1녀를 두었다. 첫째 김신복(金信福)은 명동학교 교사이며 독립운동가인 최기학(崔基鶴)과 결혼하였다. 둘째는 정근(楨勤)이며, 셋째는 정훈(楨勳)이다. 막내 정필(楨弼)은 천진 남개대학(南開大學)에 유학한 후 중국대사관 1등서기관으로 근무중 1937년에 요절하였다.

김약연 묘소에서 풀을 뽑는 학생들(좌)과 이곳을 답사 온 선생님들(우)

장재촌을 지나 명동(明東)으로 향하였다. 비가 계속 내려 우리 일행은 지신(智新)을 거쳐 오랑캐령을 지나 삼합(三合)까지 갔다. 가까이 두만강이 흐르고 있었고, 북한의 회령이 보이는 듯하였다. 길을 다시 뒤로하고 명동(明東)으로 향하였다.

명동촌은 1899년 142명의 이주가 시작되면서 그들을 중심으로 마을을 건설하고 민족 인재를 배양하기 위한 공동체를 형성하기 시작하였다. 명동촌은 1905년까지 마을이 거의 완성되었다. 선바위골이 40호, 수남촌이 80호, 장재촌이 400호, 중영촌이 250호, 성교촌이 130호 등 명동을 중심한 50리 안팎에 마을이 섰다.

명동촌(明東村) 입구에는 문익환, 윤동주 생가 터를 기념하는 바위 표

명동촌 전경

명동의 상징 선바위

지석들이 서 있었다. 그리고 김약연기념비, 명동학교 터, 명동교회, 윤동주 생가, 송몽규 생가 등을 답사하였다.

김약연기념비는 1942년 건립되어 문화혁명 때 일부 파손되었다가 최근 복원되었다. 규암(圭巖) 김약연(1868~1942)은 함북 종성 사람으로 1907년 간도 화룡현 지신사 명동촌에서 연변교민회를 조직하여 회장으로 활동하였으며, 1909년에는 간도 간민회를 이동춘(李同春)과 함께 조직하여 회장으로 활동하였다. 1908년에는 명동서숙(明東書塾)을 설립하여 숙감을 역임하였으며, 1910년에는 명동중학으로 발전시켜 교장으로 재직하였다.

1912년 이동휘가 명동으로 망명해 오자 북간도국민회를 창설. 회장직을 역임하면서 독립운동의 선봉에 나섰다. 1918년에는 무오독립선언서(戊午獨立宣言書) 발표에 가담하였으며, 1919년에는 조선독립기성총회를 조직하여 의사부원으로 활동하였다. 1919년 3월에는 노령(露領) 니코리스크에서 개최된 대한독립선언과 파리강화회의에 대비한 전로한족중앙총

김약연 목사 칭송비와 필자의 설명을 듣는 선생님들

회(全露韓族中央總會)에 북간도 대표로 참석하여 일제에 대한 강력한 항의문을 발표하였다.

1923년 2월 26일에는 24처 지방 대표가 모인 가운데 전 간도주민대회를 개최하여 간도에 거주하는 30만 한국인의 생명과 재산 보호를 위해 자치권(自治權) 확보에 노력하기도 하였다. 이러한 활동 내용을 탐탁하게 여기지 않은 일제는 그를 한국독립운동의 수령자로 또는 100만 동포의 대표자로 부르기도 하였다. 만년에 캐나다 선교회에서 용정에 설립한 은진중학교의 이사장에 선출되어 활동하다 1942년 10월 29일 용정시 자택에서 '내 모든 행동이 곧 나의 유언이다' 라는 유언을 남기고 75세로 별세한 항일

독립운동가이다.

명동학교는 1908년 4월 27일 명동촌에 설립된 민족교육기관으로 서전서숙의 민족교육정신을 계승하여 김약연 등의 애국지사들이 화룡현 명동촌에 설립하였다. 명동학교는 교육이념을 '독립정신'에 두고 신교육 체제를 세워 이를 구현하기 위하여 역사에 황의돈(黃義敦), 윤리에 박태항(朴兌恒), 한글에 장지영(張志暎), 체육 군사에 김홍일(金弘一) 등을 비롯하여 여준, 최기학, 송창의, 박태식, 김철, 박경철, 김성환, 김근승 등이 국내외 여러 곳에서 차례로 초빙되어 교단에 섰다. 학제도 2년만에 여학교까지 병설하는 명동중학으로 개편, 민족주의 이념에 철저한 항일 구국

명동학교 유적지

명동학교 옛 모습

명동학교 칠판

인재의 양성에 심혈을 기울였다.

명동학교가 민족주의 교육기관으로 발전함에 따라 그 명성이 국내외에 퍼져 입학생이 북간도 전역에서뿐만 아니라 러시아 연해주와 회령 등지의 국내에서도 몰려와 크게 융성하였다. 학생들의 나이는 특별한 제한이 없어 15~16세의 소년에서 심지어 30~40세 장년까지 다양하였다.

이러한 명동학교의 융성을 질시한 일제는 1920년 10월 훈춘사건을 조작하여 만주 파병을 감행하여 독립군과 항일민족운동자를 탄압 학살하면서 명동학교에 불을 질렀다. 그러나 한인들은 2년 동안에 걸쳐 정성과 재력을 모아 잿더미가 된 명동학교를 전보다 더 크게 증축하여 민족주의 교육을 계속하여 수많은 애국 인재를 배출하였다.

현재 명동학교는 그 터만 밭으로 변해 남아 있다. 1995년에 건립한 명

명동학교 옛 터

동학교기념비(明東學校紀念碑)가 서 있는데, 그 비에는 '1908년 4월 27일 김약연을 비롯한 반일지사들이 창기한 근대 교육 학교로 이곳에 설립되었다' 라고 되어 있다. 비는 가로 38㎝, 높이, 82㎝, 두께 13㎝ 크기이다.

명동학교는 폐교 이후 '명동소학' 으로 이름을 바꾸었고, 명동촌에서 400m 정도 떨어진 연길로 가는 길가에 신식 건물로 자리하고 있었다. 현재 이 학교는 학생들이 부족하여 폐교되었고, 학생들은 지신에 있는 지신명동학교(智新明東學校)에 다니고 있다.

1909년 5~6월경 명동교회가 설립되었다. 교회의 설립에는 국내에서 온 정재면(鄭載冕)의 공헌이 컸다. 명동교회는 처음에는 8칸의 집을 사서 방을 터 사용하였다.

명동교회는 길선주 목사, 김익두 부흥사를 초청하여 사경회를 개최하였다. 주일 평균 예배 참석자는 60~70명이 넘었고, 이동휘 전도사의 부

명동교회 옛 모습

예전에 나무 위에 달았던
명동교회 종각과 현재 남아
있는 종각 모습(원 안의 사진)

복원된 명동교회

명동역사전시관

흥회 때에는 인근 수백 리에서 1천여 명의 사람들이 몰려들었다. 공산혁명 이후 정미소로 사용되면서 그 본 모습을 잃고 폐허가 되었다. 이것을 해외한민족연구소에서 단층 231㎡(약 70여 평) 크기의 모습으로 복원하였다.

윤동주 생가 비

복원된 윤동주 생가는 윤동주가 태어나 15세까지 살았던 곳으로 '별 헤는 밤' 등의 시를 통해 그리워한 북간도의 집이다. 대지 990㎡(약 300여 평)에 외양간 등이 실내에 있는 함경도 전통 가옥의 본채와 별채가 그대로 복원되었다. 사각 모양의 나무로 된 우물도 옛 모습 그대로 복원되

윤동주

윤동주 생가 옛 터

복원된 윤동주 생가

윤동주 묘소(용정)

었다. 복원된 모습에 대하여 이견들이 있다.

송몽규는 용정 부근에서 출생하여 그곳에서 중등교육을 받았다. 민족 의식이 강했던 그는 1935년 중국의 남경, 제남 등지에서 민족주의 운동에 전념하였으며 이 때문에 1936년 함북 웅기경찰서에서 4개월간 치안유지법 위반 등으로 구금되기도 하였다.

그 후 용정으로 가서 국민고등학교를 졸업하였으며, 경성의 연희전문학교에 진학하였다. 그는 1942년 4월 일본으로 건너가 경도제국대학 문학부 사학과 재학중 독립운동 혐의로 윤동주와 함께 체포되었다. 징역 2년을 선고받고 후쿠오카형무소에 복역 중 1945년 3월 10일 순국하였다.

훼손된 예전의 송몽규 묘소(좌)와 잘 단장된 최근의 묘소(우)

송몽규 생가

두도구 · 대종교 3종사 묘역

7월 19일 화룡(和龍) 방면의 답사에 나섰다. 우선 두도진(頭道鎭)으로 향하였다. 화룡시 두도진 인민정부 내에는 낡은 두도구 영사관 분관 건물과 영사관저(현재 위생소)가 남아 있었다. 아울러 일부 부속 건물도 남아 있었다. 두도구 영사관 분관의 주소는 두도진 북산가(北山街) 44호 였다.

두도구는 청년맹호단의 근거지와 또한 3 · 1운동 전개지로도 유명하

두도구 일본영사관 분관 건물

3 · 1운동이 전개된 두도구 시내

다. 청년맹호단은 1919년 5월 김상호(金尙鎬) 등이 중심이 되어 조직한 단체로 만주에서 독립만세 시위가 있을 때 명동학교, 정동학교 학생들과 독립사상이 투철한 청년 학생들을 중심으로 조직되었다. 영사관 및 일제의 각급 기관에 취업하고 있는 동포들에게 사직을 권고하고 친일 거류민회장을 습격하는 한편, 〈대한독립신보(大韓獨立新報)〉를 발행하여 독립정신을 고취하였다. 또한 두도구에서는 1919년 3월 14일 한인 5,000여 명이 모여 김하선의 주관 아래 만세운동을 전개하였고, 동년 3월 16일 두도구에서 한민족독립선언대회를 개최하였다. 김하선의 주도하에 열린 이날 행사에는 한인 4,000명이 참가하였다. 이들은 시내로 들어가 대회를 개최하려 하였으나 중국 당국의 제지를 받아 시내 북쪽에서 집회를 가졌다.

대종교 3종사 묘소는 화룡진 못미처 청호(淸湖) 마을 맞은 편 언덕 위에 있었다. 나철(羅喆), 김교헌(金敎憲), 서일(徐一) 등이 그들이다.

나철(1863~1916)은 전남 보성군에서 출생하였으며, 1907년에는 자신

서일 묘비

나철대종사 묘비

김교헌 묘비

회(自信會)를 조직하여 을사오적을 저격하고자 하였다. 1909년 1월 15일(음력) 단군교를 중광하였고, 1910년 7월 교명을 대종교로 개칭하였다. 1911년 7월 만주로 가 포교활동을 전개하였고, 1915년 귀국하여 1916년 8월 황해도 구월산 삼성사에서 순국하였다. 비석의 크기는 가로 22㎝, 높이 95㎝, 측면 22㎝이다.

표지석 전면(상)과 후면(아래)

김교헌(1868~1923)은 대종교 제2대 교주로 1919년에 대한독립선언서에 서명하였으며, 1922~1923년 국내외에 시교당 46개소를 건립하였다. 또한 한국사 개설서인 《신단민사》를 저술하여 재만동포의 자제들에게 민족의식을 고취시키고자 하였다. 1923년 11월 18일 영안현 남관 총본사 수도실에서 순국하였다. 비석의 크기는 가로 30㎝, 높이 79㎝, 측면 6㎝이다.

서일(1881~1921)은 1910~1920년대 만주지역의 가장 대표적인 무장 투쟁론자라고 할 수 있다. 그는 중광단, 대한정의단, 북로군정서의 최고 책임자로 활동하였으며, 청산리 독립전쟁의 실제 주역이었다. 또한 독립운동가들이 지속적으로 무장 투쟁을 전개할 수 있도록 민족 의식을 심어 준 대종교 4종사의 한 사람이기도 하였다. 그는 대종교 경전인 《오대종지강연》, 《삼일신고강의》, 《회삼경》 등을 저술하기도 하였다. 1921년 8월 27일 서일은 토비들에 의하여 독립군 병사들이 다수 희생된 사건이 있자 이에 책임을 통감하고 자결하였다. 비석의 크기는 가로 36㎝, 높이 105㎝, 측면 13㎝이다.

대종교 3종사의 묘소는 어느 정도 단장되어 있었으나 지금은 올라가는 계단 일부가 허물어져 있어 보는 이의 마음을 쓸쓸하게 하였다. 청호(淸湖) 마을 노인들이 관리하고 있다 한다.

청산리전투 현장

화룡진의 번화한 시가지를 거쳐 청산리(靑山里) 백운평(白雲坪)으로 향하였다. 새로 만드는 저수지를 지나 한참 가니 화룡시 임업국 청산임장(靑山林場) 입구가 나왔다. 입구에는 이번에 새로이 건설하는 청산리 기념비 건립 현장이 나왔다. 큰 길에서 잘 보이는 곳에 설치 준비가 한창이었다. 청산리 임장 입구에는 청산리 마을이 있었는데, 3·1운동 시 중요한 거점이기도 하였다.

청산리 항일전적지 푯말

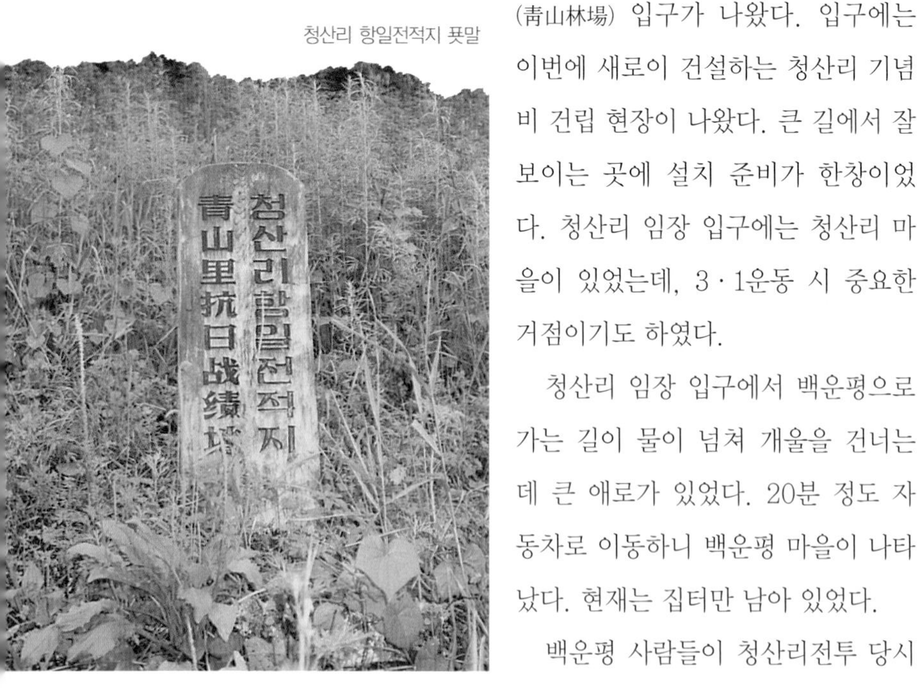

청산리 임장 입구에서 백운평으로 가는 길이 물이 넘쳐 개울을 건너는데 큰 애로가 있었다. 20분 정도 자동차로 이동하니 백운평 마을이 나타났다. 현재는 집터만 남아 있었다.

백운평 사람들이 청산리전투 당시

청산리대첩기념비

3·1운동이 전개된 청산리 마을

독립군들에게 주먹밥을 날랐으므로 청산리전투 후 백운평은 일본군에 의해 초토화되었다.

김좌진

백운평전투는 청산리전투 중 독립군이 거둔 첫 번째 승리다. 산전(山田)연대의 주력 부대는 20일 청산리계곡으로 침입해 들어오기 시작하였는데 김좌진은 가장 유리한 지형이라고 판단되는 백운평 계곡에 독립군을 전투편제로 2중으로 매복시켜 놓고 일본군이 사정권 안에 들어오기를 기다렸다. 부

백운평 마을이 있던 곳

대 배치는 연성대장 이범석(李範奭)이 최전선을 맡았는데, 교전지를 중심으로 우측 산허리에 1개 중대는 이민화(李敏華), 좌측의 1개 중대는 한근원(韓根源)이 지휘를 맡았으며, 정면 우측의 1개 중대는 김훈(金勳), 좌측 1개 중대는 이교성(李敎成)이, 그리고 정면 중앙에는 이범석이 직접 지휘를 맡아 대기하고 있었다.

이범석

산전(山田)연대의 전위부대인 안천(安川) 소좌의 1개 중대는 21일 8시경에 백운평에 침입하기 시작하여 1시간 만에 독립군 매복 지점으로부터 10보도 못 미치는 지점에 이르게 되었으며, 집중사격을 받은 일본군은 30분 만에 200여 명의 전위부대를 잃게 되는 손실을 입었다. 이후 산전(山田)연대의 주력 부대도 백운평을 향해 진격해 왔으나 독립군을 당해 낼 수는 없었으며, 이 전투에서 독립군은 200~300명의 일본군을 사살하는 전과를 올렸다.

우리는 백운평전투가 전개되었던 직소택으로 향하였다. 그곳은 작은 협곡으로 넓은 공간에서 사람들이 물을 모은 다음 뗏목을 묶어서 하

청산리전투가 전개된 직소택

류로 나무를 내려보내는 곳이었다. 북로군정서군은 높은 위치에서 아래 계곡 개천 옆길로 진공하는 일본군들을 몰살시켰던 것이다.

다음에는 어랑촌(漁郎村) 전투가 있었던 곳으로 향하였다. 어랑촌은 화룡시에서도 경제적으로 넉넉지 못한 마을이다. 조선인 마을이며, 대부분이 초가집이다. 마침 마을 아낙들이 부녀회의를 한다고 하여 마을 밖 냇가에 나와 있었는데 말고 밝아 정겨웠다.

어랑촌 마을 뒤에는 어랑촌 13열사를 기리는 기념비가 서 있었다. 어랑촌(漁郎村) 13용사는 1933년 음력 1월 17일 화룡현(和龍縣) 어랑촌에서 있었던 화룡현 유격대와 일본수비대 사이의 전투에서 사망한 13명의 용사를 가리킨다.

어랑촌에서 계서(鷄西)를 지나 몇 집 안 되는 칠곡리(한족 마을)에서 들

어랑촌 13용사 기념비와 어랑촌 마을

어가는 골짜기가 야계(野鷄)골이며, 이 골짜기에서 어랑촌 전투가 있었다. 어랑촌전투는 어랑촌 마을을 중심으로 하여 10월 22일 아침부터 종일 계속되었다. 독립군 측은 북로군정서와 홍범도 부대 등 연합부대 1,500여 명이 동원되었다.

홍범도

일본군은 가납(加納) 기병연대를 필두로 독립군 토벌을 위해 일본군 대부대가 출동하였다. 이 전투에서 적측은 연대장 가납(加納) 이하 장병 1천여 명의 전사자를 내었으며, 우리 측에서도 전사 1백여 명, 실종 90여 명, 부상 200여 명이었다. 어랑촌 전투 시에는 천보산 부근에서 이동중이던 홍범도 부대가 무명골에서 야계골로 이동하여 북로군정서를 후원하였다.

야계골에서 한 30분 가량 이동하니 천수평(泉水坪)이 나왔다. 이곳에

어랑촌전투가 전개된 야계골

는 길림성 팔가자(八家子) 임업국 천수 임장이 있었다. 이 임장이 있는 곳에서 천수평전투가 전개되었다. 천수평전투는 백운평전투를 끝내고 밤새 행군을 재촉하던 북로군정서 독립군이 다음 날 10월 22일 새벽 2시 30분경 이도구 갑산촌(甲山村)에 이르러 주민들로부터 일본군 기병 1개 중대가 천수평에 주둔해 있다는 정보를 입수하고 치르게 되는 북로군정서의 2번째 전투이다.

정보를 입수한 북로군정서군은 연성대를 앞세워 다시 행군을 재촉하여 약 1시간 만에 천수평에 도착할 수 있었다. 이때 일본군 기병 1개 중대 120명은 독립군이 접근해 온 사실을 모르고 모두 잠들어 있었다. 북로군정서군은 이들을 완전히 포위한 채 5시 30분경에 일제히 공격을 개시하여 본대로 탈출한 4명의 일본을 제외하고는 모두 몰살시키는 전과

천수평전투가 전개된 천수평

를 거두었다. 독립군의 피해는 전사 2명과 부상 17명에 지나지 않았다.

천수평에서 길을 나와 서성(西城, 이도구) 방향으로 가다가 다시 고동하곡(古洞河谷) 쪽으로 가니 한 무명 계곡이 나왔다. 이곳이 바로 홍범도 부대가 주둔하다가 천수평전투 지역으로 이동하던 곳이다. 우리는 함께 간 노경래 기자의 이름을 따 '경래골'로 명명하였다.

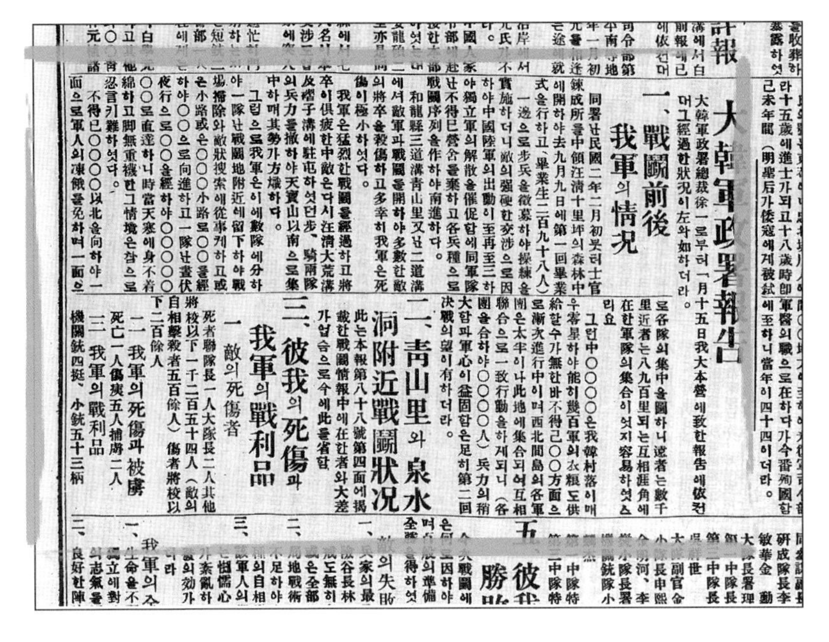

라十五歲에進士가되고十八歲時卽
己未年間（明聖后가倭寇에게被弑
軍醫의職으로在하다가今番殉國함
에至하니當年이四十四이더라。

訃報

大韓軍政署報告

大韓軍政署總裁徐一로부터一月十五日我大本營에致한報告에依컨
대그經過한狀況이左와如하더라。

一、戰鬪前後 我軍의情況

同署난民國二年二月初부터士官
鍊成所를中領汪淸十里坪의森林中
에開하야去九月九日에第一回畢業
式을行하고、畢業生二百九十八人
一邊으로步兵을徵募하야操練을
實施하더니敵의强硬한交涉으로因
하야中國陸軍의出動이至再至三하
야獨立軍의解散을催促함에同軍隊
난不得已營舍를棄하고各兵種으로
戰鬪序列을作하야南進하다。
和龍縣三道溝靑山里又난二道溝
에서敵軍과戰鬪를開하야多數한敵
의將卒을殺傷하고多幸히我軍은死
傷이極小하엿다。
我軍은猛烈한戰鬪를經過하고將
卒이俱疲한中敵은다시汪淸大荒溝
及礶子溝에駐屯하엿던步、騎兩隊
의兵力을撤하야天寶山以南으로集
中하며其勢가方熾하다。
그럼으로我軍은이에數隊에分하
야一隊난戰鬪地附近에留下하야戰
場掃除와敵狀搜索에從事케하고或
은小路或은○○○小路로○○를經
하야○○으로向進하고一隊난晝伏
夜行으로○○을經하야○○○○○
○○로直達하니時當天寒에身不着
綿하고脚無重機한그情境은참으로
忍言키難하엿다。
不得已○○○○以北을向하야一
面으로軍人의凍餓를免하며一面으
로各隊의集中을圖하니遠者는數千
里近者는八九百里되는互相涯角에
在한軍隊의集合이엇지容易하엿스
리요
그런中○○○○은我韓村落이매
우零星하야能히幾百軍의衣粮도供
給할수가無한바不得己○○方面으
로漸次進行中이며西北間島의各軍
團은太半이나此地에集合되여互相
聯合으로一致行動을하게되니（各
團을合하야○○○○人）兵力의稍
大함과軍心이益固함은足히第二回
決戰의望이有하더라。

二、靑山里와泉水洞附近戰鬪狀況

此는本報第八十八號第四面에揭
載한戰鬪情報中에在한者와大差
가업슴으로今에此를省함

三、彼我의死傷과我軍의戰利品

一 敵의死傷者
死者聯隊長一人大隊長二人其他
將校以下一千二百五十四人（敵의
自相擊殺者五百餘人）傷者將校以
下二百餘人
二 我軍의死傷과被虜
死亡一人傷痍五人捕虜二人
三 我軍의戰利品
機關銃四挺、小銃五十三柄

독립신문에 실린 대한군정서 관련 기사

연길시 항일 유적

와룡동

7월 20일 연길시에서 출발하여 와룡동(臥龍洞)으로 향하였다. 이곳에는 현재 모두 조선인들만이 거주하고 있었다. 와룡동에는 사립창동학교(私立昌東學校)가 있던 터만 남아 있었다. 길가 좌측 언덕에 있는 옥수수밭 밑 빈 터가 그곳이었다.

창동학교는 1908년 오상인(吳祥仁) 등 12명의 인사들에 의하여 창동소학교라는 이름으로 설립된 민족학교였다. 1912년에는 중학교를 부설하고 학교 이름을 창동학원이라고 고쳤는데 '창동'이란 이름은 조선의 창성함을 바라며 지은 것이다. 이 학교에서는 주로 많은 군사 인재를 배

와룡동 마을 입구

창동학교 터

출하였다. 1920년 일제가 감행한 경신 대토벌 때, 사립 창동중학교의 대부분 교원이 외지로 피신하여 수업이 중단되었다. 창동학교를 거친 상당수의 학생들은 왕청현 나자구에 있는 독립군사관학교에 입학하여 독립군의 근간을 이루었으며, 3·1 운동에도 적극 참여하였다.

창동학교 터 맞은편 언덕에 사립 창동학교 은사기념비(恩師紀念碑) (1935년 9. 12 건립)가 있었다. 정면에는 은사기념비라고 쓰여 있고, 뒷면에는 창동학교 설립과 운영 과정에 공적이 큰 원장인 오상근(吳祥根), 이병휘(李炳徽), 남성우(南性祐) 등의 이름이 새겨져 있다. 그 아래에는 작은 글씨로 창

사립 창동학교 은사기념비

동학교 연혁과 은사에 대한 찬사의 글이 있다. 내용은 다음과 같다.

> 스승 신홍남(辛洪南), 김종만(金種萬), 홍우만(洪祐晩), 이진호(李鎭鎬), 김아택(金履澤), 송창희(宋昌禧), 서성권(徐成權)씀. 창동학교 창립은 서기 1907년, 즉 우리 동포가 간도로 이주한 지 40년이 되는 때이다. 처음에는 와룡의 몇몇 유지들이 소학교를 설립하였는데, 이것이 본원의 시작이 되었다. 3년 후, 여러 스승님들이 협력하여 중학교를 세웠다. 학도들을 배항함에 전부의 심혈을 기울였고, 신고를 아끼지 않았으니 위대할 사 스승님의 은혜여, 빛나도다. 창동의 정신이여. 이 학원을 졸업한 2백여 명의 학원들이 그 공로를 잊지 못해 기념비를 세워 대대로 전하게 함이로다.

그리고 마을 중간쯤에 간도 15만원사건을 주도한 최봉설 생가가 있었다. 최봉설(1897~1976)의 호는 이붕(以鵬)이고, 별명은 계립(溪立)이다. 최봉설은 연길현 지인향 와룡동의 가난한 농민 최문호(崔文浩)의 장남으로 출생하였다. 1904년 4월부터 1912년 3월까지 8년 동안 향리에 세워진 민족학교인 창동학교에서 학창 시절을 보냈다.

간도 15만 원 사건 주역 최봉설 생가

1919년 3월 13일 용정에서 만세운동이 전개되자 여기에 참여하였으며, 또한 3·1운동 후 구춘선(具春先) 등이 중심이 되어 조직한 대한국민회의 외곽 단체인 간도청년회에도 참여하였다. 이 무렵 그는 철혈광복단에서도 활동하였다. 그러던 중 1920년 15만 원 탈취사건을 전개하여 세상을 놀라게 하였다.

그 후 러시아로 이동하여 혁명 전쟁에서 큰 공을 세웠으며, 1937년 중앙아시아로 강제 이주 당한 뒤 1976년 우즈베키스탄 침켄트 시에서 사망하였다. 최근까지 최봉설 생가는 그의 큰아들 최동현(崔東賢)이 관리하였으나, 1999년 그가 사망하여 폐허화되고 있다.

와룡동 마을 뒷편 언덕 위에 정기선 추도비가 서 있었다. '석천거사 정기선추모비(石泉居士鄭基善追慕碑)' 라고 되어 있었으며, 1940년 4월 5일 건립하였다. 정기선은 1916년에 창동학교를 졸업했다. 학창 시절부터 독립운동에 투신한 그는 독립운동을 전개하다 경신참변 시 일본군에게 체포되어 연길현 태양구 횡도자에서 학살당하였다. 소식을 접한 정기선의 형 정기천(鄭基天)이 시체를 찾으려고 애썼으나 끝내 찾지 못하고 돌아왔다. 후손들은 그의 죽음을 위로하여 추도비를 세웠다.

경신참변 시 사망한 정기선 추모비

적안평, 간민회

우리 일행은 조선독립기성회가 있었던 적안평(赤岸坪)으로 향하였다. 현재는 이곳을 인평촌(仁平村)이라고 하는데, 조선 초가집들이 다수를 이루고 있었으며 현재 한족들도 적지 않게 살고 있다고 한다. 마을 뒤에 있는 냇물을 중심으로 가까운 곳이 적안평이라고 하였다.

조선독립기성회는 1919년 3월 13일 연길현 용정에서 만세운동 이후 대종교, 기독교, 공자교 등 여러 계통의 인물들이 조직하였다. 이 단체를 중심으로 북간도 지역의 시위운동을 전개하였으며, 중심인물은 1910년대 간민회 등에서 활동한 인물들이었다.

우리 일행은 다음에는 간민회가 있던 서광 골목 7호(광화로 1133번지)에 있는 연길도윤공서(延吉道尹公署) 자리로 가 보았다. 현재는 연변조선족자치주 주정부 측문 바로 건너편에 도윤화원(道尹花

간민회가 있던 연길도윤공서의 옛 모습(위)과 새로 단장된 모습(아래)

園)으로 되어 있었다.

간민회는 1913년 2월 이동춘, 김약연, 김립 등이 신해혁명 이후 간민교육회를 토대로 재만한인의 자치기관을 수립할 목적으로 조직되었다. 간민회의 지도자들은 재만한인을 중국 국적에 귀화시킴으로써 중국 정부의 보호를 받아 일본의 속박에서 벗어나는 한편, 중국 법률의 보호하에서 자치를 실시하며, 독립운동에 필요한 기지를 육성 발전시키려는 의도를 갖고 있었다.

간민회에는 중국의 법률을 연구하여 동일한 언어와 풍속을 실현하고자 했으며, 중국의 지방 행정당국과 협조하여 한인들의 호구를 조사하기도 하였다. 뿐만 아니라 한인들의 토지매매에도 관여하는 등 자치단체로서의 위상을 강화해 나가고자 노력하였다. 이외에도 간민회는 간민교육회의 교육 사업을 토대로 민족교육사업의 발전을 위하여 한인학교 체육대회를 개최하기도 하였다.

따라서 간민회가 실시했던 자치는 국민당 정부산하에서 민족 차별을 받는 월강민(越江民)이 아니라 중화민국 공민(公民)으로서의 합법적인 자치를 도모하는 한편, 이를 토대로 한 독립운동의 강화에 기여하고자 했다는 점에서 1920년대 남만지역의 항일 단체들이 실시했던 자치와는

연길감옥

그 성격면에서 차이점을 보인다고 하겠다.

이어서 1980년대 초까지 연길감옥이 있던 연변예술국장도 답사하였다. 그곳에는 연길감옥 기념비가 서 있었고, 기념비 뒤에는 연길감옥의 역사와 노래, 그리고 투옥되었던 인물들에 대하여 기록되어 있었다.

연길감옥 항일투쟁기념비

대한국민회 · 광성학교

다음에는 연길영사관 분관이 있었던 연길시 인민정부 건물, 간민교육회가 있던 진학소학(進學小學) 등도 답사하였다. 그리고 대한국민회 중앙총회 본부가 있었던 연길 서구(西溝), 광성학교가 있던 소영자(小營子) 등도 답사하였다.

이중 간민교육회는 구한말에 북간도 연길시에서 이동춘, 구춘선, 박찬익(朴贊翊), 정재면, 윤해(尹海) 등이 중심이 되어 조직한 항일 독립운동단체이다. 이 단체가 항일 독립운동단체임에도 불구하고 명칭을 '교육회'라고 한 것은 중국 관청의 허가 하에 합법적인 활동을 전개하고자 하였기 때문이었다.

간민교육회에서 행한 주요 활동으로는 항일운동 외에 생산조합, 판매조합, 소비조합 등을 통한 농촌 부흥운동,

연길 영사관 분관이 있던 연길시 인민정부.
공사 전과 공사 후의 모습

간민교육회가 있던 진학소학

야학을 통한 문맹퇴치운동 등을 들 수 있다. 간민교육회는 1911년 중국의 신해혁명의 발발을 계기로 북경의 여원홍(黎元洪) 총통의 후원하에 간민회로 발전적 해체를 하였다. 현재 연길시 진학소학(해방로 161번지) 자리이다.

대한국민회는 1919년 4월 연길현에서 구춘선 등이 중심이 되어 조직한 재만한인의 자치기구 겸 독립운동단체였다. 이 단체에서는 자치활동과 독립운동을 위하여 행정조직과 군사조직을 두었으며, 행정조직은 연길현, 화룡현, 왕청현 등 3개 현에 133개 지회를 두었다. 중앙지방총회 회장은 이규병(李奎炳)이다. 현재 대한국민회 중앙지방총회 본부 자리는 확인할 수 없다. 현재 마을은 경신참변 이후 복구된 것이다.

대한국민회 중앙총회가 있던 연길 서구

소영자에 위치한 광성학교 터

한족 20~30호가 살고 있다.

광성학교는 1908년 이동휘가 발의하고 이동춘, 김립, 계봉우 등이 협력하여 창립한 길동서숙(吉東書塾)이 길동기독교학당으로 개편되었다가 이것이 확대 발전한 것으로 보인다. 1912년 길동서숙은 길동기독교학당으로 개편되어 여학부와 중학부를 증설하고 교사 양성을 위한 6개월 과정의 속성 사범학교를 설치하였고 아울러 교명을 광성학교로 개칭하였다.

학교 운영에 소요되는 경비는 이동휘의 경제적 후원자이고 동료인 이종호(李鍾浩)의 재정적 지원으로 충당되었고 김립의 주도하에 학교가 운영되었다. 이후 광성중학으로 개편된 뒤에는 이동휘가 직접 교장직을 맡았으며, 보성전문 출신인 김립, 윤해 등 10여 명이 초빙되어 교육을 담당하였다. 담당 과목을 보면 계봉우는 역사와 지리를 문경(文勁)은 군사교육을 포함한 체육을, 그리고 윤해와 김립은 법률과 정치를 담당하였다. 이들은 대부분 진보적 지식인인 동시에 민족 독립지사였다.

이와 같이 투철한 반일 민족지사들을 교원으로 받아들인 광성학교는 일제가 1914년 압록강과 두만강 대안의 이주 한인들의 동태를 조사 보고한 내용에서도 가장 과격한 배일 교육을 실시하는 학교의 하나로 지적하고 있다.

1914년 당시 광성학교는 140~150명이 수업받을 정도의 대규모학교로서 사범과가 설치되어 중등 이상의 교육을 실시하였고, 학생전원은 기숙사에서 생활하였는데 이들은 간도를 비롯하여 각처에서 입학한 학생들이었다.

광성학교는 체육교육에 심혈을 기울였는데 당시 교장이었던 이동휘는 구한말 장교 출신인 오영선을 체육교사로 초빙하여 학생 등에게 군사교육을 실시함으로써 광성학교를 독립군 양성소로 육성하고자 했던 것으로 보인다. 군사교육을 받은 적지않은 학생들은 1915년 이동휘가 왕청현 나자구에 무관학교를 설립하자 그곳으로 전학하여 독립군 장교로 양성되었으며, 북로군정서와 대한국민회 등에 가입하여 1920년대 봉오동전투와 청산리전투에서 용감히 싸웠다.

광성학교가 있던 소영자에는 현재 조선족 50호가 살고 있다. 과거 교회 자리 밑에 학교 자리가 언덕 밑에 있었다고 하며, 만주, 러시아지역에서 항일운동을 전개한 김립(金立)의 묘소가 이 마을에 있다가 해방 후 북한으로 이장되었다고 한다.

대한국민회 본부와 구춘선

7월 22일 아침에 의란구에서 백초구를 지나 왕청현성(汪淸縣城) 소재지로 향하였다. 그러나 가는 중간 중간에 홍수로 길이 파괴되고 다리가 유실되어 일정을 추진하는 데 애로사항이 많았다. 특히 왕청에서 대흥구(大興溝)로 가는 길은 공사중이어서 우회할 수 밖에 없었다.

우선 우리 일행은 북로군정서 총재부가 있던 유수하(柳樹河) 입구 덕원리(德源里)로 향하였다. 그러나 길이 끊겨 더 이상 갈 수가 없었다. 멀리 보이는 산 아래에 있는 조그마한 두 개의 산 우측에 유수하가 있다고 하였다. 덕원리는 그 밑이라고 하였다. 산을 뒤에 병풍처럼 두르고 있는

북로군정서 총재부가 있던 덕원리

덕원리는 북로군정서의 총재부가 있을 만한 곳이라고 짐작이 되었다.

유수하에서 산을 넘어가면 서대파, 십리령 등이 나오는 길이 있다. 지금 현재의 도로로는 돌아가야 하지만 당시의 산길로서는 이동이 편리하였을 것으로 짐작되었다.

유수하에서 북으로 이동하여 대흥구에 도착하였다. 여기서 다시 후하(後河)가 있는 방향으로 1시간 정도 달리니 홍일(紅日)이란 마을이 나왔다. 이 마을 이름은 문화대혁명 때 붙여진 이름이라고 한다. 이 마을과 붙어 있는 조선인 마을이 하마탕, 바로 후하촌이었다. 원래는 조선인이 700호 정도 되었으나 지금은 50호 정도 살고 있다고 이 마을에 살고 있는 박운식(朴雲植, 60세)은 증언하였다.

마을 중앙에 있는 고목 옆에 홍여(紅茹)상점이 있었다. 이 상점에 과거 경찰서 분소가 있었다고 한다. 마을은 집단 부락(1937년 이후)의 형태를 띠어 집들이 줄을 맞추듯이 나란히 지어져 있었다. 홍여상점 맞은편

대한국민회 본부가 있던 하마탕(현재 후하)

에 교회가 있었던, 대한국민회 본부가 있던 집이 있었다. 한때 상점을 하다가 현재는 개인집으로 이용되고 있다.

구춘선

대한국민회의 중심 인물은 구춘선(1857~1944)이었다. 구춘선은 함북 온성(穩城) 사람이다. 향리에서 한학을 공부하고 1886년 하급 군졸로서 온성군 영달진(永達鎭)에서 수성의 수번입직에 임하였다. 그러나 그의 학식과 인품, 뛰어난 괴력으로 행영(行營)의 도시(都試)에 선발되어 서울의 궁궐 수비의 군인이 되었다. 그는 남대문 수문장 등 중앙군의 일원으로 봉직하다가 청일전쟁 · 을미사변 후, 1895년 낙향하였다. 그리고 1897년 북간도(北間島)로 이주하였다.

1903년 이범윤(李範允)이 사포대를 조직하여 한인의 보호에 나서자 구춘선은 온성대안 양수천자(凉水泉子)에 한인보호소와 병영을 설치하고 간민(墾民) 보호에 진력하였다. 1905년 이범윤이 노령으로 망명한 후 한

하마탕 마을 전경

하마탕에 남아 있는 천주교회

인보호소를 더 운영할 수 없게 되자 구춘선은 용정촌(龍井村)으로 거점을 옮겼다. 1907년 캐나다 선교사 구예선(具禮善)을 만나 기독교에 입신하였다. 동년에는 용정시 교회, 1913년에는 하마탕교회 설립에 크게 기여하였다. 1913년 연길현 국자가(局子街)에서 김약연 · 백옥보(白玉甫) 등이 중심이 되어 한인 자치기구를 조직하자 이에 가담하여 부회장으로 활동하였다.

1919년 3월 1일 국내에서 3 · 1운동이 전개되자 동년 3월 13일 길림성(吉林省) 용정에서도 서울에서의 독립선언에 대한 축하식이 거행되었다. 연길현 국자가에 본부를 두고 있던 조선독립의사회에서 주관한 이 만세운동은 약 3만 명 이상의 조선인이 참가한 가운데 성대히 이루어졌다.

이를 계기로 북간도 지역의 독립운동 인사들이 대부분 참석한 가운데 조선독립의사회에서는 3월 13일 밤 연길현 국자가 적안평(赤岸坪)에서 회의를 개최하고, 독립운동을 보다 체계적이고 적극적으로 전개하고자 하였다. 그 결과 조선독립의사회를 조선독립기성총회로 개편하였다. 이때 이 단체에서 회장으로 활동하였다. 또한 3.1운동 직후 이익찬(李翼燦)·윤희준(尹俊熙)·방달성(方達成) 등과 함께 용정에서 〈대한독립신문〉을 주간으로 간행하였다.

한편 1919년 4월 상해에서 대한민국 임시정부가 조직되자 조선독립기성총회는 그 명칭을 대한국민회로 개칭하였는데 이때 회장으로 선출되었다. 1920년 2월 16일에 연길현 북하마탕 구춘선의 집에 노령 방면에서 러시아제 군총 100정이 도착하였다. 한편 4월에도 국민회 서상용이 군총 50정을 니코리스크로부터 운반하여 3월 28일경 북하마탕에 있는 구춘선 집 부근에 도착하였다. 이는 구춘선이 노령과의 연계 활동에 기인한 것이다.

동년 10월 29일에는 간도에 있는 간북대한의민회(墾北大韓義民會), 대한신민단, 대한광복단, 대한국민회 등이 병합하여 임시정부의 지휘 감독을 받는 총판부(總辦府)를 결성하였을 때 연길, 화룡, 돈화(敦化), 액목(額穆) 등을 담당하는 간북(間北), 남부(南部)총판부 총판으로서 부총판인 방우룡(方雨龍) 등과 함께 활동하였다.

1920년 12월에 밀산에서 대한독립군단을 조직할 때, 북로군정서 서일, 대한독립군 홍범도, 대한신민단 김성배(金聖培) 등과 함께 참여하였다. 그 후 노령으로 이동하였다가 자유시 사변을 겪은 후 다시 동만(東滿)으로 돌아와 1921년 12월 돈화현(敦化縣) 양수천자(涼水泉子)에서 총판부를 조직하여 사관학교의 설립과 국내에 진공하여 일경을 암살할 계획을 세우는 등의 활동을 전개하였다.

한편 동년 12월 자유시사변의 책임과 관련하여 대한국민의회 문창범(文昌範)과 고려혁명군정의회(高麗革命軍政議會)를 성토하는 성토문을 발표하기도 하였다.

구춘선은 베르사이유 강화회의와 워싱톤 군축회의 등에 실망하고 때마침 밀려오던 사회주의를 민족운동의 기반으로 삼게 되었다. 1923년 5월 그는 돈화현의 오지 사하연(沙河沿)으로 이동하였고, 액목현에서 고려공산당 집행부 적기단이 조직될 때, 마진(馬晉)과 함께 고문으로 추대되었다. 7월에 구춘선은 방우룡 · 안무 와 함께 영안현(寧安縣)을 거쳐 왕청현 나자구 방면으로 다시 진출을 시도하였으나 유격구 확보에 실패하고 말았다.

구춘선은 1926년 하마탕을 거쳐 왕청현 백초구로 돌아왔다. 그 후 그는 무장운동에서 신앙운동, 교육운동으로 전환하였다. 1927년에는 국민회 동지들과 북간도 대한국민회 재건운동에 착수하였고, 1928년 11월에는 돈화현에 있는 마진에게 대한국민당 조직을 명하였다. 1934년에는 한국 교회 희년(禧年)을 맞이하여 문재린(文在麟) 등과 함께 동만주 기독교 세력의 지하조직을 구축했다.

후하촌 마을은 사방에 산이 둘러 있고, 평야가 있는 곳에 위치하고 있었다. 뒷산은 사방산(四方山)이라고 하는데 이 산 너머 70리를 가면 돈화가 나온다고 한다. 이 분들의 생각 속에 돈화는 가까운 곳으로 여겨졌다. 따라서 구춘선 등이 1920년 경신참변 이후 돈화지역에서 활동하였구나 하는 생각이 절로 들었다.

박 노인의 증언에 따르면, 사방산에는 1930년대 항일운동 세력이 있었으며, 나무를 깍아 일본 제국주의를 반대하는 글귀 등이 써 있었다고 한다. 아울러 이 마을에는 1920년대 만들어진 천주교 교회당이 자리 잡고 있었다. 연길 팔도구와 이곳이 천주교로 유명하다고 하였다.

퇴색한 천주교 성당을 바라보니 당시의 상황을 짐작해 볼 수 있었다.

이 성당은 독일인들이 세웠다고 하며, 그 후 기름 짜는 공장, 군인들의 학습장 등 다양하게 이용되었다고 한다.

한국독립군의 대전자령전투

다음에 다시 대흥구를 나와 대전자령으로 향하였다. 이곳은 길고 깊은 골짜기였다. 정상부에는 1945년 소련군과 일본군과의 전투에서 사망한 러시아군을 추도하는 비가 서 있었다. 이곳 정상부에서 한국독립군이 일본군과 전투를 전개한 것이 대전자령 전투이다.

대전자령전투는 한국독립군이 일본군과 싸워서 거둔 최대의 전과였다. 1933년 6월 한국독립군은 대전자(大甸子)에 주둔하고 있던 일본군 제19사단의 '간도파견군'이 국내로 철수한다는 정보를 입수하고 이들을 공격하기로 결정하였다.

이 간도 파견군은 1932년 4월 3일 동만지역에 출병하여 만주국 군경을 지원하면서 항일군의 토벌에 종사고 있었다. 1933년에 접어들면

대전자령전투가 전개된 곳

대전자령전투 유적지

서 일제는 간도 파견군이 어느 정도의 성과를 거두었다고 판단하고 연변 일대의 치안을 본래 책임자인 만주국과 관동군에게 넘기로 하고 철수하기로 하였다. 따라서 간도 파견군은 1933년 6월 25일 관동군 경비대가 연병에 들어오자 간도 파견대는 6월 28일부터 조선으로의 철수를 시작하였다.

일본은 1년 2개월 동안 그들이 체류했던 주둔지에서 많은 군수물자를 그대로 가지고 철수를 감행하였다. 이에 한국독립군에서는 첩보대를 파견하여 일본군 화물차의 수, 징발된 우마차의 수, 그들의 이동 노선, 출발 일시 등에 대한 정보를 수집하였다.

한국독립군에서 일본군이 빠른 철수를 위해 훈춘(琿春)으로의 우회를 택하기 보다는 대전자령을 넘는 것이 험하지만 빠른 길을 택할 것으로 판단하고 통과 예상 지역에 매복하고 기다렸다, 6월 30일 오후 1시 경 일본군의 전초부대가 통과한 뒤 화물차를 앞세우고 본대가 계곡으로 들어오자 전투가 시작되었다. 그리하여 대전자령 전투는 4~5시간에 걸쳐 치열하게 전개되었다.

이 전투에서 한 · 중 연합군은 일본군 약 2개 대대병력을 완전히 격파하는 빛나는 전과를 거두었다. 일본군은 막대한 인명 피해를 입었을 뿐만 아니라 막대한 군수물자를 잃었다. 독립군은 막대한 군수물자를 노획함으로서 이후 독립군의 활동에 유리한 상황을 구축하였다.

삼도하자 · 나자구

나자구로 거의 내려가니 삼도하자(三道河子) 마을이 나타났다. 밭이 중심을 이루고 있는 이 마을은 전형적인 한족 마을로 이해되었다. 큰길에서 약 800m 정도 떨어진 이 마을에서 3 · 1운동이 일어났고, 태흥의숙(太興義塾)이 있어 민족 교육을 실시하였던 것이다. 마을 입구에는 삼하(三河)학교가 있어 그때의 교육 열기를 계승하는 듯 하였다.

삼도하자에서 나자구로 향하였는데 나자구에는 평야가 많고 말들이 많이 보이는 것이 이색적이었다. 항일운동의 근거지 나자구를 보고, 나자구는 아직도 산골에 있는 곳이어서 그런지 별로 발전하지 못한 모습이었다.

나자구에서 평야지대를 지나서 72고개로 올라가는 길에 거의 다가서

나자구 입구

삼도하자에 있는 삼하학교

나자구 무관학교가 있었던 태평구에 도착하였다. 이곳은 평야에 노흑산을 배경으로 하는 마을이었다. 노흑산 72고개를 내려와 첫 마을이었다.

현재 600호가 살고 있고, 조선족이 80호가 산다고 한다. 태평구 마을 뒤 골짜기와 언덕에 무관학교가 있었을 것으로 짐작되었다.

이동휘

무관학교인 대전학교(大甸學校)는 1914년 8월 연해주로부터 나자구로 옮겨온 이동휘가 현지의 유지들인 최정구, 염재권, 권의준 등과 협의하여 세운 학교이다.

이 학교의 운영비는 이종호가 대고 교장은 이동휘였으며, 김립, 김규면, 정기연, 오영선, 김영학, 김광은, 강성남, 한흥, 김하정 등이 교관으로 활동하였다. 사관학생은 사관학생은

대전학교가 있던 태평구 마을

태흥학교에서 수학하던 학생들을 비롯하여 간도와 연해주 지방에서 청년들을 모집 80~100여 명에 달했던 것으로 보인다.

외형상 대전학교로 불렸던 이 무관학교의 교육 내용은 군사학교재와 실습용 무기의 부족으로 군사기술을 연마하는 데는 미흡한 점이 있었지만 독립군 사관으로서의 정신교육에는 대단히 충실했던 것으로 보인다.

그러나 대전학교는 1915년 말경 일본영사관의 강요에 의해 중국 당국이 폐쇄 조치를 내림으로서 폐교되고 말았다. 그러나 상당수의 학생들은 1917년 1월 훈춘 대황구(大荒溝)의 북일학교(北一學校)에 입학하여 공부를 계속할 수 있었던 것으로 보인다.

마을을 수분하가 두르고 있었다. 넓은 분지에 넓은 평야, 수분하가 흐르고 있는 나자구를 바라보며, 항일 운동의 근거지라는 생각이 저절로 들었다. 나자구 답사를 마치고 연길로 돌아왔다.

나자구 평원

나자구에서의 이민생활

1937년 봄부터 경상북도 문경, 상주, 봉화, 안동, 여천 등지에서 400~500호가 왕청현 동신향 전각류, 태양촌 등지에 이주하여 왔으며, 나자구에는 1937년 가을부터 1938년 봄까지 600호, 1940년에 100호 등 모두 700호가 이주하여 왔다.

경상도에서 이주하여 오는 사람들은 추풍령을 지나 기차를 타고 50시간 정도 달려 중국의 두만강 건너 도문에 아침에 도착하였다. 그곳에 잠시 정차한 기차는 다시 출발하여 다음 날 아침 9시경에 왕청현 대흥구에 도착하였다. 그리고 대흥구에서 하루 쉬고 이른 아침에 트럭을 타고 산길을 달려 나자구로 향하였다. 대흥구에서 나자구까지는 100여 km인데, 인가가 없는 무인지경이 50여 km나 되었다고 한다.

오후에 그들은 목적지인 사도하자 집단 부락에 도착하였다. 집단 부락 주위에는 높다란 흙담을 쌓았는데 담 밖에는 길이 넘는 해자를 파 놓았다. 그리고 동서남북 네 곳에 대문을 달고 경찰의 감시밑에 자위단이 보초를 섰다. 나자구에 이주해 온 집들이 1937년 가을에는 150호, 1938년 3월에는 450호, 도합 600여 호가 있었는데 그들은 6개 집단 부락에 나뉘여 살았다.

이주해 온 한인들의 교육은 형편없었다. 온 마을에 소학교 졸업생이 4명밖에 없었고, 서당에서 글을 배운 사람도 2명뿐이었다. 열대여섯 살 되는 아이들이 150명 정도였지만, 조선에서 소학교에 다니다 온 학생은 2명뿐이었다. 1938년 봄에 나자구 중심에 6년제 보통학교가 세워졌고, 4년제 소학교가 있는 마을도 세 곳이나 되었다.

1941년부터 생활은 다소 안정되었으나 일제가 태평양전쟁을 도발하자 일제의 통제는 더욱 심해졌다. 1943년 여름에는 황충이 심해서 곡식잎들을 다 갉아먹어 버렸다. 1944년에 들어서서는 입을 옷이 없어서 이불을 뜯어 옷을 해 입고, 이불 솜으로는 무명천을 짜서 여름철 옷을 만들어 입었다.

징병제도가 실시된 후부터 일본은 적령청년들을 군대에 끌어내다 놈들의 대포밥을 만들었다. 나이 넘은 청년들은 '근로봉사대'에 끌려 나가 비행장 건설 등에서 고역을 치르게 했다. 당시 나자구에는 비행장이 세 곳에 있었다. 나자구에 1937년경에 이주하여 온 동포들은 이처럼 두메산골 나자구에서도 고달픈 생활을 영위하여야만 하였다.[4)]

---

4) 채도식 채선애, 《라자구에서의 이민살리》, 〈결전〉, 중국 조선민족발자취총서 4, 민족출판사, 1991, pp.19~23.

북일학교가 있던 대황구

7월 23일 훈춘을 답사하고자 하였다. 훈춘시는 자치주의 동부에 위치하고 있는데, 동남쪽은 러시아와 맞닿아 있고 서남쪽은 두만강을 사이에 두고 북한과 마주하고 있다. 1982년 훈춘시의 인구는 146,672명이고 그중에서 조선족이 56%를 차지하였다. 훈춘시는 만족의 주요 집거구로서 만족이 4,490명이나 되며, 주 만족 총수의 40%를 차지하고 있다.

우선 독립군들이 국내로 진격하던 밀강(密江鄉)으로 향하였다. 밀강촌에는 현재 400호가 살고 있으며 그중 대부분이 조선족이다. 이곳에는

국내 진공작전의 전진기지 밀강

수전(논)이 적고, 밭이 많으며 주로 옥수수, 콩 등이 재배되는 지역이었다. 또한 밀강은 1930년대 개척단 훈련소가 있었다. 밀강의 맞은편은 북한의 샛별군(온성군) 미산(美山)으로 2㎞ 정도 떨어져 있었다. 밀강촌에는 밀강이 흐르고 있었고, 이 강물은 두만강과 합하여 흐르고 있었다.

밀강 건너는 바로 산악지대였다. 그리고 이 산악지대를 지나 한 시간 정도 차로 이동하면 항일운동의 근거지인 대황구가 나온다. 바로 이 대황구를 중심으로 한 독립운동 세력이 두만강을 건너 국내로 진격하였을 것으로 추정되었다.

밀강에서 대황구로 가는 길은 험하여 훈춘에 거의 도착하여 영안(英安)에서 대황구를 가는 길을 택하였다. 이 길은 산을 몇 겹 넘어 들어가는 40㎞ 정도 떨어진 산악지대에 있는 분지였다. 작은 분지 안에 병풍처럼 둘러쌓인 산악지대를 보면 바로 이곳이 항일 유격대의 근거지였구나 하는 생각이 들었다. 대황구 마을에는 현재 모두 60호가 살고 있으며 한족이 1/3, 조선족이 2/3이었다.

우리 일행은 이곳에서 북일(北一)학교의 흔적을 찾고자 하였다. 북일학교는 1911년 양하구(梁河龜)와 김철수(金哲洙) 등이 세운 동창소학교(東昌小學校)의 후신이다. 1917년 1월에 이동휘가 동창소학교를 바탕으로 북일중학교를 건립하였다. 이때 북일중학교의 교장에는 양하구, 부교장은 김남극(金南極)이었으며, 이동휘는 명예교장이었다. 북일중학교의 교사(敎舍)는 당지 주민들의 도움으로 8칸 가옥에 교실 3개의 규모로 건축되었다. 1920년 10월 일제의 간도 출병으로 북일중학교 교사는 일본군에 의하여 소각되었다.

마침 박일(朴日, 40세)이라는 이곳 마을 주민을 만나 이 지역의 항일운동에 대하여 들었다. 먼저 대황구 마을 끝쪽에 있는 길 맞은편에서 김남

북일학교 교감 김남극 묘소

극 의사의 묘지를 접하게 되었다. 김남극의 묘소는 원래 도로 위쪽에 있었다고 한다. 그런데 1970년대 왕청임장(汪清林場)으로 가는 길을 만들면서 그 장소에 있던 김남극의 묘를 길 밑으로 옮겼다고 한다.

김남극은 북일학교의 교감으로서 활동한 인물이었다. 그의 묘소는 길 아래 잘 단장되어 있었다. 비문을 보면 '抗日義士 金南極之墓, 夫人同墓(애국장 추서, 1991. 8. 15) 1999년 10. 17일 손자 김학기記' 라고 되어 있다.

묘소에서 개천을 건너 산속으로 800m 정도 들어가니 산이 마주치는 골짜기에 북일학교 터가 있었다. 학교 터는 '학교골' 또는 13혁명역사묘가 있는 골짜기로 알려져 있다. 이 골짜기 학교 터에는 학교 건물 것으로 보이는 돌들이 콩밭 사이로 나뒹굴고 있어 당시 학교의 모습을 짐

북일학교가 있던 학교골

작해 볼 수 있었다.

학교 골짜기 근처에는 돌배나무가 서 있었고, 그 옆에는 개산툰, 훈춘, 도문 등지의 노동자 휴양소가 있었던 자리도 있었다.

훈춘 시내 항일 유적

훈춘 시내로 들어섰다. 훈춘의 경제 개발 등과 관련하여 넓은 도로 등이 인상적이었다. 우리 일행은 훈춘 시내에 있는 동문으로 향하였다. 이 위치를 잘 파악하지 못하여 한족 노인에게 물어 보았다. 현재 동문은 시 병원으로 바뀌었다고 한다. 도로는 강평가(康平街)라고 쓰여 있었다. 시 병원에서 강평가 쪽으로 뻗은 길은 서문(현재 市政府) 자리로 향하였다. 1919년 3월 훈춘의 한인들은 만세운동을 동문에서 서문 쪽을 향하여 전개하였다.

한편 1919년 9월 29일 훈춘현 동문내의 박봉식(朴鳳植)의 집에서 훈춘 대한애국부인회를 조직하였다. 이 회는 훈춘의 각 지역에 거주하는 여성 약 200명이 모여 조직한 것으로 독립운동의 후원을 목적으로 하고 있다. 구체적인 활동 내용은 여성교육의 향상, 여권신장 도모, 전투 상이군인의 치료와 구호, 군자금 모금 등이었다. 주요 간부로는 회장 주신덕, 부회장 김숙경(金淑卿), 총무 권정숙(權貞淑) 등을 들 수 있다.

다음에 우리 일행은 훈춘 공안국으로 향하였다. 이곳이 바로 훈춘사건이 있었던 곳이었다. 일제가 간도 출병의 명분으로 일본인들이 마적을 사주하여 일으킨 훈춘사건의 발생지이다. 1920년 9월 12일 오전 5시경 중국 마적 3백 명이 훈춘 시가를 습격, 가옥 40여 호를 소각하고 인질을 납치하여 오전 8시 동쪽으로 철수하였고, 1920년 10월 2일 오전 4시경 마적단

옛 훈춘병원과 새로 지은 훈춘시병원(2008년)

훈춘사건의 현장
훈춘 일본 영사관 터(위)와
현재의 모습(2008년)

약 400여 명(그중 러시아인 수명, 조선인 약 100명, 중국 관병 수십만 명을 혼합)이 훈춘현성을 공격, 일본영사관 및 부속 관사를 방화하였다. 10월 2일 오후 조선군 제19사단장은 일본인의 생명을 보호한다는 미명하에 경원(慶源)수비대 장교 이하 80명을 훈춘에 파견하였고, 3일 오후에는 안부(安部) 소좌가 거느리는 1개 대대의 병력이 훈춘에 도착하여 보병 76연대의 제3대대를 중심으로 하는 보병 제1대대를 편성하고 거기에 기병, 포병 등 각 1중대씩 배치하여 훈춘에 침입시켰던 것이다.

훈춘 일본영사관 분관은 1918년 8월에 짓기 시작하여 1920년 7월에 준공하였는데, 같은 해 10월 2일 훈춘사건에 의해 불타 버렸다. 현재 터가 남아 있는 곳은 1921년 5월에 다시 짓기 시작하여 그 해 11월에 준공한 것이다.(1982년 훈춘현 공안국 정원안에서 발견된 화강암 석패의 기록에 근거함)

방천

러시아로 통하는 훈춘 장영자 해관(위), 훈춘 사타자 해관(아래)

야단 근거지 동불사

7월 24일 우리 일행은 아침 일찍 동불사(銅佛寺)로 향하였다. 이곳은 청림교(靑林敎) 야단(野團) 근거지로서 널리 알려져 있는 곳이다. 1919년 9월경 청림교도 20,000명이 중심이 되어 야단을 조직하였다. 주요 임원은 임갑석(林甲石), 김광숙(金光淑) 등이었다. 이 단체는 1920년 5월 독립운동을 효율적으로 전개하기 위하여 북로군정서에 소속되었다. 그리고 봉오동전투와 청산리전투 전개 시 병력과 군복 등을 제공하기도 하였다. 그러나 이 단체는 지금까지 학계의 주목을 별로 받지 못하였다.

동불사는 연길에서 안도 방향으로 조양진(朝陽鎭)을 지나 얼마 안가

야단 근거지 동불사 시내

나타났다. 연길에서는 24km, 조양진에서는 10.4km 정도 떨어진 곳에 위치하고 있었다. 지금은 한적한 농촌 마을이고 옛날의 청림교 흔적은 찾아볼 수 없었다.

우리 일행은 다음 기착지인 천보산(天寶山)으로 향하였다. 이곳은 청나라 시절부터 은광이 유명하여 일찍부터 노동자들의 투쟁이 있던 곳으로 유명하였다. 1919년 3·1운동 당시에는 이곳의 노동자들이 뇌관 등을 제공하여 중요한 역할을 하였다.

또한 1920년 청산리 전투 시에도 이곳 천보산에서 항일 투쟁이 전개되었던 것이다. 북로군정서와 홍범도 독립군 연합부대가 10월 24일과 25일에 천보산 남쪽 부근에서 일본군 1개 중대를 습격하여 승리를 거둔 전투이다.

이범석이 이끄는 북로군정서의 한 부대는 10월 24일 8시와 9시 두 차례에 걸쳐 천보산 부근의 은동광(銀銅鑛)을 수비하고 있던 일본군 1개 중대를 두 차례 습격하였다. 또한 홍범도 연합부대에 속한 한 독립군 부대는 10월 25일 새벽 식량 조달을 위해 천보산 부근에 나갔다가 일본군을 습격하여 큰 피해를 주었다.

1930년대 천보산전투

동불에서 노두구진(老頭溝鎭)을 지나 천보산진으로 향하였다. 이곳은 노두산에서 16.2km 지점이었다. 천보산은 해발 1074m의 높은 산이었으며, 산 정상에는 텔레비전 송신소가 보였다. 골짜기를 계속 지나니 멀리 천보산이 보였다. 그리고 지금도 그 규모를 자랑하는 광산지대가 보였다. 그러나 예전과 같이 광산이 활발하지 않아 상당한 어려움을 겪고 있다고 한다.

천보산전투 기념비

천보산진에 거의 다와서 길의 좌측에 혁명역사기념비 앞에 천보산전적비가 서 있었다. 이 전적비는 북한의 지원을 받아 연변대학 민족연구소가 세운 것이었다. 비문 전문에는 천보산전적지라고 되어 있고, 뒷면에 사적이 한글과 한문으로 간단히 기록되어 있다. 그 내용을 보면 다음과 같다.

> 1939년 6월 30일 항일연군 제1로군 제2군 4, 5사(사단)와 제2방면군 9퇀(연대)은 연합하여 일본인 기숙사와 광산 수비대를 습격하여 15명을 살상하고 위만자위단의 무장을 로획하였으며, 선광직장설비와 광산 사무소를 들부수고 많은 군용물자들을 로획하였다.

1992~1993년경에 설치한 이 기념비에는 김일성에 대한 언급이 없는 것이 인상적이었다. 설립 주체는 연변 조선족자치주 문물관리 위원회와 연변대학 민족연구소로 되어 있으나 사실은 북한에서 자금을 제공

천보산 전경

하였다고 한다. 천보산 광산은 원래 은광이었으나 현재는 아연광을 생산하고 있다 한다.

다음에 우리 일행은 석문(石門)으로 알려진 4도구로 향하였다. 이곳은 집단 부락으로 유명한 곳으로, 1942년도에는 일본군이 독일 천주교 신부를 사살하여 천주교도들이 심한 반발을 받았던 곳이다. 시간 관계상 사진 촬영을 못하고 지나쳤다.

명월구의 일본군 간도 특설대

석문을 지나 안도현 현 소재지 명월진(明月鎭)으로 들어갔다. 명월진은 커 보였으나 화룡, 연길에 비하면 조그마한 진(鎭)이었다. 이곳은 예

간도 특설부대가 있던 곳

전에 옹성라자라고 알려진 곳이다. 시내에서 과거 명월구가 있는 장흥향(長興鄕)으로 나가는 길에 붉은 벽돌의 건물들이 있었다. 이곳이 과거 조선인 부대로서 한인들을 '토벌' 하던 명월구 간도 특설대 본부가 있던 곳이라고 하였다. 이곳은 명월진 경산로(經山路) 148번지 근처에 위치하고 있었다. 현재는 안도현 농업기계 공장이 변해 있었다.

일제는 1938년 9월 15일부터 안도현 치안대, 훈춘 국경감시대, 연길 청년훈련소, 봉천만군군관학교와 기타 만군 부대에서 일본인 군관 7명, 조선인 위급군관과 사관 각각 3명을 선발하여 안도현 명월구에서 특설부대 성립 사업을 진행하게 하였다.

준비 사업을 끝낸 후 1938년 12월 15일 정식으로 제1기병 입대의식을 거행하였다. 그때 괴뢰 간도성 성장 이범익이 의식에 참석하였으며 간도성 5족(만족, 한족, 몽골족, 조선족, 일본족)협회에서도 대표를 파견하여 참가시켰다.

특설부대 본부와 분부는 모두 명월구에 있었다. 특설부대는 성립부터 해산까지 모두 7기 병을 모집하였는데, 총 1,013명이었다. 제1기, 제

2기는 지원병이었고, 제3기부터는 징병제를 실시하였다. 1944년 초부터 부대가 열하성으로 이동하였다.

부대 명칭은 처음에는 '조선인특설부대' 라고 하였는데, 후에는 '간도특설부대' 라고 고쳤다. 또한 시기마다 지휘관의 이름을 따라 부대 이름을 부르기도 하였다. 특설부대는 1939년 12월부터 1943년 말까지 간도성에서 독립군의 진압에 힘을 기울였고, 1944년 초부터는 관내에서 활동을 전개하였다.

특설부대는 성립된 이후 총 108차에 걸쳐 독립군 토벌에 나섰으며, 총 172명 사살, 체포 139명이었다. 1945년 3월 21일 만주국 국무원에서 공포한 통계에 따르면 각종 훈장을 수여받은 특설부대 장교와 병사는 총 175명이며, 그중 조선인은 167명이라고 한다.

이 부대 출신으로 널리 알려진 인물은 제4기 안기완을 들 수 있다. 안기완은 한국전쟁 당시 판문점 정점회담 시 한국어 통역원으로 활동하였다.(차상훈, 「악명높은 간도특설부대」, 『결전』, pp. 276~281)

대한독립군 · 대한국민회군 근거지 명월구

우리 일행은 다시 옛 명월구로 향하였다. 그러나 길이 두 갈래로 나타났다. 우측 길은 풍흥(豊興=新興), 풍산(豊産)으로 향하는 길이고, 좌측 길은 장흥향(長興鄉)으로 가는 길이었다.

우선 장흥향 방면으로 향하였다. 길가에서 교통경찰이 차를 단속하였다. 산림도로이므로 우천 관계로 도로가 파괴될까 봐 통과비 20원을 징수하였다.

장흥을 향해 조금 가니 소명월구가 나왔다. 그리고 길 좌측에 옹성라자회의지라는 표지석이 서 있었다. 북한의 지원을 받아 연변대학 민족

옹성라자 회의 장소

연구소에서 설립하였다고 한다. 이 비문에는 '1931년 12월 중공동만특위는 이곳에서 연길, 화룡, 왕청, 훈춘, 안도 등 현재 40여 명 당, 단골간 분자들이 참가한 회의를 소집하고 농촌으로 내려가 농민 대중을 발동하고 항일 무장을 조직하여 유격 전쟁을 벌이는 문제 등을 결정하였다."라고 되어 있었다.

이 회의에서 유격대를 농민으로 조직하여 유격 전쟁을 전개하기로 결정하였다. 이 회의를 북한에서 김일성이 주도하였다고 하고, 김일성이 '조선혁명의 진로'라는 연설을 하였다고 한다. 소명월구는 폐촌이 되었고, 농토는 거의 없어 보였다.

길을 되돌아와서 풍흥(신흥)을 지나 풍산으로 향하였다. 대명월구라고 하는 곳이다. 깊은 계곡에 있는 마을 입구에는 넓은 평원 수전(水田)이 펼쳐져 있었고, 수전 뒤에는 넓게 산들이 있었다. 이 산들 뒤가 대한국민회 사관학교가 있던 이정배(二靑背)로 판단되었다. 이 마을 골짜기에 홍범도가 이끄는 대한독립군 본부, 고려혁명군, 대한국민회 서부지방 총회 등이 있었다.

대한독립군은 1919년 이후 홍범도 등의 의병출신들이 중심이 되어 조직한 단체로 중심 인물은 홍범도(洪範圖), 주달(朱達), 박경철(朴景哲) 등이고, 갑산, 혜산진 등에서 국내 진공작전을 전개하였다, 1919년 대한국민회군으로 통합되었다.

고려혁명군은 러시아에서 자유시사변을 겪고 만주로 돌아온 독립군들이 조직한 단체였다. 총사령은 김규식(金奎植), 참모장은 고평(高平), 사단장은 최준형(崔俊亨)이었다. 400여 명의 병력으로 병농일치의 둔전제를 실시하였다. 둔경제의 정신은 군인도 땀 흘려 일함으로써 스스로의 생활 경제력을 확보하여 종래 폐단이 적지 않았던 한인 교포사회에 대한 경제적 부담을 덜게 하자는 것이었다.

대한국민회 서부지방총회는 1919년 4월 연길현에서 구춘선 등이 중심이 되어 조직한 재만한인의 자치기구겸 독립운동단체의 지방총회였다. 회장은 홍정국(洪正國)이었다.

대한독립군, 고려혁명군 본부가 있던 대명월구

송강과 내두산으로

송강 가는 길

안도에서 점심을 먹고 이도백하(二道白河)로 향하였다. 일반적으로 백두산은 길은 연길 → 용정 → 화룡진을 통하여 가는 길, 연길 → 용정 → 서성 → 어랑촌 → 갑산촌으로 가는 길, 연길 → 조양 → 동불사 → 안도를 거쳐 가는 길 등이 있다. 안도를 통하여 가는 길은 도로 포장은 잘 되어 있으나 거리가 먼 단점이 있다.

안도에서 복흥(福興)을 지나 산등성이를 오르니 황구령(黃口嶺)이었다. 황구령 아래 청산리 방향으로 마을이 있었는데, 대황구(大荒溝)였다. 청산리 일대에서 전투를 벌인 홍범도, 김좌진 등 부대가 이곳에 모여 안도 등지로 후퇴하였던 것이다. 청산리에 있는 증봉산(曾峰山) 너머 황구령까지는 산 속의 넓은 수림이 이어지고 있었다. 독립군들이 이곳 지형에 상당히 밝았구나 하는 생각이 들었다.

황구령을 지나 신합(新合) → 만보 → 부강(富强)을 지나니 소사하(小沙河)가 나왔다. 이곳은 김일성의 어머니 강반석의 묘소가 있던 곳이었다. 현재는 북한으로 이장되었다고 한다.

송강(松江)은 과거 안도현의 현 정부가 있던 곳이다. 송강 마을은 백두산으로 가는 사람들이 자주 식사와 휴식을 하기 위해 거치는 곳이다. 바로 이곳에서 3 · 1운동이 전개되었던 것이다. 1919년 3월 28일 한인

송강 마을 전경

학생들과 주민들이 만세운동을 전개하였다. 우리 일행인 유병호 교수가 젊은 시절 이곳에서 1년 동안 교사로 일하였다고 한다. 이번 답사는 유 교수가 아니었다면 제대로 이루어질 수 없었다. 송강의 옛 거리는 삼도(三道)에서 화룡(和龍)으로 가는 길에 있는 주택가였다. 지금은 거의 변하여 새로운 형태로 변하였다.

대한정의군정사 근거지 내두산

이도백하를 지나 삼림 길을 통해 백두산으로 향하니 광명임장(光明林場) 입구가 나왔다. 입구에서 좌측 방향으로 조금 들어가니 채석장이 나왔다. 장백산 가는 길을 만들기 위해 돌을 채석한다고 한다. 백두산의 유두 가운데 하나인 꽉지봉이 그 대상이 되었다. 꽉지봉에서 다시 산 속으로 들어가니 두륜봉이 나왔다. 여인내의 유방을 상징한다고 한다. 백두산에서 보면 멀리 두 봉우리의 모습이 여인내의 젖가슴처럼 보인다는 것이다.

숲으로 차를 타고 30분 정도 들어가니 너와집 형태의 집들이 나타났다. 내두 3대(또는 내두 작은 마을)라고 불리우는 이 마을에는 20호 정도가 있으며, 이 가운데 우리 동포는 3~4호 정도 살고 있다고 한다. 작은 내두마을에서 1km 정도 언덕을 오르니 사방에 넓은 대산림이 이어지고 산이 병풍처럼 둘러처져 있었다. 바로 백두산 아래 첫 동네인 이곳은 이상적인 마을인 것처럼 보였다.

언덕 위에서 큰 내두 부락을 향하여 조금 내려가니 좌측에 내두산(奶頭山) 항일기념비가 나타났다. 김일성이 왕청현에 이어 안도에서 활동한 것을 기념하기 위해서 설립하였다고 한다. 이어 무송(撫松), 몽강(蒙江)지역에 나갔다가 다시 장백현에서 활동하였으며, 그 후 천보산 등을 통하여 러시아로 이동하였던 것이다. 이 기념비는 1961년 5월 18일 연변조선족자치주 인민위원회가 공포하고, 안도현 인민정부가 수립하였다. '내두산 항일유격근거지' 라고 되어 있었으나 퇴색하였다.

마을로 내려가니 모두 60호 정도 되었다. 조선족 소학교가 있고 마을 앞에는 수전이 있고, 대부분은 밭이었다. 특산은 산삼이라고 한다. 이 마을은 항일운동의 근거지였으나 일제가 집단 부락을 만들어 철저히

내두산 항일 근거지 기념비

대한정의군사 근거지 내두산 마을

항일운동을 차단시켰던 것이다.

집단 부락 시에는 100호 이상이었다고 하며, 이 마을 사람들은 주로 함북 혜산 출신이라고 한다. 집단 부락으로 유명한 이 마을에 1946년도에 들어온 사람들은 이곳에 토성이 있었다고 일러주었다. 마을 우측에는 조그마한 소학교가 있어 정겨웠다. 학생수는 30명이라고 하며, 중학교는 안도현 소재지 명월구로 간다고 하니 안타까운 생각이 들었다.

중국 정부에서 경비 절약 차원으로 학생들이 적은 곳의 조선족 중학교를 폐교하고 있다 한다. 중국 한족의 경우는 그렇지 않다. 조선족의 경우 집에서 멀리 떨어진 중학교에 가면 기숙사 생활을 해야 하므로 학생들이 중학교 진학을 많이 포기한다고 한다.

한편 내두산은 대한정의군정사가 있던 곳이기도 하다. 이 단체는 1919년 3월 한말에 의병운동을 전개하던 이규(李圭)·강희(姜喜)·조동식(趙東植)·이동주(李東柱) 등 대한제국 때의 구 한국 군인들과 회동하여 조직한 항일무장단체인 대한정의단 임시군정부(大韓正義團臨時軍政府)에서 출발하였으며, 임시정부의 권고에 따라 1919년 10월 명칭을 대한정의군사로 개칭하였다.

이규가 임시정부에 올린 보고에 의하면 군정부에 소속된 병력은 1919년 10월 현재 8~9백 명에 이르렀던 것으로 나타나고 있다. 구체적으로는 내도산에는 중국 보위단이라는 명칭으로 100명이 주둔하고 있었다. 소사하(小沙河) 지방의 훈련소에는 마을 청년들을 중심으로 240명의 단원이 훈련중이었으며, 화전현(樺甸縣) 고상하(古相河)에는 100여 명이 주둔하고 있었다. 이밖에도 포수(砲手) 수백 명이 사냥에 종사하면서 군정서와 연계되어 있었던 것으로 보인다. 따라서 대한정의군정사는 상당한 규모의 무장력을 확보하고 있었다고 하겠다.

대한정의군정사는 적극적인 항일 투쟁을 전개하였는데 대한독립군 및 여러 무장단체들과 연합하여 주로, 국내의 일본 헌병대나 경찰서 · 관공서 등을 습격하여 상당한 성과를 거두었다. 특히 1920년경에는 교련 과장이었던 조동식의 전술은 전 만주에 큰 위세를 떨치기도 하였다. 이밖에 신문과 잡지를 발행하여 국내와 만주지역의 한인들에 대한 교육과 계몽활동을 전개하기도 하였다.

그러나 대한정의군정사는 1920년 8월 일본군의 협공작전으로 대규모의 교전을 치른 후 타격을 입고 영안현(寧安縣)으로 후퇴하였으며, 이후 12월 북로군정서(北路軍政署) 대표 서일, 대한독립군 대표 홍범도, 대한국민회 대표 구춘선 등이 밀산(密山)에 모여 대한독립군단을 조직할 때 이에 합류하였다.

백두산

함경남도·함경북도와 중국 동북지방의 길림성이 접하는 국경에 위치한 우리나라 최고봉 백두산. 높이 2,744m이다. 최근까지 활동했던 휴화산으로 북위 41도 31분~42° 28분, 동경 127° 9분~128° 55분에 걸쳐 있고 그 총면적은 8,000㎢에 달하여 전라북도의 면적과 거의 비슷하다.

백하역

산 북쪽으로는 장백산맥이 북동에서 남서 방향으로 뻗고 있으며, 백두산을 정점으로 하여 동남쪽으로는 마천령산맥이 대연지봉, 간백산, 소백산, 북포태산, 남포태산, 백사봉 등 2,000m 이상의 연봉을 이루면서 종단하고 있다. 한편, 동쪽과 서쪽으로는 완만한 용암대지가 펼쳐져 있어 백두산은 한반도와 멀리 북만주 지방까지 굽어보는 이 지역의 최고봉이 된다.

백두산은 산세가 장엄하고 자원이 풍부하여 일찍이 한민족의 발상지로, 또 개국의 터전으로 숭배되어 왔던 민족의 영산이었다. 민족의 역사와 함께 수난을 같이한 흔적이 곳곳에 남아 있고, 천지를 비롯한 절경이 많은데다가 독특한 생태적 환경과 풍부한 산림 자원이 있어 세계적인 관광 명소로 새롭게 주목을 받고 있는 산이다.

백두산 천지

백두산 꼭대기에는 화산이 폭발하면서 남긴 분화구가 있는데, 거기에 물이 고여 천연 호수가 되었다. 이것을 천지라고 한다. 호수의 수면은 남북의 길이가 4.8㎞이며, 동서의 너비가 3.3㎞, 분수령의 둘레가 18.1㎞이다. 평균 물의 깊이는 204m이며, 총 저수량은 20억㎥이다.

천지는 중국과 한반도의 경계에 있는 호수이며, 또한 중국에서 가장 깊은 호수이다. 천지 주위에는 16개의 산봉우리가 있다.

천지로 올라가는 길은 두 갈래다. 하나는 지프를 이용하여 기상대까지 올라간 다음, 5분 정도 도보로 걸어서 천지를 만나는 것이다. 두 번째는 장백폭포로 걸어서 천지에 도달하는 것이다. 두 번 째 길은 예전에는 험난하였으나 최근에는 난간을 설치하여 등산객에게 편의를 주고 있다.

천지 북쪽에서 물이 흘러나와 1,250m 떨어진 지점에서 큰 낙차를 이루며 폭포를 형성하는데, 이것이 장백폭포이다. 높이는 68m이며, 허공에서 떨어지는 폭포는 그 소리가 골짜기를 뒤흔들고 물보라가 흩날려 햇빛을 가리운다.

백두산 기슭의 경사진 고원에는 몇 개의 비교적 작은 분화구 호수가 있다. 산 서남쪽에 있는 옥지(玉池), 북쪽에 있는 장백호와 원지(園池) 등이 그것이다. 장백호는 소천지라고도 부른다. 이밖에 장백온천, 수직관대, 국제장백산생물권 보호구 등이 있다.

백두산 천지에서의 필자

장백폭포

갑산 · 서성 · 장암동

갑산 · 서성

7월 25일 아침 일찍 이도백하를 출발하여 갑산(甲山) 방향으로 향하였다. 갑산촌은 청산리 전투를 치른 독립군들이 아침 식사를 하고 천수평으로 향하기 전에 주둔했던 마을이다. 과거 함경북도 갑산 사람들이 이주하여 수전을 개척하고 살았던 이 마을은 현재 40호 모두가 한족이라고 한다.

마을 앞에는 해란강 지류가 서성을 지나 일송정 앞으로 흐르고 있으며, 개울가에는 오리, 소 등이 한가로이 시간을 보내고 있었다. 이 지역에 살던 조선족들은 1983~1984년도에 원래 살던 30~40호가 모두 외

갑산촌에 있는 한족학교

3 · 1운동 전개지 서성(옛 이도구)

지로 이주하였다고 한다. 이곳의 기후가 한랭해져 수전이 잘되지 않았기 때문이라고 한다.

현재 이곳에서는 주로 감자, 옥수수, 콩 등을 재배하고 있다. 갑산촌에서 어랑촌 방향으로 조금가니 조그마한 혁명역사기념비가 있고, 그 아래에는 갑산희망(甲山希望) 학교라는 한족 초등, 중학교가 있었다. 한족의 경우 그대로 유지되는 데 비해 조선족 학교는 날로 없어지고 있어 안타까왔다. 교문에는 모택동이 교시하였다는 '好好學習, 天天向上'이란 글귀가 쓰여 있었다.

서성진(西城鎭)은 과거의 이도구 마을로 평강벌을 배경으로 한 마을이다. 어랑촌 마을에서부터 이어진 개울을 따라 오면 해란강과 합치는 곳이 있는데 이곳이 바로 서성이다. 서성진에는 화룡시에서 유일한 시멘트공장이 들어서 있고, 길가에는 평강평원이 펼쳐져 있다. 그리고 평강벌에는 발해 시대 서고성(西古城)이 있고, 평야가 있는 마을 중간에는 궁궐 터가 있었다.

서성에서는 3 · 1운동도 전개되었다. 1919년 3월 13일 용정에서의 만세운동 후, 3월 17일 서성시장에서는 기독교부인회를 중심으로 한 한인 4,000여 명이 모여 만세운동을 전개하였고, 또 동년 3월 24일에는 대종교인 현천묵(玄天默)이 주민 약 800명과 함께 시위운동을 전개하였다.

장암동 참변지

용정 시내에서 최근갑 선생을 만나 냉면을 먹고 장암동(獐巖洞)으로 가기 위하여 지프를 빌려 탔다. 용정에서 동성용진(東盛涌鎭) 장암동으로 향하였다.

1920년말 연해주로부터 침입한 일본군 제14사단 15연대 제3대 대장 대강융구(大岡隆久)가 인솔하는 77명의 병력이 용정촌 동북 25km 지점에 위치한 한인 기독교 마을인 장암동을 포위하여 전주민을 기독교 교회 내에 집결시킨 후 40대 이상의 남자 33명을 포박하여 꿇어앉힌 다음 아직 타작하지도 않은 조 집단으로 교회당 안을 채우고 석유를 부어 불을 질렀다. 교회당은 즉시 화염이 충천하였다. 일본군 대장은 불 속에서 뛰쳐나오는 사람을 모두 찔러 죽여 결국 몰살시켰다. 가족들은 넋을 잃고 울부짖다가 일본군이 돌아간 뒤 숯덩이 같이 된 아버지와 남편, 아들의 시체를 찾아 겨우 옷을 입혀서 장사지냈다.

그런데 유족들의 비통이 채 가시기도 전인 5~6일 후에 일본군이 다시 그 마을을 습격해 와 모든 유족들을 모아 놓고 무덤을 파 시체를 한곳에 모으라고 강요하였다. 이에 유족들은 살기 위해 언 땅을 다시 파 시체를 모아 놓자 일본군은 조 집단을 시체 위에 쌓아 놓고 석유를 부어 불을 질러 시체를 뒤적거리며 재가 되도록 태워 버렸다. 이렇게 이중으로 학살당한 시체들을 누구누구의 것을 가릴 것도 없이 유족들이 33인

장암동참변 터(위)와
최근에 새롭게 단장된 기념비

의 합장 무덤을 만들어 분묘를 만들었다.

마을 입구부터 길이 험하여 봉고차로는 이동할 수 없었다. 동명촌(東明村) 4대부터 긴 골짜기가 시작되었다. 4대에서 언덕을 따라 올라가니 뒷산에 '장암동참안유지(獐巖洞慘案遺址)' 라고 새긴 비석이 하나 서 있었다. 이 비석 뒷면에는 다음과 같이 새겨져 있었다.

1920년 10월 〈경신년대토벌〉 때 일본 침략군은 이곳에서 무고한 백성 33명을 학살하여 천고에 용납 못할 죄행을 저질렀다.

용정 3·13 기념사업회
1999년 6월 30일.

이 비석은 장암동 교회 터에서 약 200m 앞에 설치되었다. 한국에서 초동교회 신익호(辛翼浩) 목사를 비롯한 신도들의 후원에 의해서 이루어졌다고 한다.

비석에서 약 200m 정도 산 정상 부근으로 올라가니 사과, 배 과수원이 있었다. 이곳에 교회가 있었고, 그 아래 골짜기 좌우에 마을이 있었으며, 골짜기 맞은편 언덕에 명동촌의 명동학교의 자매 학교인 동명(東明)학교가 있었다고 한다. 그리고 그 산을 넘어가면 명동촌이 나온다고 한다.

부록

한인 독립운동의 발자취

중국 동북지역(만주)의 한인 독립운동(박영석)
만주지역의 주요 독립운동가

1. 중국 동북지역(만주)의 한인 독립운동

박영석(전 국사편찬위원장)

I. 독립운동기지의 건설과 독립전쟁의 전개

1910년을 전후하여 재만한인사회를 기반으로 독립운동기지를 건설하고자 하는 움직임이 독립운동가들 사이에 활발히 전개되었다. 이러한 움직임은 독립전쟁론에 기반을 둔 것이었다.

독립전쟁론이란, 일본 제국주의가 대륙침략 전쟁정책의 일환으로 한국을 강점한 데 이어 중국·러시아·미국 등을 침략하게 될 것이라는 전망하에 수립된 대일 항쟁 방법론이다. 즉, 일제는 필연적으로 중일전쟁과 러일전쟁, 그리고 미일전쟁을 유발하게 될 것이므로 그러한 전쟁이 일어날 때 한국인은 대일 독립전쟁을 감행하여 독립을 쟁취해야 한다는 것이다. 이에 따라 전국민은 무장세력의 양성과 군비를 갖추면서 독립운동의 기회를 기다려야 한다는 전제 아래 독립운동기지를 건설하게 되었는데, 그 첫 단계 사업은 민족정신이 투철한 인사들을 집단적으로 해외에 이주시키는 것이었다.

이러한 계획안은 신민회에 의하여 구체화되었으니, 이들은 1910년을 전후하여 중국 동북지역에 한민족을 집단적으로 망명시키고자 하였다.

이들이 중국 동북지역을 망명 지역으로 선택한 이유는 첫째, 두만강과 압록강을 사이에 두고 한반도와 매우 가깝다는 지리적인 이점. 둘째, 1860년대부터 한국인이 이주하여 당시 재만 한인 사회를 형성해 나아가고 있었다는 점. 셋째, 일본의 압력이 국내보다 덜 미치고 있다는 점 등이었다.

1910년 일제에 의해 한국이 강점당하자 신민회의 계획에 따라 서간도 지역에는 경학사, 부민단, 신흥강습소 등이 조직 운영되었다. 그리고 북간도 지역에서는 명동촌이 독립운동기지로서 그 역할을 다하였다. 이러한 독립운동기지의 건설은 이 지역 한인 사회를 기반으로 한 한국 독립운동의 확대 발전이라고 할 수 있으며, 3 · 1운동 이후의 본격적인 대규모 독립전쟁을 위한 준비 단계로써 그 의미가 크다 하겠다.

중국 동북지역에서 독립운동단체들이 무장세력을 보유할 수 있을 정도로 성장하였을 무렵, 국내에서는 3 · 1운동이 거족적으로 일어났다. 3 · 1 운동을 통해 한민족은 평화적인 시위로서 조국의 광복을 달성하고자 하였다. 그러나 한민족은 곧 이것이 제국주의의 기본 속성을 간파하지 못한 비현실적인 투쟁 방략이었음을 절감하게 되었다.

이를 계기로 중국 동북지역을 중심으로 무장투쟁론이 적극 대두되었으며, 모든 재만동포들의 절대적인 지지하에 각 독립운동단체들을 중심으로 70여 개의 독립군 부대가 편성되었다. 이들은 압록강과 두만강을 넘어 한반도에 침투, 일본군 국경수비대를 교란시키는 무장활동을 전개하였는데, 대표적인 무장투쟁으로는 삼둔자전투, 청산리전투, 봉오동전투 등을 들 수 있다. 청산리전투와 봉오동전투에서 크게 패한 일제는 군대를 대거 중국 동북지역에 출동시켜 독립군을 섬멸하고자 하였다. 그러나 이미 병력과 무장에서 열세였던 재만독립군의 주력 부대는 소 · 만 국경지대인 밀산으로 이동한 뒤였다. 이에 분격한 일본군은 화룡현과 연길현 등 재만 한인들이 살고 있는 부락들을 습격하여 방화하고 죄 없는 양민들을 다만 한국인이라는 이유만으로 마구 살상하였다. 일제의 이러한 만행은 북간도 지역뿐만 아니라 서간도 지역에서도 자행되었다.

밀산지역으로 이동한 재만 독립군은 일단 진영을 재편성하여 대한독립군단을 조직하였다. 이 군단의 병력은 약 3천5백 명 정도였는데 총재는 서일이 담당하였다. 밀산에서 겨울을 보낸 대한독립군단은 1921년 3월에 다시 이동을 시작하여, 노령 연해주와 흑룡주 일대에서 활동중이던 문창범 등의 도움을 받아 소·만 국경 하천인 우수리강을 넘어 이만에 도착하였다. 그리고 이곳에서 1921년 4월 중순 대한독립단을 창설하였다. 그러나 대한독립단은 당시 흑룡주 일대를 장악하고 있던 공산 세력으로부터 항일공동전선을 형성하자는 제의를 받아 독립군들이 이만을 떠나게 됨으로써 해체되고 말았다. 이리하여 김좌진 등 북로군정서 계열은 이만에서 다시 밀산으로 되돌아갔다.

한편 최진동, 이청천, 안무 등 대한독립군, 군무도독부, 서로군정서 계열은 그 제의를 받아들여 자유시로 불리던 알렉세브스크(Alekseevsk)로 이동하였다. 그러나 한국독립군들은 여기서 이른바 자유시 참변을 겪게 되었다. 자유시 참변은 러시아에 거주하고 있는 한국인들로 구성된 한국인 부대와 간도지역에서 이동한 독립군이 고려혁명의회와 대한의용군으로 갈라져서 벌인 군권 쟁탈전의 소산이었다.

이 사건을 계기로 재만독립군의 주력부대가 속해 있던 대한의용군은 러시아 적군 제29연대에 의해 무장해제를 당하였다. 이에 독립군은 할 수 없이 1922년 말경부터 다시 간도지역으로 복귀하여 독립운동단체의 통합을 추진하기에 이르렀으니, 이것은 효과적인 대일항쟁을 전개하기 위함이었다.

Ⅱ. 독립운동단체의 정비와 삼부의 형성

1920년말을 전후하여 간도지역에서 활동하고 있던 주요 독립군 부대들이 소련으로 이동한 이후에도, 간도지역에는 상당수의 독립군들이 잔류하여 비록 위축된 상황에서나마 항일투쟁을 계속하고 있었다. 서간도지역에서 활동하고 있던 대표적인 단체로는 대한독립단. 광복단, 광복군총영 등을 들 수 있다. 이들 단체들을 효과적인 대일투쟁을 전개하기 위하여 1922년 대한통의부를 조직하였다.

한편 북간도지역의 독립운동단체들은 서간도에서와는 달리 조직을 복원하는 과정을 통해 통합운동을 전개해 나아갔다. 1920년 일본군의 '간도출병' 으로 큰 타격을 입었던 독립운동단체들은 일본군의 영향력 아래 있었던 일부 지역을 제외한 북간도 일대에서 자체 재정비와 복원에 주력하였다.

1922년 8월 말 서간도에서 통의부가 결성되었으나, 곧 통의부와 의군부로 나뉘어 대립하게 되었다. 이에 통의부의 군사조직인 의용군은 상해에 있는 대한민국임시정부와 제휴하기에 이르렀다. 그리하여 1923년 8월, 의용군은 통의부와의 관계를 청산하고 임시정부 군무부 산하의 육군주만참의부가 되었다.

참의부의 활동은 군사활동으로 대표된다. 참의부는 의용군 제1, 제2, 제3, 제5 중대를 주축으로 하여 조직된 단체로서 집안, 장백, 안도, 무송, 통화현 등 압록강 연안지역의 한인 사회를 기반으로 하여 국내 침투 작전에 주력하였다. 그 대표적인 작전으로는 1924년 5월 국경을 순시하던 제등실 조선총독에게 총격을 가한 것을 들 수 있다.

한편 통의부의 의용군이 참의부를 조직하자 통의부를 비롯하여 길림주민회, 광정단 등이 중심이 되어 1924년 11월 25일 정의부를 조직하였다. 주요 간부로는 이탁, 오동진, 김동삼, 이상룡, 현정경, 김이대 등을 들 수 있다.

남만주의 참의부가 군사적인 성격이 뚜렷한 단체임에 비해, 정의부는 민간 업무에 치중하여 자치 정부의 성격을 강하게 띠고 있었다. 정의부는 입법기관에 해당하는 의회와 행정기관인 위원회, 그리고 사법기관인 사판소를 중앙, 지방, 구에 각각 설치하여 삼권을 분립시켰다.

한편 1925년 3월 10일에는 북만지역의 영안현 영안성내에서 신민부가 조직되었다. 이 단체의 중심 인물은 김혁, 김좌진 등이었다. 이 단체는 대종교적 민족주의를 표방하였다. 따라서 이를 추종하던 대종교적 민족주의자들은 단군을 정점으로 하는 단군신앙을 강조하고 있었으므로 민족보다는 계급을 강조하는 공산주의에 동조할 수 없었다.

또한 1921년 6월에 있었던 '자유시참변' 때문에 공산주의자에 대한 증오심을 갖고 있었으며, 게다가 그들은 양반가문의 출신들이 대부분이었다. 따라서 대종교적 민족주의자들은 공산주의의 침투를 저지하고 대종교적 민족주의 이념을 계몽하고자 하였으며, 공화제의 실시를 표방하고자 하였다. 그들은 위원제도와 당제도의 확립을 통하여 이러한 목적을 달성하고자 하였다.

Ⅲ. 민족유일당운동과 1930년대의 무장투쟁

1920년대에 들어오면서 일제를 구축하기 위한 민족독립운동이 활발하게 전개되었다. 특히 중국 동북지역에는 수많은 독립운동단체들이 난립하는 현상을 보였다. 그리고 이러한 독립운동단체들은 사태의 변화에 따라 통합 · 분열되기도 하였는데, 결국 1925년에는 참의부, 정의부, 신민부 등 삼부로 정립되기에 이르렀다.

그런데 1925년 6월, 일제는 한국에 대한 식민지 지배통치에 위협을 느끼고 이에 대한 대응책으로 요령성에서의 독립운동을 철저히 탄압하고자 조선총독부 경무국과 중국동북군벌 사이에 소위 '삼시협약' 을 체결하였다. 이처럼 독립운동의 조건이 악화되자 민족진영과 공산진영에서는 중국국민당과 소련공산당, 아일랜드의 시실리당의 영향을 받아, 이당치국만이 분산된 독립운동 세력을 통합하고 민족의 역량을 이념적으로 집결시킬 수 있으며, 아울러 독립운동을 전개할 수 있는 첩경이라 생각하여, 민족유일당운동을 전개하기에 이르렀다.

중국 본토에서 전개된 이 운동은 국내에서는 신간회운동으로 나타났으며, 중국 동북지역에도 영향을 주게 되었다. 그리하여 1927년 4월 15일 길림성 신안둔에서는 만주지역에서 독립운동을 전개하고 있는 정의부, 한족노동당 등 독립운동단체의 대표 52인이 모인 가운데 이 문제를 의논하게 되었다. 이 회의에서는 민족유일당을 조직하는 방법에 대해 세가지 의견이 제시되었는 바, 개인본위조직론, 단체본위조직론, 단체중심조직론 등이 그것이다.

개인본위조직론자들은 기존의 세력 있는 단체들이 대부분 지방 중심

혹은 파벌 중심으로 되어 있다고 생각하였다. 그러므로 이러한 단체들을 본위로 하여 유일당을 조직하게 되면 반드시 당파에 의한 다툼이 있게 될 것이라고 추측하였다. 따라서 유일당은 기존의 모든 단체를 해체하고 개인을 중심으로 조직해야 한다고 주장하였다.

이와는 달리 단체본위조직론자들은 현재 독립운동을 전개하고 있는 단체는 매우 많으나 이들은 소규모 단체들 이어서 단결된 역량을 발휘할 수 없으니, 이들을 연합하여 유일당을 조직하자는 주장을 내세웠다.

한편 단체중심조직론자들은 단체본위조직론에 따르면 유일당이 되지 못하고 각 단체의 연합회 같은 성격을 띠게 된다고 주장하였다. 그러므로 기존 단체 가운데 가장 권위 있고, 전적(戰績) 또한 가장 많은 유력한 단체를 중심으로 유일당을 조직하고 다른 소규모 단체들을 여기에 종속시켜야 한다는 의견을 제시하였다.

이러한 의견의 대립으로, 1928년 5월 기존 단체를 부정하는 개인본위조직론자들은 전민족유일당촉성회를, 기존 단체의 존재를 긍정하는 단체본위조직론자와 단체중심조직론자들은 전민족유일당협의회를 각각 조직함으로써, 민족유일당을 만들기 위한 운동은 결국 실패로 돌아가고 말았다.

그러나 1928년 4월 전민족유일당촉성회측이었던 김동삼 등이 신민부의 김좌진을 방문하여 삼부 통합에 대한 의도를 타진해 봄으로써 독립운동 세력을 통합하려는 움직임이 다시 한 번 일어났다. 여기에 가담하고자 했던 세력으로는, 소위 정의부 탈퇴파인 김동삼을 중심으로 한 세력, 김좌진을 중심으로 한 신민부 군정파, 그리고 참의부의 주류인 김승학 계열을 들 수 있다. 그러나 이러한 3부 통합운동 역시 일제의 줄기찬 방해공작과 신민부와 참의부 자체 내의 내분 등으로 말미암아 실패하고 말았다.

이처럼 민족유일당운동이 실패로 끝난 후에도 독립운동가들은 계속하여 독립운동 진영의 통합만이 일제를 한국으로부터 구축할 수 있는 유일한 방략이라고 생각하였다. 그리하여 전민족유일당촉성회파들은 1928년 12월, 정의부측의 김동삼, 참의부의 김승학, 신민부의 김좌진 등이 참가한 가운데 잠정적인 조직으로 혁신의회를 조직하였다. 이 혁신의회는 발전적인 해체를 거듭하여 1929년에는 한족총연합회로, 1930년에는 한국독립당, 한족자치연합회, 한국독립군 등으로 변화 발전하였다.

한편 전민족유일당협의회파였던 신민부의 민정파와 참의부의 심용준파, 그리고 정의부의 현익철 등은 1929년 4월 길림에 모여 국민부를 조직하였다. 그리고 같은 해 9월 20일에 개최된 제1회 중앙의회에서, 국민부는 동포사회의 자치 행정만 담당하고 혁명사업은 전민족유일당조직동맹이 수행한다는 방침을 결정하고, 이에 따라 12월에 조선혁명당을 창당하였으며, 아울러 당군으로서 조선혁명군을 조직하였다.

1931년 일제에 의하여 만주사변이 발생하자 한국독립군은 북만에서, 조선혁명군은 남만에서 일제에 대항하여 한 · 중 연합전선을 결성, 무장투쟁을 전개하였다.

한국독립군이 행한 대표적인 전투로는 대전자령전투, 조선혁명군의 경우는 영릉가전투 등을 들 수 있다. 이처럼 활발하게 투쟁을 전개하던 가운데 독립군 중 한국독립군은 임시정부의 요청에 따라 1933년 중국 본토로 이동하게 되었다. 이에 잔여 부대는 최악, 안태진 등의 지휘하에 목릉, 밀산 등 산림지대로 옮기며 유격전을 전개하였다.

한편 남만주지역에서 활동하던 조선혁명군은 이미 1932년부터 간부진이 남경 방면을 왕래하면서 중국 정부에 지원교섭을 벌였으며, 주로 남경, 광주 방면에 체류하면서 임시 정부와 연락하며 새로운 항일전을 준비하였다. 일면 최근의 연변지역의 연구 성과에 따르면 중국 동북지역에 남아 있던 조선혁명군은 1937년까지 계속 항일투쟁을 전개하였다고 한다.

Ⅳ. 1930년대 만주지역 한인 공산주의자들의 항일 무장투쟁

만주사변이 발발하자 만주지역에서 활동하던 공산주의자들은 중국인들과 연합하여 항일유격대, 동북인민혁명군, 동북항일연군 등을 조직, 1930년대 후반까지 계속 항일투쟁을 전개하였다.

1931년 9월 18일 만주사변이 발생하자 동만지역에서는 1932년 초에 동만특위 군사위원회에서 '동만유격대공작대강'과 '동만적위대공작대강' 등을 발표하여 유격대의 창건 방침과 발전 방향을 제시하였으며, 한인 공산주의자들의 주도적인 활동으로 1932년 말 1933년 초에는 연길, 왕청, 혼춘, 화룡 등지에서 유격대가 건립될 수 있었다.

남만지역에서도 비슷한 시기에 항일유격대가 건립되었는데 1932년 4월 만주성위원회 순시원으로 반석현에 도착한 한인공산주의자 양림은 이홍광이 1931년 말에 7명의 한인대원들을 주축으로 조직한 타구대(打狗隊-일명 개잡이 조직)를 기반으로 항일유격대를 조직하는 작업에 착수하였다. 이 조직은 이후 남만지역 최초의 항일유격대인 반석유격대로 성장하였으며, 이밖에도 남만자역에서 결성된 유하유격대, 해룡유격대, 농민자위대 등에는 이민환, 한호 등의 한인대원들이 활동하고 있었다.

북만지역에서는 영안유격대의 김근, 요하항일유격대의 최석천, 주하유격대의 이복림, 밀산유격대의 김백만 등이 대표적 인물로 활동하고 있었는데 전체적으로 볼 때 만주사변 이후 초기 항일유격대의 건립 과정에서는 한인 공산주의자들의 활동이 두드러졌다고 하겠다. 그런데 한인공산주의자들의 이러한 활동은 만주사변을 전후한 시기에 있어서 재만 한인의 항일의식이 중국인들에 비해 상대적으로 높았음을 보여 주는 것이라고 하겠다.

초기 항일유격대의 건립 상황과 중요 활동을 정리하면 다음과 같다.

남만유격대 현황

유격대 명칭	결성 날짜	중요 인물	주요 활동 내용
반석항일유격대	1932. 5.	대장 장진국(한족) 정치위원 양군무(한족) 제2분대 정위 이홍광	① 1931. 말 이홍광이 打狗隊를 조직하고 대장이 됨. ② 1932. 2 이홍광을 중심으로 반석노농적위대가 건립됨. ③ 1932. 11 이홍광이 지도한 적위대를 기초로 반석반일유격대(반석로농의용군)를 건립. 남만반일유격대개로 발전함.
중국노농홍군 제32군 남만유격대	1932. 11	대장 맹걸민(한족) 정위 초향신(한족) 교도대 정위 이홍광 제1대대장 박한종 제2대대장 한호 만주성위 순시원 양정우	① 1932. 11 노농홍군 제32군 남만유격대로 재편성됨(총 인원 약 250명 정도임). ② 1933. 1 이홍광 양정우가 중심이 되어 구국군 · 대도회 등과 연합작전을 전개함. ③ 동북인민혁명군 제1군 독립사로 발전함.
유하유격대	1932. 봄	유하유격대 대장 인수의(한족) 유하현 유격대 지도원 김산	① 1932. 봄 인수의가 유하현위의 지시에 따라 조직 함 ② 1932. 8 류산촌이 조직한 해류노농의용군을 조직한 이후 유하현유격대가 이 부대에 합류함. 이후 해류노농의용군은 요녕민중자위군 제9로군에 편입되어 활동함.
중국노농홍군 제37군 해룡유격대	1932. 11	대장 왕인재(한족) 제1련 련장 인수의(한족) 제2련 련장 유산촌(한족)	① 1933. 1월경 남만유격대에 일부 병력이 편입됨. ② 1935. 8 동북인민혁명군 제1군 독립사 제5단으로 재편됨.
농민자위대	1933. 봄	대장 이민환	농민자위단은 이후 동북인민혁명군 제1군 독립사 소년련으로 재편성되었고, 이민환은 소년련의 정치위원이 됨.

동만유격대 현황

유격대 명칭	결성 날짜	중요 인물	주요 활동 내용
연길현 유격대	1932. 10	대장 박동근 정치위원 박길 의란구 유격대장 박춘 로도구 유격대장 박주철 해란구 적위대 김순덕	① 의란구와 로도구 유격대가 연합하여 결성됨. ② 1933. 1 화련리 적위대를 편입시켜 유격대대로 확대 편성함(4개 중대 총인원 130명으로 확대됨). ③ 왕우구 · 석인구 · 부암 등지에서 활동함.
화룡현 유격대	1932. 12	중대장 김세 대대장 장승환, 부대장 김창섭 정치위원 차용덕 개산툰 권총대 대장 채규진	① 1932. 7. 개산툰 유격대 《권총대》가 건립됨(대장 채규진). ② 1932. 여름. 대립자구에서 유격대 《장총대》가 건립됨(대장 김창섭). ③ 1932. 여름. 평강구 유격대가 건립됨(대장 김세, 지도원 장승한). ④ 1932. 12. 화룡현위에서 유격대를 통일적으로 지도하기 위해 유격 중대를 건립함. ⑤ 1933. 봄. 유격대대로 확대 편성됨.
왕청현 유격대	1932. 2	중대장 김철 별동대 대장 이광 대대장 양성룡 정치위원 김명균	① 1932. 2. 김철을 대장으로 왕청현 유격대가 건립됨. ② 1932. 봄. 왕청현위에 의해서 오의성 부대에 파견된 대원이 이광을 중심으로 별동대로 편성됨. ③ 1932. 11. 안도유격대와 영안현유격대 일부를 흡수하여 유격대대로 확대 개편함(총인원 90명). ④ 1933. 5. 별동대장 이광이 피살된 후 왕청현 유격대대에 편입됨.
혼춘현 유격대	1933. 4	연구유격대 대장 강일무 정위 임청(한족) 제1중대장 김태준 제2중대장 구선일 대황구 유격대 대장 강석환 혼춘현 유격총대 총대장 공헌침(한족) 부대장 심양동(한족) 정치위원 박태익	① 1932. 3. 연통라즈 서골에서 돌격대가 조직됨. ② 1932. 6. 돌격대를 기초로 연구유격대(령남 유격대)가 조직됨. ③ 1932. 6. 대황구 유격대(령북유격대)가 조직됨. ④ 1933. 1. 2개의 유격대를 연합하여 혼춘현 유격총대를 건립함.

북만유격대 현황

유격대 명칭	결성 날짜	중요 인물	주요 활동 내용
영안 유격대	1934. 5. 20	북민노농의용군 대장 김근 영안 유격대 대장 백전정(한족)	① 1932. 6. 김근을 중심으로 북만노농의용군이 조직됨. ② 1933. 4. 의용군이 이연록의 항일구국유격군 지휘부에 편입됨. ③ 1934. 5. 조선족이 다수를 차지하는 영안 유격대로 재편됨.
요하 항일유격대	1933. 4. 21	대장 최석천 정치부주임 김문형, 박진우	① 1932. 10. 김문형 외 6명의 한인당원들이 특무대를 조직함. ② 1933. 4. 특무대를 요하농로의용군(요하항일유격대)로 재편성함. ③ 1933. 6. 유격대의 독립성 보존을 전제로 동북국민구국군 제1려 특무대로 편입됨(영장 강문영 · 정치위원 박진우). ④ 1935. 9. 동북인민혁명군 제4군 제4단으로 편성됨. ⑤ 1936. 3. 동북인민혁명군 제4군 제2사로 재편성됨.
주하 항일유격대	1933. 10. 10	대장 조상지(한족) 정치위원 겸 서기 이복림 경제부장 이계동	① 1933. 10. 10. 주하현 삼고류에서 결성됨. ② 1934. 6. 29. 동북반일유격대 합동지대로 편성됨. ③ 1935. 1. 동북인민혁명군 제3군으로 건립됨.
밀산 유격대	1934. 3. 20	대장 장보산 부대장 최성호(김백만)	① 1934. 3. 20. 자위군 26군에 있던 최성호 등 4명의 당원이 돌격대를 결성한 것을 기초로 하여 결성됨. ② 동북항일연군 6군으로 발전함.
탕원 항일유격대	1932. 10. 10	중대장 이복신 참모장 이인근 3개 소대 소대장 대홍빈, 안경림, 손반철	① 1932. 10. 10. 중국노농홍군 제33군 탕원민중반일유격대 성립. ② 1933년 말 조직을 개편하여 청년대와 중년대를 둠. ③ 1933. 12 동북인민혁명군 제6군으로 평성됨.

이후 동만지역의 한인 공산주의자들은 이른바 '민생단사건'으로 인해 중국 공산주의자들로부터 부당한 탄압을 받기도 하였으며, 중국 공산당의 좌경노선이 완전히 청산되지 못하여 항일유격대의 활동이 활발하

게 전개되지 못하는 양상을 나타내기도 하였다.

그러나 1933년 중국 공산당 중앙이 채택한 이른바 1월 서한을 계기로 항일유격대를 동북인민혁명군으로 개편하면서 일정하게 좌경적 오류에서 벗어날 수 있었으며, 뒤이어 1935년에는 8 · 1선언을 발표하여 동북항일연군으로 발전하는 계기를 만들 수 있었다.

1936년 2월 양정우, 왕덕태, 주보중, 조상지 등이 동북항인연군의 지도자들은 공동 명의로 '동복항일연군통일군대재건선언' 을 발표하였다. 이 선언에서는 종교, 정파, 개인, 단체, 빈부를 불문하고 항일구국 하겠다면 동북항일연군은 언제든지 이들과 행동하겠다는 원칙을 분명히 함으로써, 이 시기에 이르러 동북항일연군의 연합 항일투쟁세력의 범위가 크게 확장되는 계기를 만들었던 것으로 보인다.

그리고 이러한 분위기하에서 허형식, 이학복, 이홍광, 이동광, 최석천, 김책, 김일성을 비롯한 수많은 한인 공산주의자들이 일제와 치열한 항일 무장투쟁을 전개하고 있었다.

동북항일연군의 결성 과정

명칭	성립일	중요 인물	유격대 및 동북인민혁명군과의 관계
제1군	1936. 7	군장 겸 정치위원 楊靖宇 정치부 주임 宋鐵岩	① 반석 반일유격대와 해룡 반일유격대가 기초가 됨. ② 1934년 11월 동북인민혁명군 제1군으로 개편됨. (군장 겸 정치위원 양정우, 정치부 주임 송철암, 2個師)
제2군	1936. 3	군장 王德泰 정치위원 魏拯民 정치부 주임 李學忠	① 연길현 유격대 · 화룡현 유격대 · 왕청현 유격대 · 혼춘현 유격대가 기초가 됨. ② 1935년 5월 동북인민혁명군 제2군으로 개편됨. (군장 王德泰, 정치위원 魏拯民, 정치부 주임 李學忠, 4個團)
제3군	1936. 1	군장 趙尙志 정치부주임 張壽錢	① 주하현 유격대가 기초가 됨. ② 1935년 1월 동북인혁명군 제3군으로 개편됨. (군장 趙尙志, 정치부 주임 馬仲雲, 6個團)

제4군	1936. 3	군장 李延祿 정치부주임 黃玉淸	① 항일구국유격군 · 밀산 반일유격대가 기초가 됨. ② 1934년 가을 동북항일동맹 제4군으로 개편됨. (군장 李延祿, 정치부 주임 河忠國)
제5군	1936. 2	군장 周保中 부군장 柴世榮 정치부 주임 任胡仁	① 綏寧反日同盟軍 · 寧安反日遊擊隊가 기초가 되어 결성 됨. ② 1935년 2월 동북반일연합군 제5군으로 개편됨. (군장 周保中, 부군장 柴世榮, 정치부 주임 任胡仁)
제6군	1936. 9	군장 夏雲杰 정치부 주임 張壽錢	① 탕원 항일유격대가 기초가 됨. ② 1936년 1월 동북인민혁명군 제6군으로 개편됨. (군장 夏雲杰, 정치부 주임 張壽錢)
제7군	1936. 11	군장 陳榮久 참모장 崔石泉	① 饒河抗日遊擊隊가 기초가 됨. ② 1935년 8월 동북인민혁명군 제4군 제4단으로 개편됨.
제8군	1936. 9	군장 謝文東 정치부 주임 劉曙和	동북민중구국군이 기초가 되어 성립됨
제9군	1937. 1	군장 李華堂	자위군 吉林混成旅 제2지대가 기초가 됨.
제10군	1937. 冬	군장 汪雅臣 부군장 張忠喜 정치부 주임 王維宇	① 반만 항일구국의용군이 기초가 됨. ② 1936년 초 동북인민혁명군 제8군으로 재편됨. (군장 汪雅臣, 정치부 주임 侯啓剛)
제11군	1937. 10	군장 郭致中 정치부 주임 金正國	① 동북산림의용군이 기초가 됨. ② 1936년 5월 우선 항일연군독립사로 편성됨.

한인 공산주의자들의 항일 무장투쟁은 1930년대뿐만 아니라 1940년대에 들어서도 계속되고 있었는데, 이는 1933년 민족 진영의 한국 독립군 주력부대가 임시정부와 합류하기 위해 중국 관내로 이동한 상황에서, 또한 조선혁명군의 활동이 1937년 이후 크게 약화된 후에도 재만 한인의 항일투쟁이 지속되고 있었음을 의미하는 것이기도 하였다.

그러나 한인 공산주의자들의 활동이 기본적으로 중국 혁명의 완수와 조선의 독립이라는 이중의 임무를 띠는 형태로 진행되었으며, 이들 중 일부가 북한 정권의 핵심적인 세력으로 등장한다는 점에서 다양한 시각에서의 연구가 진행되고 있다.

Ⅴ. 중국 동북지역 항일 민족독립운동의 성격과 그 과제

중국 동북지역에서 전개된 독립운동의 몇 가지 특징을 정리하면 다음과 같다.

첫째, 중국 동북지역에서 전개된 독립운동은 재만동포들의 지지와 밀접한 상관관계를 맺고 있었다. 왜냐하면 이 지역에는 중국 본토, 미주 등지와는 달리 다수의 한인 사회가 형성되어 있어서, 이들이 바로 군자금의 제공원이며 독립군 병사가 되었기 때문이다. 그러므로 각 독립운동단체들은 동포들의 지지를 얻기 위하여 고심하였다. 그들은 동포들의 지지를 받았을 경우에만 소기의 목적을 달성할 수 있었기 때문이다. 따라서 각 단체에서 시행한 정책, 제도 등은 이러한 시각에서 보아야 할 것이다.

그러나 만주지역의 독립군이 항상 일정한 수준으로 재만 동포들의 지지를 받았던 것은 아니다. 3·1운동 직후에는 다른 어느 시기보다 동포들의 지지가 강했던 것으로 보여진다. 그 결과 70여 개의 독립운동단체들이 조직되는가 하면, 봉오동·청산리전투 등 여러 전투에서 독립군들이 승리할 수도 있었다. 그러나 이러한 동포들의 지지도 운동의 장기화와 가시적인 성과의 부족, 지도자들의 동포들에 대한 정책 부재, 지도자로서의 수양 부족 등 여러 이유로 약화되어 갔다.

그러한 가운데 공산주의 이념이 등장함으로써 동포들은 민족 진영 지지파와 공산주의 지지파 등으로 나뉘어 갈등과 대립을 겪게 되었다. 이러한 과정에서 신민부의 김좌진 등 민족 진영의 일부는 무정부주의 이념을 수용, 동포들의 지지 획득을 위하여 노력하기도 하였다. 아울러 한국독립당, 조선 혁명당 등의 강령은 사회주의적 색채를 띠게 되었다.

둘째, 1910년~1920년대 중반까지는 독립운동자 중심의 조직이 허다하였다. 그러므로 일제에 의한 독립운동 간부의 체포, 사망에서 독립운동단체의 성쇄가 많이 좌우되는 일면을 보이고 있다. 그러나 독립운동 지도자들에 의하여 효과적인 대일투쟁의 전개가 가능하였다는 점 역시 간과할 수 없을 것이다. 봉오동전투를 승리로 이끈 홍범도, 청산리전투의 김좌진 등은 그 대표적인 인물들이라고 할 수 있겠다. 그 밖에도 서일, 오동진, 전덕원, 이범석, 김규식, 오광선, 이청천, 안무, 김동삼, 이상룡, 양세봉 등 많은 민족주의 지도자와 허형식 등 동북항일연군에서 활동한 지도자들을 들 수 있다.

셋째, 1910년대에는 공화주의 이념과 복벽주의 이념의 단체가 혼재하는 양상을 보였으나 1919년 3.1운동 이후에는 거의 대부분의 독립운동단체들이 공화주의 정치이념을 채택하였다. 특히 여기서 주목되는 점은 북간도지역에서 조직된 단체들이 서간도지역에서 조직된 단체들보다 빨리 공화주의 사상을 수용하였다는 점이다. 서간도 지역의 경우에는 1920년대 전반기 대한통의부가 공화주의 계열과 복벽주의 계열로 나뉘어 대립하면서 운동의 약화를 초래한 것은 물론 심지어는 동족끼리 서로 살상하는 비극까지 발생하였다. 이러한 진통을 겪은 후 서간도 지역에도 공화주의 이념이 정착되었다. 그리고 정의부에서는 이러한 이념이 구체적으로 실천되었다.

넷째, 투쟁노선에 있어서 무장투쟁노선과 교육 · 산업우선주의를 지지하였다는 점을 들 수 있다. 대다수의 재만 독립운동단체들은 무력을 통하여 조국의 해방을 이루려고 하였다. 그러나 그것은 무엇보다도 교육을 통한 민족정신의 고양과 산업 발전을 통한 군자금의 확보가 바탕이 되어야 하였다. 그러므로 상호 보완적인 역할이 필수적이었다. 그러나 때로는 양자의 대립으로 운동의 역량을 약화시키기도 하였다. 그 대표적인 예로서 신민부가 민정파와 군정파로 나뉘어 분열된 사실을 지적할 수 있다.

다섯째, 일본 제국주의에 효과적으로 대항하기 위하여 독립운동가들은 다양한 조직을 구상하였다. 대한국민회 등의 회, 서로군정서 · 북로군정서 등의 군정서, 대한독립단 등의 단, 대한통군부 · 대한통의부 · 의군부 · 정의부 · 신민부 · 참의부 등 부, 고려혁명당 · 한국독립당 · 조선혁명당 등의 당, 한족총연합회 · 한족자치연합회 등의 연합회, 군정부 등 정부 형태 등은 그 대표적인 것이라 할 수 있다.

여섯째, 만주사변 이후 1933년에 이르기까지 한국독립군은 중국군과 연합하여 중국 동북지역에서 반만 항일전을 계속하였으나 일제의 막강한 군사력과 중국군의 배신 행위로 인하여 후일의 운동을 기약하고 임시정부와의 연락하에 중국 관내로 이동, 중국 본토에서 광복군을 설립하는 데 이바지하였다. 그리고 중국 동북지방에 잔존한 독립군은 지도자를 잃은 채 항일전을 계속하였지만, 결국은 좌절되거나 그렇지 않으면 다른 세력으로 넘어가 버리게 되었다. 결국 만주는 이로써 더 이상 민족 진영 운동의 근거지가 될 수 없었다. 한편 한인 공산주의자들은 중국 공산주의자들과 연합하여 동북인민혁명군, 동북항일연군 등을 조직하여 1930년대 후반까지 반만 항일투쟁을 전개하였다.

일곱째, 독립운동단체들은 학연, 지연, 혈연, 종교 등을 중심으로 뭉치는 경향이 있었다. 이러한 경향은 특히 1910년대, 20년대에 민족 진영의 단체에서 다수 보이고 있었는데, 이로 인하여 독립운동단체들은 분열되고 약화되는 면모도 보여 주었다. 그러나 일면으로 그러한 경향은 운동단체 내부의 단결을 공고히 해 주는 역할도 하였다.

종교의 경우를 예로 든다면, 북로군정서는 대종교, 대한국민회는 기독교인들이 중심이 됨으로서 큰 힘을 발휘할 수 있었던 것이다. 그러므로 학연, 지연 등을 중심으로 조직을 결성하는 방법 역시 일본 첩자의 감시하에서 운동단체를 조직하는 한 유효한 방법으로서 이해되어야 할 것이다. 그러나 이러한 조직 방법은 이념을 중심으로 한 조직 방법으로 변해 나가야 할 필요성이 있었다. 그러할 경우 운동단체는 보다 역량을 강화시켜 나갈 수 있기 때문이다. 만주 지역 운동 세력의 이러한 노력들이 바로 고려혁명당, 조선혁명당, 한국독립당 등 당의 조직 형태로 나타났던 것이다.

여덟째, 민족 진영의 독립운동자들은 이념적인 측면이 약하였기 때문에 중도에서 포기하고 친일파로 전향한 자가 비교적 많았다. 특히 1932년 일제가 만주를 지배하게 되자 이러한 현상이 다수 나타났다.

아홉째, 한국 독립운동자들은 독립전쟁론을 통하여 일본 제국주의의 대륙 침략 정책이 장차 중일전쟁, 미일전쟁까지 몰고 올 것이라고 하는 높은 정치 의식을 가지고 있었다. 그러나 현실적으로 수많은 어려움 때문에 실질적인 대일 저항력의 강도에 있어서는 어느 정도 한계성을 나타내었다.

이밖에도 중국 동북지역에서 전개된 독립운동의 특성으로는 독립운동의 수행 방식에 있어서 막강한 일본군을 정면으로 상대하는 대규모의 전투보다는 전술상 게릴라전이 보다 효과적으로 이용되었다는 점을 들 수 있다. 또한 민족 진영의 독립운동 근거지 가운데 일부는 깊은 산 속에 위치하지 않고 도시와 만철연선(滿鐵沿線)의 부속지, 그리고 재만 한인 촌락에 있었기 때문에 일제의 관권 또는 밀정에게 발각되어 체포 구금되는 예가 많았다는 점도 지적할 만하다.

다음에는 중국 동북지역의 독립운동과 중국 본토, 러시아, 미주, 국내

운동과의 상관관계를 몇 가지 살펴보도록 하겠다.

중국 동북지역에서의 독립운동과 중국 본토와의 관계는 대체로 임시정부와 관련하여 언급될 수 있을 것 같다. 임시정부에서 만주지역이 차지하는 위치는 대단히 중요한 것이었다. 이 지역 독립군단체에 대한 통치권 행사는 상해 임정의 지리적 한계성과 군사활동의 제약을 극복, 보완할 수 있는 유일한 대안이었기 때문이다. 그러므로 임정은 〈대한민국육군임시군구제〉의 제정을 통해 이 지역 한인 사회를 군사활동의 인적 기반으로 설정하였다. 이에 병행하여 임시정부에서는 특파원의 파견을 통해, 재만 한인 사회 및 항일 독립군과의 연관관계 형성을 지속적으로 시도하였다. 그 결과 3·1운동 직후에는 이 지역 거의 모든 단체들이 상해 임정을 지지하게 되었다. 서간도지역의 대한청년단연합회, 북간도지역의 대한국민회 등은 더욱 그러하였다. 그러나 1920년대 이후에는 서간도지역의 광복군 사령부, 광복군 참리부, 참의부 등을 제외하면 대부분의 단체들이 임정과 밀접한 관계를 유지하지 않았다.

그 주된 배경은 임시정부의 위상 퇴락으로 인하여 재만독립군 측에서 더 이상 임정의 필요성을 느끼지 않았기 때문이 아닐까 생각된다. 즉, 독립운동의 전개에 있어서 재만 독립군들은 임정으로부터 재정, 군사적인 측면 등 실제적인 면에서 도움을 기대할 수 없었고, 국제간의 외교적인 교섭 등을 통하여는 독립의 획득이 불가능하다고 판단하였으므로 임정에서 점차 멀어지게 되었던 것이 아닌가 한다.

러시아지역 운동과의 관계 역시 중요하다. 중국 본토와 달리 러시아지역은 국경을 연하고 있으므로 사실상 중국 동북지역과는 하나의 운동권으로 생각할 수 있기 때문이다. 그러므로 두 지역 간에는 운동자의 이동, 무기의 공급, 군자금의 제공, 운동단체간의 교류, 군사교관의 파견 등 상호간에 밀접한 관련을 맺고 있었다. 특히 3 · 1운동 직후에는 러시아지역에서 다수의 무기들이 만주 지역에 공급됨으로써 이 지역에서 무장투쟁이 가능할 수 있었다. 또한 1910년대에는 권업회, 대한국민의회와 북간도지역의 간민회, 대한국민회 등이 밀접한 관계를 갖고 있었다.

한편 이 지역은 일제의 간도 출병 이후에는 만주 독립군의 피신처로서 이용되기도 하였으며, 공산주의와 관련하여서는 만주 지역에 공산주의 이념을 전파하는 전초기지로서의 큰 역할을 하였다. 하바로브스크에서 조직된 한인 사회당, 일크츠크에서 조직된 일크츠크파 공산당 한인지부 등이 그러한 역할을 담당하였을 것이다. 그러나 러시아지역과 만주지역 독립운동, 특히 민족진영운동과의 관계는 1923년 이후 러시아 지역이 거의 공산화 됨으로써 거의 연결의 고리가 단절되게 되었다.

미주 지역과의 관계는 그렇게 밀접하지 않았던 것 같다. 지역적으로 멀리 떨어져 있다는 측면과 운동 방략에서의 차이 등이 그 원인의 하나가 아닌가 한다. 다만 구한말과 1910년대 전반기까지 미주의 국민회, 대한인국민회의 영향력이 러시아지역에 강하게 미칠 때 이들 단체의 영향이 만주지역, 특히 하얼빈, 목릉현 등지에 작용하였던 것 같다. 그리하여 1910년대 초반 대한인국민회 만주 총회가 하얼빈에 설치되기도 하였다. 1910년대 이후에는 북간도 지역에서 조직된 대한국민회가 기독교 단체로서 미주 대한인국민회와 관련을 맺고 있었는데, 특히 정재면이 그 연결 고리 역할을 하였다. 서간도지역에서 조직된 서로군정서에도 미국에서 활동하던 박용만이 주요 간부로 활동하기도 하였다. 그러나 1920년대 이후에는 중국 동북지역의 운동과 미주지역 운동과의 관계는 별로 살펴볼 수 없다.

국내와의 관계 역시 중요하다. 만주지역에서 조직된 운동단체들 가운데 많은 단체들이 무장투쟁을 추구하였고, 그들의 당면 과제는 국내진공에 있었다. 사실상 국내와는 강 하나를 사이에 두고 있는 지역이었으므로 이것은 가능한 것이었다. 그러므로 3 · 1운동 직후에는 수많은 독립운동단체들이 이를 시도하였다. 광복군 사령부의 활동은 대표적인 것이었다. 진공지역은 평안도, 함경도 지역의 국경연안 지역이 대부분이었다. 한편 독립운동단체들 가운데에는 국내에 지부를 조직하여 국내의 진공시 호응을 얻으려고 한 단체들도 있었다. 예컨대 신민부에서는 이를 위하여 대원들을 파견하여 국내를 정찰하기도 하였으며, 대한독립단에서는 한강 이북 지역에 국내 조직을 갖추기도 하였다. 그러나 만주 독립운동단체들의 이러한 진공, 조직 활동도 1910년~1920년대에 국한되었으며, 3 · 1운동 직후에 가장 활발하였다.

끝으로 중국 동북지역 항일 독립운동에 대한 연구의 과제를 간단히 언급하면, 우선 운동의 토대가 되는 재만 한인 사회에 대한 연구, 그리고 재만 한인을 위한 중국 동북 정권의 재만 조선인 정책 및 러시아지역의 대한인정책에 보다 깊은 관심이 기울여져야 한다는 점을 지적할 수 있다. 또한 1920년대 이후의 민족 진영의 운동을 고찰함에 있어서는 당시 새롭게 대두되고 있던 공산주의 이념, 단체들에 주목하면서 민족 진영의 운동에 대한 서술이 이루어져야 할 것이다. 그럴 때만이 민족 진영 운동의 변화와 성격을 보다 입체적으로 설명할 수 있을 것이기 때문이다.

아울러 1930년대 운동사에 대한 본격적인 연구 및 중국 동북지역의 운동사 연구에 있어서도 국내외 동시기의 운동과 관련한 밀도 있는 검토가 이루어져야 할 것이다.

[참고문헌]

金東和, 《中國朝鮮族獨立運動史》, 느티나무, 1991.

金成鎬, 《1930年代 延邊民生團事件硏究》, 백산자료원, 1999.

김주용, 〈1920년대 滿洲에서의 韓人靑年運動硏究〉, 국사편찬위원회, 《國史館論叢》, 84, 1993.

金俊燁 · 金昌順, 《韓國共産主義運動史》 4, 청계연구소, 1988.

김창국, 《동북항일유격근거지사연구》, 연변인민출판사, 1991.

朴永錫, 《萬寶山事件硏究》, 아세아문화사, 1987.

박창욱 주편, 《조선족혁명열사전》, 요녕인민출판사, 1983.

박 환, 《滿洲韓人民族運動史硏究》, 一潮閣, 1991.

愼鏞廈, 《韓國民族獨立運動史硏究》, 乙酉文化社, 1985.

신주백, 《만주지역 한인민족운동사》, 아세아문화사, 2000. 4

신재홍, 《독립전쟁사》, 독립기념관 한국독립운동사연구소, 1991.

이정식 지음, 허원 옮김, 《만주혁명운동과 통일전선》, 사계절, 1989.

임경석 《한국사회주의의 기원》, 역사비평사. 1903. 6

蔡永國, 《한민족의 만주독립운동과 正義府》 , 국학자료원, 2000

和田春樹, 이종석 譯, 《김일성과 만주항일전쟁》, 창작과 비평사, 1982.

황용국, 주편, 《조선족혁명투쟁사》, 료녕민족출판사, 1988.

姜在彦, 〈南滿韓人의 抗日武裝鬪爭〉, 《韓民族獨立運動史論叢》, 朴永錫敎授華甲論叢, 1992.

金昌順, 〈滿洲抗日聯軍硏究〉, 《國史館論叢》11, 國史編纂委員會, 1990.

朴昌昱, 〈朝鮮革命軍과 遼寧民衆抗日自衛軍과의 聯合作戰〉, 《韓民族獨立運動史論叢》, 朴永錫敎授華甲紀念論叢, 1992.

변승웅, 〈정의부〉, 국사편찬위원회 편, 《한민족독립운동사》 4, 1988.

申一澈, 〈中國의 "朝鮮族抗日烈士傳" 硏究〉, 독립기념관, 《한국독운동사연구》 제2집, 1988.

신주백, 〈김일성의 만주항일유격운동에 대한 연구〉, 《역사와 현실》 12, 1994.

劉準基, 〈참의부〉, 국사편찬위원회 편, 《한민족독립운동사》 4, 1988.

尹炳奭, 〈1920년대 후기 滿洲에서의 民族運動과 獨立軍〉, 《한국학연구》, 1989.

林永西, 〈1910~1920년대 間島韓人에 대한 中國의 政策과 民會〉, 《韓國學報》 73, 1993.

黃龍國, 〈朝鮮革命軍 歷史에 대하여〉, 국사편찬위원회, 《國史館論叢》 9, 1989.

2. 만주지역 주요 독립운동가

■ 김동삼(1878~1937)

호는 일송, 본명은 긍식이다. 경상북도 안동 출생으로 1911년 중국 동북지방으로 망명하여 유하현 삼원보에서 이시영 · 이상룡 등과 함께 경학사를 조직하였다. 3 · 1운동 이후에는 한족회 서무 부장과 서로군정서의 참모장으로 활동하였다.

1922년 통의부 위원장이 되었으며, 1925년 정의부의 참모장 및 행정위원이 되었다. 1927년 민족유일당책진회가 조직되자, 중앙집행위원장 겸 군민의회위원장에 취임하였다. 1931년 9 · 18사변이 발발 후 이원일과 함께 북만으로 갔다가 동년 하얼빈에서 체포되었다. 10년형을 선고받고 옥고를 치르다 1937년 3월 순국하였다.

■ 김약연(1868~1942)

함경북도 종성 출생. 1899년 간도로 이주한 후 화룡현 명동촌을 중심으로 간민교육회 등을 조직하였다. 1908년에 명동서숙을 설립하였으며, 1910년 명동중학교으로 발전시켰다. 1913년 북간도간민회를 조직하고 회장을 역임하였으며, 1918년에는 대한독립선언서에 서명하였다. 1919년에는 '대한독립기성총회'에서 의사부원으로 활동하면서 용정에서 전개되었던 3 · 13만세운동의 계획과 준비를 주도하였다.

1923년 2月 26일에는 전간도주민대회를 개최하고 간도지역 한인들의 자치권 획득을 위해 노력하였다. 1938년 은진중학의 이사로 취임하였으며, 1942년 10월 19일 용정 자택에서 별세하였다.

■ 김좌진(1889~1930)

충남 홍성 출생. 호는 백야. 1905년 대한제국무관학교를 졸업하였으며, 1915년 대한광복회에서 활동하던 중 체포되어 서대문감옥에서 3년간의 옥고를 치렀다. 1918년 두만강을 건너 중국 동북지방으로 망명하였다.

1918년 대한독립선언서에 서명하였으며, 1919년 12월 북로군정서의 총사령관이 되어 총재 서일을 보필, 1920년 10월 청산리전투를 승리로 이끌었다. 이후 10여 개의 독립운동단체들이 통합한 대한독립군단이 결성되자 부총재가 되었다. 1925년 3월 신민부를 결성하고 군사부위원장 겸 총사령관이 되었으며, 1927년에는 신민부 중앙집행위원장에 취임하였다. 1929년에는 김종진 · 이을규 등과 함께 한족총연합회를 조직하고 북만지역의 항일독립운동을 주도하였으나 1930년 1월 한인 청년의 총에 맞아 순국하였다

■ 나철(1863~1916)

전라남도 낙안 출생. 29세 때 문과에 급제하여 훈련원 권지부정자를 지내다가 을사조약이 체결되자 관직을 사임하였다. 1904년 유신회를 조직하였으며, 1905년 이기 · 오기호 등과 함께 일본으로 건너가 일본 정계

요인들에게 "동양평화를 위해 한 · 청 · 일이 동맹할 것과 한국의 독립을 보장할 것을 역설하였다.

을사조약에 체결된 후에는 을사오적을 처단하기 위해 노력하였으며, 이 일로 신안군에 있는 지도(智島)에 유배되었다가 병보석으로 풀려났다. 1909년에 단군교를 창립하고, 1910년 7월에 대종교로 개칭하여 교주가 되었으며, 1911년에는 만주 화룡현 청파호에 교당과 지사를 설치하였다. 이후 일제의 폭정에 항거하여 1916년 9월 황해도 구월산의 삼성사에서 유서를 남기고 자결하였다.

■ 남자현(1872~1933)

경상북도 영양 출생. 19세 때 김영주에게 출가하였으나 1895년에 남편이 의병을 일으켜 일본군과 싸우다가 전사하니, 유복자를 기르며 시부모를 봉양하였다. 1919년 3월 9일 중국 동북지방으로 망명하였다.

서로군정서에 활동하였으며, 1925년에는 재등실총독을 암살하기로 결의하고 서울에 들어와 거사를 추진하기도 하였다. 1932년 9월 국제연맹조사단이 하얼빈에 왔을 때 흰 수건에 '韓國獨立願' 이란 혈서를 써서 자른 손가락과 함께 조사단에게 보냄으로써 한민족의 독립의지 나타내었다. 1933년에는 주만 일본대사를 격살하기 위해 준비하던 중 일경에게 체포되었으며, 6개월 동안 혹형을 받다가 단식투쟁을 시작한 지 15일 만에 보석으로 석방되었으나 1933년 8월 22일 순국하였다.

■ 안중근(1879~1910)

황해도 신천 출생. 1906년 평안도의 진남포에서 삼흥학교와 돈의학교를 세워 인재교육에 힘썼으며, 1908년 러시아 연해주에서 이범윤 등과 함께 의병을 일으켜 의군장이 되었으며 의병부대를 이끌고 함경북도 경흥 · 회령 등지에서 대일항전을 전개하였다. 1909년에는 연추에서 김기열 · 백낙길 · 우덕순 등의 동지들과 단지동맹을 결성하고 일사보국을 맹세하였다.

1909년 9월 일제 침략의 원흉 이등박문이 하얼빈으로 온다는 소식을 듣고 10월 26일 하얼빈 역에서 이등박문의 총살함으로써 한국인들의 독립 의지를 세계에 알렸다. 1910년 2월 7일부터 14일까지 재판을 받았으며, 사형 선고를 받고 3월 26일 순국하였다.

■ 양세봉(1894~1934)

평안북도 철산 출생. 조선족. 호는 벽해이고, 양서봉이라고도 한다. 1917년 남만으로 이주하였으며, 1919년 3 · 1운동이 일어나자 만세운동을 주도하였고, 이후 천마산대와 광복군총영에 가담하여 활동하였다. 1922년 대한통의부에서 활동하였으며, 1925년 정의부의 중대장이 되었다. 친일 단체 선민부의 토벌에 결정적 역할을 하기도 하였다.

9 · 18사변 이후 조선혁명군 총사령이 되었으며, 중국 의용군과 연합하여 19영릉가전투와 흥경현전투 등에서 승리하였다. 1934년 8월 12日 일본군 밀정에게 속아 태랍자구에서 적의 습격을 받고 순국하였다.

■ 오동진(1889~1944)

평안북도 의주 출생. 평양 대성학교를 졸업하였으며, 1919년 3 · 1운동 이후 중국 동북지방으로 망명하였으며, 안동현에서 대한청년단연합회를 조직하여 독립운동을 전개하였다. 1920년 2월 광복군사령부의 제 2영장이 되어 국내 진격작전을 주도하였다.

1922년 통군부에 참여한 이래 정의부와 고려혁명당에서 군사위원장과 중앙집행위원 등을 역임하였다. 1927년 4월 농민호조사에 참여하여 한인들의 생활 안정을 위해 노력하였다. 1927년 12월 길장선 흥도진 역에서 밀정에게 속아 신의주 경찰대의 습격을 받고 체포되었으며, 무기징역을 선고받고 복역 중 모진 고문으로 순국하였다.

■ 이동휘(1873~1935)

함경남도 단천 출생. 1895년 한성무관학교에서 수학하였으며, 강화도 진위대장으로 활동하였다. 1906년 강화도에서 보창학교를 설립하였고 대한자강회에서 활동하였다. 1912년 북간도로 망명하여 국자가 소영자에 광성학교를 설립하였다. 1914년에는 왕청현 나자구에 대전무관학교를 설립하여 독립군 양성을 위해 노력하였다. 1919년 3·1운동 발발하자 블라디보스톡에서 독립만세 시위를 전개하였으며, 대한민국임시정부가 조직되자 군무총장을 거쳐 국무총리에 취임하였다. 1921년 11월 모스코바에서 레닌을 만나 200만 루블의 독립운동자금 지원을 약속받았으며, 적기단을 조직하고 활동하였다. 1935년 1월 31일 블라디보스톡 신한촌에서 서거하였다.

■ 이상룡(1858~1932)

경상북도 안동 출생. 호는 석주. 1905년 대한협회 안동지부를 조직하고 회장에 취임하였으며, 협동학교을 설립하여 계몽운동에 주력하였다.

1911년 중국 동북지방으로 망명하였으며, 1912년 부민단 단장으로 추대되었다. 국내에서 3·1운동이 일어나자 한족회를 조직하였으며, 서로군정서로 독판이 되어 독립군 양성을 위해 힘을 기울였다. 1922년 8월에는 대한통의부의 결성을 주도하였으며, 1925년 9월 24일 상해임시정부 국무령에 취임하여 독립운동 진영의 단결을 위해 노력하였다. 서간도로 돌아와서도 삼부통합운동을 주도하였으며, 1932년 건강 악화로 순국하였다.

■ 이상설(1870~1917)

충청북도 진천 출생. 대한협회의 회장으로 활동하였으며, 1905년 을사조약이 체결되자 고종에게 을사5적을 처단하고 을사조약을 파기할 것을 주장하는 상소를 올렸다. 1906년 4월 북간도의 용정으로 망명하였으며, 항일 민족 교육의 요람인 서전서숙을 설립하였다. 1907년 칙명을 받고 네덜란드 헤이그에서 개최된 만국평화회의 밀사로 참석하여 한국에 대한 일제의 부당한 침략을 국제 사회에 알리는 데 주력하였다.

1910년 일제가 한국을 강점하자 간도와 연해주 일대의 한인들을 규합하여 성명회를 조직하였으며, 미국·러시아·중국 등에 한민족의 독립 의지를 밝히는 선언서를 보내었다. 1911년 12월에 블라디보스톡에서 권업회를 조직하고 회장에 취임하였으며, 권업신문을 발행하여 한인들의 권익보호와 독립사상 고취에 힘을 기울였다. 1917년에 건강 악화로 니콜리스크에서 서거하였다.

■ 이청천(1888~1957)

서울 종로에서 출생. 1908년 대한제국 육군무관학교를 졸업하고 일본으로 건너가 일본 육군사관학교를 졸업하였다. 3·1운동이 일어나자 중국 동북지방으로 망명하였으며, 신흥무관학교의 교관으로 독립군 간부의 양성에 주력하였다. 1925년에 정의부가 조직되자 군사위원장 겸 사령관에 취임하였고, 1928년 2월에는 정의부·참의부·신민부의 3부 통합운동을 추진하였다.

1930년 7월 한국독립당을 창당하고 한국독립군의 총사령에 취임하였으며, 한·중 연합작전 등으로 경박호전투, 쌍성보전투, 대전자령전투, 동녕현성전투 등에서 승리를 거두었다. 1933년 10월 중국 관내로 이동하여 1940년 9월 17일 한국광복군 총사령이 되었으며, 국내 진격작전을 준비하던 중 해방을 맞이하였다. 1947년 4월에 환국한 후, 1957년 서거하였다.

■ 이회영(1867~1932)

서울 저동에서 출생. 호는 우당. 1909년 중국 동북지방에 독립군기지를 건설하기 위해 유하현 삼원포로 망명하였다. 1912년에 이주 한인들을 위한 자치기관인 경학사를 조직하고 신흥강습소를 설립하여 독립군 양성에 이바지하였다. 1919년 3·1운동이 일어나자 상해 임시정부 수립에 참여하여 임시의정원 의원으로 활동하였다.

1924년 4월 재중국 조선무정부주의자연맹을 조직하였으며, 1931년에는 남화한인청년연맹과 관련을 맺고 활동하였다. 1932년 연락 근거지 마련과 주만 일본군사령관 암살 등을 목적으로 중국 동북지방으로 가던 중 체포되었다. 노령인데다가 일경의 무자비한 고문으로 순국하였다.

■ 정이형(1879~1956)

평안북도 의주 출생. 1919년 3·1운동 이후 중국 동북지방으로 망명하였고, 1922년 통의부에 가담하여 항일 무장투쟁을 전개하였다. 같은 해 국내에 진입하여 평안북도 초산 부근의 파출소를 습격하는 전과를 올렸다. 1924년 정의부가 조직되자 중대장으로 활동하였으며, 1925년 3월 평안북도 지역의 주재소 5곳을 습격하고 허다한 전리품을 획득하고 무사히 귀대하였다.

1926년 3월 고려혁명당이 결성되자 중앙위원으로 활동하였다. 1927년 3월 군자금 모집을 위해 장춘으로 가던 중 하얼빈에서 일본경찰에게 체포되었으며, 무기징역을 선고받고 19년간 옥고를 치루다 광복으로 풀려났다.

■ 홍범도(1889~1943)

평안북도 자성 출생. 삼수·갑산·북청 일대에서 포수생활을 하다가 1895년 명성황후가 시해되자 의병을 일으켜 국경지역에서 일본군과 여러 차례 교전하였다

3·1운동 이후 대한독립군을 조직하였으며, 1920년 6월 봉오동전투를 지휘하여 대승을 거두었으며, 그해 10월 청산리전투를 지휘하였다. 대한독립군단의 부총재로 활동하였으며, 러시아 연해주로 들어간 후 1922년 6월 고려중앙정청 고등군인징모위원을 지냈다. 1937년 9월 스탈린에 의한 한인 강제이주 정책에 따라 중앙아시아로 이주해야 했으며, 1943년 10월 25일 카자흐스탄 크질오르다에서 서거하였다.

만주지역 항일 유적 조사팀(백두산 아래 첫 동네 내두산 마을에서)
좌로부터 조규태(한성대학교 교수), 황민호(숭실대학교 교수), 유병호(중국 대련대학 교수), 필자, 류구영(전 국가보훈처 춘천 지청장).
사진 : 노경래 차장(국가보훈처 보훈신문사)